Lohn und Gehalt mit DATEV

Mit Übungen und Musterklausuren

Silke Geisler

Lohn und Gehalt mit DATEV - Mit Übungen und Musterklausuren

Hinweis: In dieser Druckversion wird mit der Softwareversion Lohn und Gehalt comfort V 13.01 gearbeitet.

Autorin:
Silke Geisler
Dipl.-Kauffrau, freiberufliche Dozentin für Lohnabrechnung und Finanzbuchhaltung
Lohn und Gehalt mit DATEV- und Lexware-Programmen

Herausgeber:
Volkshochschulverband Baden-Württemberg e.V.

Hier prüfen Sie, ob es aktuelle Änderungen zu diesem Buch gibt:
www.edumedia.de/verlag/hinweise

Haben Sie Fragen oder Anregungen zum Buch?
www.edumedia.de/verlag/rueckmeldungen

1. Auflage, Druckversion vom 29.02.2024, POD-24.0

Verlag: EduMedia GmbH, Ziegelhüttenweg 4, 98693 Ilmenau
Redaktion: Julia Koschig
Layout, Satz und Druck: Schlötel GmbH, Arnoldstraße 13, 04299 Leipzig
Printed in Germany

Umschlag- und Labelgestaltung: Schlötel GmbH, Leipzig

Bilder und Inhalte ab Seite 16 werden verwendet mit freundlicher Genehmigung der DATEV eG, Nürnberg,
Abbildung und zugehörige Beschreibung auf Seite 16/17 aus Broschüre „Ihr schneller Einstieg in DATEV pro", Art.-Nr. 31021.

Internetadresse: https://www.edumedia.de

ISBN 978-3-86718-**595**-0

Lernen leicht gemacht!

Für Ihren optimalen Lernerfolg enthält dieses Buch ...

Basiswissen zur Programmbedienung:
Erklärt alle wichtigen Programmfunktionen des
DATEV-Programms.

authentische Übungsszenarien:
Wenden Sie das erworbene Wissen in ausführlichen
Übungsszenarien aus der beruflichen Praxis an.
Mit Musterdatenbeständen zum Downloaden.

Musterklausuren:
Bereiten Sie sich anhand authentischer, von der
Prüfungszentrale freigegebener Musterklausuren
optimal auf die Zertifikatsprüfung vor.

Lösungen:
Überprüfen Sie Ihre Ergebnisse der Übungen und
Musterklausuren anhand der Lösungsdarstellungen.

kostenfreier Download:
Zusätzliches Material als Download:
https://www.edumedia.de/verlag/595

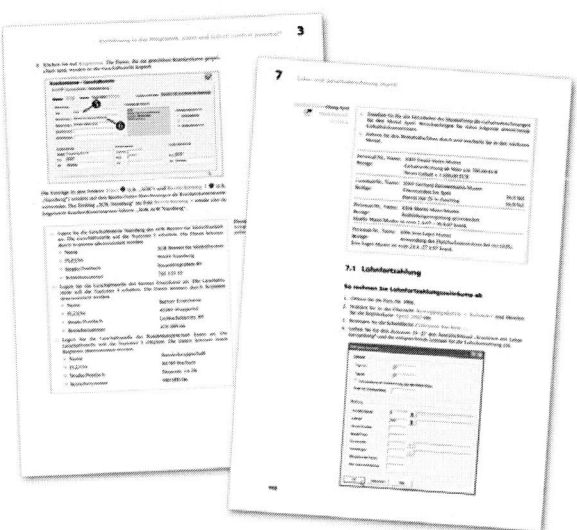

Was Sie wissen sollten ...

Aus Gründen der besseren Lesbarkeit wird bei Personenbezeichnungen und personenbezogenen Hauptwörtern auf die gleichzeitige Verwendung der Sprachformen männlich, weiblich und divers (m/w/d) verzichtet. Entsprechende Begriffe gelten im Sinne der Gleichbehandlung grundsätzlich für alle Geschlechter. Die verkürzte Sprachform hat nur redaktionelle Gründe und beinhaltet keine Wertung.

So kommen Sie weiter:

Dieses Buch führt Sie zum Xpert Business Zertifikat

Lohn und Gehalt 3 (EDV)

Dies ist u.a. Bestandteil folgender Abschlüsse:

Geprüfte Fachkraft Lohn und Gehalt

- Lohn und Gehalt 1 ☐
- Lohn und Gehalt 2 ☐
- Lohn und Gehalt 3 (EDV) DATEV oder Lexware ☑

Buchhalter/in (XB) Finanz- und Lohnbuchhalter/in

- Finanzbuchführung 2 ☐
- Finanzbuchführung 3 (EDV) DATEV oder Lexware ☐
- Finanzwirtschaft ☐
- Kosten- und Leistungsrechnung ☐
- Lohn und Gehalt 2 ☐
- Lohn und Gehalt 3 (EDV) DATEV oder Lexware ☑

	Xpert Business Abschlüsse | Betriebswirtschaft								
	Geprüfte Fachkraft (XB)				Buchhalter*in (XB)			Manager*in (XB) Betriebswirtschaft	
	Finanzbuchführung	Internes Rechnungswesen	Externes Rechnungswesen	Lohn und Gehalt	Finanzbuchhalter*in	Personal- und Lohnbuchhalter*in	Finanz- und Lohnbuchhalter*in	Rechnungswesen und Controlling	Rechnungswesen | Lohn | Controlling
Finanzbuchführung (1)	✓*	✓*							✓
Finanzbuchführung (2)	✓		✓*		✓		✓	✓	✓
Finanzbuchführung (3) EDV	✓				✓		✓		✓
Bilanzierung			✓		✓ alternativ		✓ alternativ	✓	✓
Finanzwirtschaft		✓*			✓ alternativ		✓ alternativ	✓	✓
Kosten- und Leistungsrechnung		✓			✓			✓	✓
Controlling		✓						✓	✓
Betriebliche Steuerpraxis		✓						✓	✓
Lohn und Gehalt (1)				✓*				✓	✓
Lohn und Gehalt (2)				✓		✓	✓		✓
Lohn und Gehalt (3) EDV				✓		✓	✓		✓
Personalwirtschaft						✓			✓
Personale Kompetenzen									✓

* optionales, aber empfohlenes Modul

Kooperierende Hochschulen und Handwerkskammern rechnen Xpert Business Abschlüsse als Studienleistung an.
Nähere Informationen dazu finden Sie unter https://www.xpert-business.eu.

Bitte informieren Sie sich bei Ihrer Volkshochschule oder der Xpert Business Prüfungszentrale Deutschland.

Xpert Business Prüfungszentrale Deutschland

Tel. 0711 - 7590036
E-Mail: xpert-business@vhs-bw.de
Web: https://www.xpert-business.eu

Xpert Business
Kurs- und Zertifikatssystem

Das bundeseinheitliche Kurs- und Zertifikatssystem Xpert Business (XB) für kaufmännische und betriebswirtschaftliche Weiterbildung an Volkshochschulen und vielen weiteren Bildungsinstituten vermittelt seit über 20 Jahren fundierte Kompetenzen vom Einstieg bis zum Hochschulniveau.

Praxisnah. Aktuell. Bundesweit anerkannt.

Die besondere Praxisnähe und Aktualität zeichnet die Kurse aus. Sie lernen anhand aktueller Beispiele und erhalten Fähigkeiten, die direkt im beruflichen Alltag einsetzbar sind. Die passgenau auf die Xpert Business-Lernzielkataloge abgestimmten Lehr- und Übungsmaterialien bereiten Sie optimal auf die Prüfungen vor. Ihre XB-Zertifikate und Abschlüsse sind von kooperierenden Kammern und Hochschulen auch als Studienleistungen anerkannt.

https://www.xpert-business.eu/lernzielkataloge

Modular. Flexibel. Zukunftssicher.

Je nach Interesse und vorhandenen Kenntnissen können Sie die Kursmodule auswählen und miteinander kombinieren. Im Anschluss an den Kurs gibt es die Möglichkeit eine Prüfung abzulegen und Sie erhalten bei Erfolg ein bundesweit anerkanntes Zertifikat. Die Kombination von Zertifikaten befähigt Sie dazu, übergeordnete Abschlüsse zu erreichen.

Der nahtlose Anschluss von Aufbaukursen ist durch das modulare System und die bundesweit hohe Flächendeckung mit XB-Bildungsinstituten möglich. So können Sie z.B. einen in Baden-Württemberg bestandenen Grundkurs durch einen Aufbaukurs in einem anderen Bundesland kombinieren und dadurch einen Abschluss als Fachkraft erhalten.

Erfahrungen. Berichte. Erfolge.

Erfahrungsberichte von XB-Absolvent*innen können Sie auf unserer Homepage nachlesen. Hier finden Sie Informationen dazu, wie diese Personen beim Lernen Unterstützung erfahren haben, wie die berufsbegleitende Qualifizierung zu schaffen war und wie Xpert Business bei der weiteren Karriere fördern konnte.

https://www.xpert-business.eu/erfahrungsberichte

Mit Ihrem Xpert Business-Kurs wünschen wir Ihnen viel Spaß und viel Erfolg bei den Prüfungen.

Ihre Prüfungszentrale Xpert Business Deutschland

Das Zusatzmaterial zum Buch

Mit diesem Lehrbuch wird Ihnen ein Link bereitgestellt, unter dem Sie folgendes Zusatzmaterial online herunterladen können:

■ **Muster-Datenbestände**, die Sie zum Bearbeiten der im Buch enthaltenen Übungen und Musterfälle benötigen. Neben jedem Musterfall finden Sie einen Hinweis auf den einzuspielenden Datenbestand.

Eine Anleitung zum Einspielen der Muster-Datenbestände finden Sie im Online-Zusatzmaterial.

■ **Lösungen** zu den Übungen und Musterfällen im Lehrbuch und zu den Musterprüfungen.

■ Hilfreiche **Informationen** von der DATEV eG und dem EduMedia-Verlag.

Download Zusatzmaterial für das Lehrbuch

www.edumedia.de/verlag/595

Allgemeines zu DATEV

In diesem Kapitel stellen wir Ihnen die DATEV eG als Dienstleister für den Berufsstand der Steuerberater, Wirtschaftsprüfer und Rechtsanwälte vor, aber auch als Dienstleister für die Schulen/Hochschulen, Volkshochschulen und Weiterbildungsinstitute.

Sie erhalten einen Überblick über die Versionen und die Benutzeroberfläche der Basisprogramme.

Inhalt

- DATEV als Unternehmen
- DATEV als Software

1.1 DATEV als Unternehmen

Die DATEV eG ist eine Genossenschaft, in der sich Angehörige des Berufsstandes der Steuerberater, Wirtschaftsprüfer und Rechtsanwälte zusammengeschlossen haben, um gemeinsam die komplexen Aufgaben der Datenverarbeitung durch zentral organisierte Dienstleistungen zu bewältigen. Dabei bietet die DATEV ihre Dienstleistungen nicht nur ihren Mitgliedern an. Auch Unternehmen können im Rahmen eines Mandantschaftsverhältnisses die Dienstleistungen der DATEV direkt in Anspruch nehmen.

Dienstleistungsangebot

Die DATEV eG bietet Ihren Kunden ein breites Angebot an Softwarelösungen u.a. aus den Bereichen Rechnungswesen, Personalwirtschaft, betriebswirtschaftliche Beratung, Steuern und Kanzleiorganisation. Dabei gibt es neben den PC-Versionen auch Cloud-Lösungen und Online-Anwendungen. Weiterhin umfassen die Leistungen Archivierungsmöglichkeiten, Beratungs- und Weiterbildungsangebote. Neben den oben genannten Berufsständen stellt DATEV Ihre Software auch Schulen, Hochschulen, Volkshochschulen und Bildungsträgern kostenlos zu Schulungszwecken zur Verfügung, um eine umfassende und qualitativ hochwertige Ausbildung im Umgang mit verschiedenen Programmen zu gewährleisten.

Mit DATEV-Software werden monatlich ca. 14 Millionen Lohn- und Gehaltsabrechnungen durchgeführt. Alle gängigen Abrechnungsformen bis zur komplexen Baulohnabrechnung und Abrechnungen für den öffentlichen Dienst können erstellt werden.

Gesetzliche Änderungen, Programmneuerungen und sich regelmäßig ändernde Daten, wie beispielsweise die Beitrags- und Umlagesätze der Krankenkassen werden schnell und zuverlässig in das Programm eingearbeitet und stehen als Updates zur Verfügung.

Für den Datenabruf oder die Datenübertragung an verschiedene Institutionen, z.B. die Krankenkassen, das Finanzamt oder die Berufsgenossenschaften bietet DATEV bereits integrierte Schnittstellen. Neben der eigentlichen Lohnabrechnungssoftware sind weitere Tools vorhanden, die in engem Zusammenhang mit der Lohnabrechnung stehen. Dazu gehören u.a. die Module Zahlungsverkehr für die Überweisungen an Arbeitnehmer oder Institutionen, das Bescheinigungswesen zur Erstellung diverser Formulare (z.B. Arbeitsbescheinigung, Krankengeld) oder das Daten-Analyse-Modul zur Erstellung von Statistiken.

Damit wird DATEV zum Mittelpunkt, was die Zusammenarbeit und Kommunikation der verschiedenen Institutionen betrifft.[1]

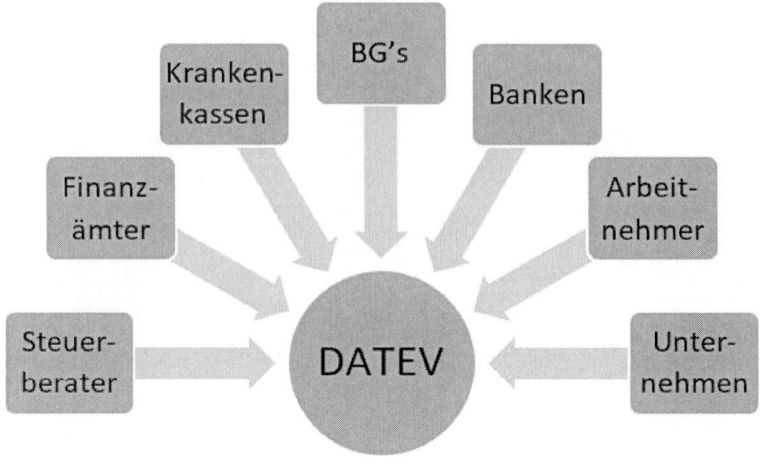

---

1   Quelle: www.datev.de

1.2 DATEV als Software

Die Anforderungen an Software können sehr verschieden sein. Während viele Unternehmen mit Kunden und Lieferanten zu tun haben, Artikel verwalten und Lagerbuchungen durchführen müssen, sind bei Steuerkanzleien die Mandanten die Kunden, für die die Buchführung oder Steuererklärungen erstellt werden oder die Lohnabrechnung durchgeführt wird. Um diesen Besonderheiten gerecht zu werden, stehen Ihnen zwei verschiedene DATEV-Basisversionen zur Verfügung:

■ **DATEV für Kanzleien (Kanzleiversion)**
  - Softwareversion für Steuerkanzleien

■ **DATEV für Unternehmen (Mittelstandsversion)**
  - Softwarepaket für kleine und mittelständische Unternehmen

Der zentrale Einstieg in beide Versionen ist der DATEV Arbeitsplatz. Er bietet eine prozessorientierte Arbeitsweise in einem Unternehmen oder in einer Kanzlei, wobei obige Unterschiede berücksichtigt werden. Es gibt aber auch Gemeinsamkeiten. So sind beispielsweise die Buchhaltung und auch das Lohnprogramm in beiden Versionen identisch.

DATEV Arbeitsplatz

Der DATEV-Arbeitsplatz kann an die spezifischen Arbeitsaufgaben jedes einzelnen Nutzers angepasst werden, um eine möglichst effiziente Arbeitsweise zu gewährleisten.

Die Arbeitsoberfläche ist versionsunabhängig in mehrere Bereiche untergliedert:

■ Menüleiste ❶ und Symbolleiste ❷

■ Navigationsbereich ❸

■ Arbeitsbereich ❹

■ Zusatzbereich(e) ❺

DATEV Arbeitsplatz für die Kanzleiversion

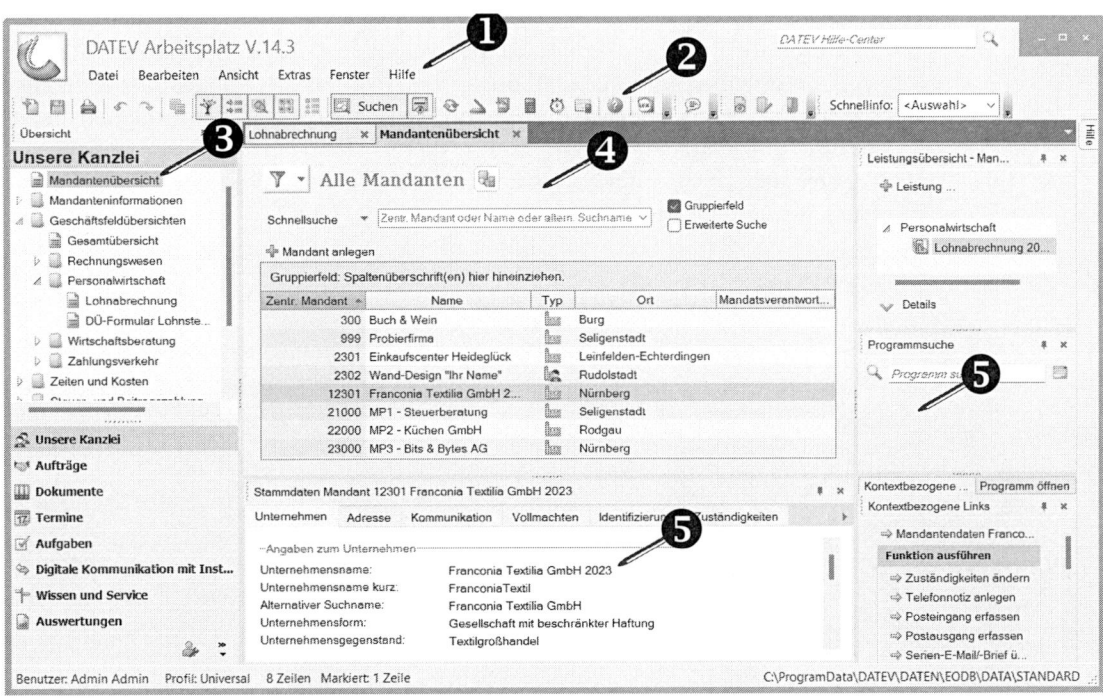

DATEV Arbeitsplatz für die Mittelstandsversion

Der Navigationsbereich

Er beinhaltet im oberen Bereich in einer Baumstruktur die Übersicht der Funktionen des jeweiligen Programm-Moduls. Die Reihenfolge der einzelnen Baumknoten (Ordner und Seiten) kann durch Verschieben individuell gestaltet werden. Im unteren Bereich befinden sich die Navigationsschaltflächen zu anderen Programm-Modulen. Im Navigationsbereich wählen Sie aus, welche Funktion(en) Sie im Arbeitsbereich öffnen möchten.

Der Arbeitsbereich

Hier findet die eigentliche Eingabe und Arbeit statt. Mit jeder Programmfunktion, die Sie im Navigationsbereich starten, öffnet sich im Arbeitsbereich ein neues Register. Dabei können Eingabemasken oder Listen aufgerufen werden. Das aktive Arbeitsblatt ist stets farbig hervorgehoben. Sie können mehrere Funktionen geöffnet lassen und schnell zwischen den Registern wechseln. Die Reihenfolge der Arbeitsblätter können Sie durch Verschieben selbst bestimmen. Hierfür markieren Sie das zu verschiebende Register und ziehen es mit gedrückter linker Maustaste an eine andere Position. Weitere Bearbeitungsmöglichkeiten finden Sie im Menüpunkt Fenster.

Der Zusatzbereich

Zusatzbereiche gibt es unterhalb und rechts vom Arbeitsbereich. Sie sind stets abhängig von der im Arbeitsbereich gestarteten Funktion. Zu den häufigsten Zusatzbereichen zählen:

■ Kontextbezogene Links

■ Programmsuche

■ Programm öffnen

■ Historische Werte anzeigen

■ Schnellinfos für Details oder Eigenschaften

■ Hilfe

Welche Informationen als Schnellinfo im unteren Zusatzbereich angezeigt werden, können Sie im Feld Schnellinfo in der Symbolleiste ❷ auswählen.

Navigationsbereich und Zusatzbereiche anpassen

Sie können den Navigationsbereich und alle Zusatzbereiche aus- und einblenden, verschieben, minimieren und ihre Größe ändern. Die Änderungen sind beim nächsten Anmelden wieder aktiv. In der unten stehenden Tabelle finden Sie die einzelnen Funktionen und ihre Einstellungen erläutert.

Hinweis: In einigen Programmen stehen nur bestimmte Funktionen zur Verfügung!

Funktion	Vorgehen	Hinweise
Ausblenden	Klicken Sie auf das Symbol X (Schließen)	Zusatzbereiche, die für die Bedienung des Programms unentbehrlich sind, können sie nicht ausblenden
Einblenden	Wählen Sie unter Menü: Ansicht den gewünschten Zusatzbereich: ▪ Übersicht für den Navigationsbereich ▪ Hilfe blendet den Zusatzbereich **Hilfe** ein	
Verschieben	Ziehen Sie die Titelleiste des Bereichs oder den Reiter der Registerkarte auf die gewünschte Position: ▪ In das Zentrum des gewünschten Zeilenbereichs: das Zentrum der Positionssymbole wird verschoben. ▪ Auf das gewünschte Positionssymbol: die neue Position des Bereichs wird markiert	Der Zusatzbereich darf nicht minimiert werden. Positionssymbole werden eingeblendet, sobald ein Bereich verschoben wird. Mögliche Positionen: ▪ An den Rand eines Bereichs ▪ Als zusätzliche Registerkarte in einen Bereich
Minimieren	Klicken Sie auf das Symbol ⊐ (automatisch einklappen)	Der Bereich wird eingeklappt und als Reiter angezeigt: ▪ Wenn Sie mit dem Mauszeiger über den Reiter fahren, wird der Zusatzbereich aufgeklappt ▪ Wenn Sie mit dem Mauszeiger aus dem aufgeklappten Bereich herausfahren, wird der Bereich wieder minimiert
Minimieren aufheben	Klicken Sie auf das Symbol ⊓	Der Bereich wird dauerhaft eingeblendet
Größe ändern	Ziehen Sie den Rand des Bereichs auf die gewünschte Breite	
Reihenfolge der Registerkarten ändern	Ziehen Sie den Reiter der Registerkarte an die gewünschte Position	Der Zusatzbereich darf nicht minimiert sein

Bleiben Sie Up-To-Date.

Die Broschüren Up-To-Date Finanzbuchhaltung und Up-To-Date Lohn und Gehalt enthalten alle wichtigen gesetzlichen Neuregelungen für das aktuelle Kalenderjahr übersichtlich dargestellt und anhand von Beispielen erklärt.

Bestellen Sie Ihr Vorteils-Abo für
nur 12,95 €[1] pro Jahr

✔ ohne Mindestlaufzeit
✔ jederzeit kündbar

Up-To-Date

Bestellbar per Fax oder E-Mail-Scan

Aktuelle Ausgabe

Ich möchte einmal jährlich[2] die aktuelle Broschüre

☐ Up-To-Date **Finanzbuchhaltung** ab Ausgabe 20___
☐ Up-To-Date **Lohn und Gehalt** ab Ausgabe 20___

zum Jahres-Abo-Preis von jeweils 12,95 €[1]
an folgende Anschrift geliefert bekommen:

Name:_____

Vorname:_____

Straße, Hausnummer:_____

PLZ, Ort:_____

Telefon:_____

E-Mail-Adresse:_____

Datum:_____

Unterschrift[3]:_____

[1] zzgl. 3,95 € Versand

[2] Die Lieferung der Broschüre erfolgt einmal jährlich im Januar bis auf Widerruf. Ich kann das Abo jederzeit, ohne Kündigungsfrist mit einem formlosen Brief an EduMedia-Kundenservice, Ziegelhüttenweg 4, 98693 Ilmenau kündigen.

[3] Mit meiner Unterschrift bestätige ich die Allgemeinen Geschäfts- und Lieferbedingungen der EduMedia GmbH, Ilmenau, die ich auf www.edumedia.de einsehen kann.

EduMedia-Verlag
Fax: (05031) 90 98 01
Tel.: (05031) 90 98 00
E-Mail: info@edumedia.de
www.edumedia.de

Fachwissen. Immer auf dem neusten Stand.

2

Der DATEV Arbeitsplatz

Sie lernen die Funktionen und die Bedienung des DA-TEV-Arbeitsplatzes kennen und erhalten einen Überblick über einige, für die Lohnabrechnung relevante Zusatzmodule.

Ihnen werden verschiedene Hilfe- und Informationsmöglichkeiten vorgestellt.

Anschließend legen Sie ein neues Mandat an. Dabei werden Ihnen die Unterschiede zwischen den DATEV-Basisversionen gezeigt und sie erhalten Informationen über die mandanten- und die leistungsspezifische Arbeitsweise.

Inhalt

▧ Die Programmkomponenten im Überblick

▧ Die Institutionsverwaltung

▧ Der Zahlungsverkehr

▧ Die RZ-Kommunikation

▧ Die Hilfe

▧ Das neue Mandat - zentrale Stammdaten

▧ Die Arbeitsweise

2.1   Die Programmkomponenten im Überblick

Nachdem der allgemeine Aufbau des DATEV Arbeitsplatzes erläutert wurde, sollen nun einzelne Funktionen und Programme, die für die spätere Erstellung einer Lohnabrechnung relevant sind, genauer beschrieben werden

Um nicht stets die Unterscheidung zwischen dem Arbeitsplatz der Kanzlei- und der Unternehmensversion vornehmen zu müssen, wird hier zur Erläuterung die DATEV Kanzleiversion verwendet und nur bei wesentlichen Unterschieden wird zusätzlich auf die DATEV Unternehmensversion eingegangen. Ein Unterschied zwischen den Systemen ist die Bezeichnung der Firmen und Leistungen.

DATEV Kanzlei   **DATEV Unternehmen**

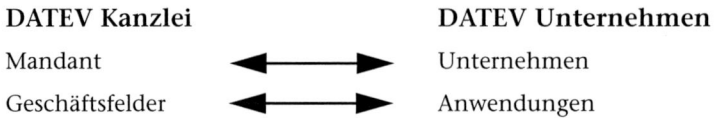

Mandant   ⟷   Unternehmen

Geschäftsfelder   ⟷   Anwendungen

Die folgende Grafik soll die Interaktion einzelner Programme, die für Lohn und Gehalt notwendig sind, verdeutlichen.

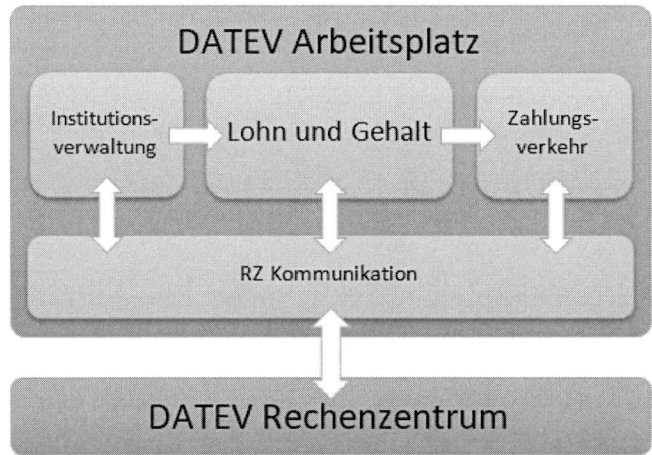

2.2   Die Institutionsverwaltung

Zu den für die Lohnabrechnung relevanten Institutionen zählen z.B.

- Krankenkassen
- Berufsgenossenschaften
- Finanzämter
- Banken
- Versorgungswerke

Die Institutionen werden zentral für alle Anwendungen im DATEV Arbeitsplatz verwaltet und in Lohn und Gehalt wird darauf zurückgegriffen.

Der Aufruf der Institutionsdaten ist in den DATEV-Arbeitsplatz-Versionen unterschiedlich. Die Bearbeitung der Institutionen ist wieder identisch. Sie finden die Institutionen:

in der Kanzleiversion	in der Mittelstandsversion
in der Übersicht→Unsere Kanzlei	in der Übersicht→ Organisation
im Ordner Stammdatenübersichten.	

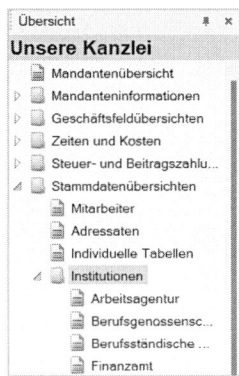

Durch Klick auf die jeweilige Institution öffnet sich das entsprechende Arbeitsblatt mit einer Liste. Wenn Sie darin eine spezielle Institution markieren, bekommen Sie die zugehörigen Daten im Zusatzbereich angezeigt. Welche Informationen das sind, ist institutionsabhängig. Nachfolgend wird die Institutionsverwaltung nur für Finanzämter und Krankenkassen erläutert, da die Bearbeitung der anderen Institutionen analog erfolgt.

So finden Sie die Institutionsdaten der Finanzämter

Voraussetzung: Sie befinden sich im DATEV Arbeitsplatz und haben in der Übersicht den Ordner Institutionen geöffnet.

1. Klicken Sie in der Baumstruktur auf Finanzamt und öffnen Sie somit das Arbeitsblatt Finanzamt ❶. Sie erhalten eine Liste aller Finanzämter.

2. Dort können Sie über die Schnellsuche ❷ nach einem bestimmten Finanzamt suchen oder durch Klick auf die Spaltenbezeichnungen ❸ die Liste sortieren lassen.

3. Wenn Sie in der Liste ein Finanzamt markieren, werden Ihnen in den Registern im unteren Zusatzbereich ❹ verschiedene Daten angezeigt.

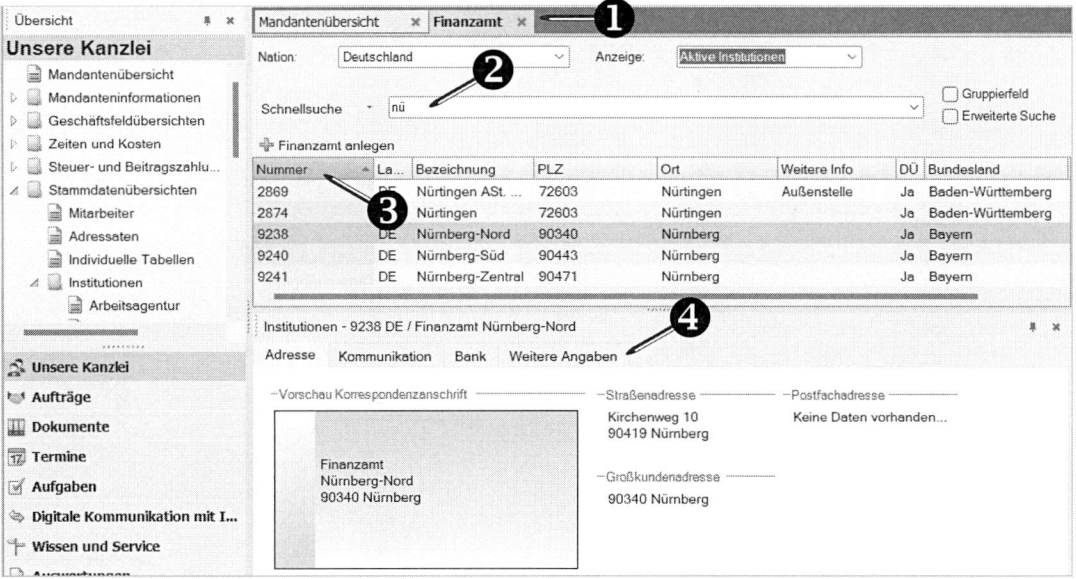

4. Sie können auch per Doppelklick auf das gewünschte Finanzamt die Stammdaten in einem zusätzlichen Fenster öffnen. Hier ist eine Bearbeitung der Daten möglich.

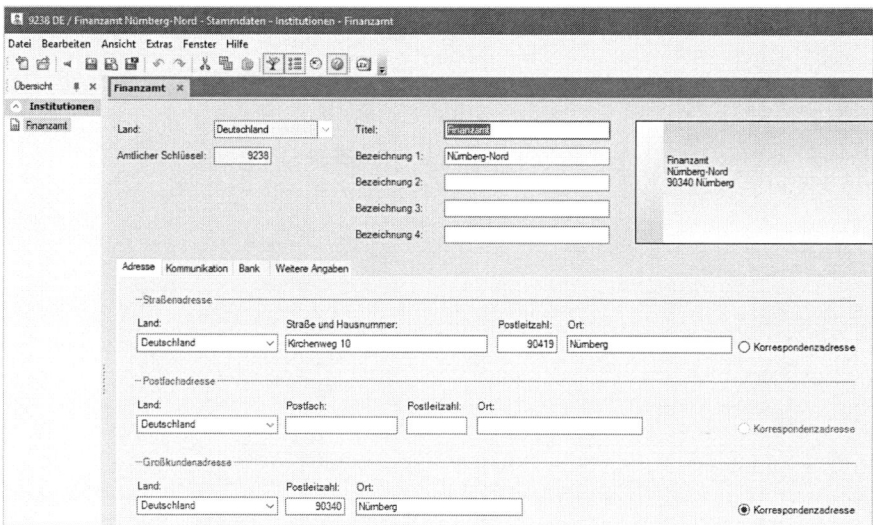

5. Sind Sie mit der Bearbeitung der Finanzämter fertig, schließen Sie das zusätzliche Fenster. Sie können im DATEV Arbeitsplatz auch das Register Finanzamt schließen, damit der Arbeitsbereich übersichtlich bleibt.

So finden Sie die Institutionsdaten der Krankenkassen

Voraussetzung: Sie befinden sich im DATEV Arbeitsplatz und haben in der Übesicht den Ordner Institutionen geöffnet.

1. Klicken Sie in der Baumstruktur auf Krankenkasse und öffnen Sie somit das Arbeitsblatt Krankenkasse ❶. Sie erhalten eine Liste aller Krankenkassen.

2. Dort können Sie über die Schellsuche ❷ nach einer bestimmten Krankenkasse suchen oder durch Klick auf die Spaltenbezeichnungen ❸ die Liste sortieren lassen.

   Hinweis: Wenn Sie nicht die genau eingetragene Bezeichnung der Krankenkasse kennen, sollten Sie nur einen Namensbestandteil bei der Suche eingeben.

   Beispiel: AOK PLUS Die Gesundheitskasse für Sachsen und Thüringen

   Suchbegriff: AOK PLUS oder Suchbegriff: PLUS Thüringen → keine Treffer

   Suchbegriff: AOK oder Suchbegriff: PLUS → AOK PLUS Die Gesundheitskasse für Sachsen und Thüringen steht in Liste

3. Markieren Sie in der Liste eine Krankenkasse, werden Ihnen in den Registern im unteren Zusatzbereich verschiedene Daten angezeigt, bei den Krankenkassen u.a. auch die Umlagesätze und der Zusatzbeitrag ❹.Überprüfen Sie, ob es sich um die aktuellen Werte handelt.

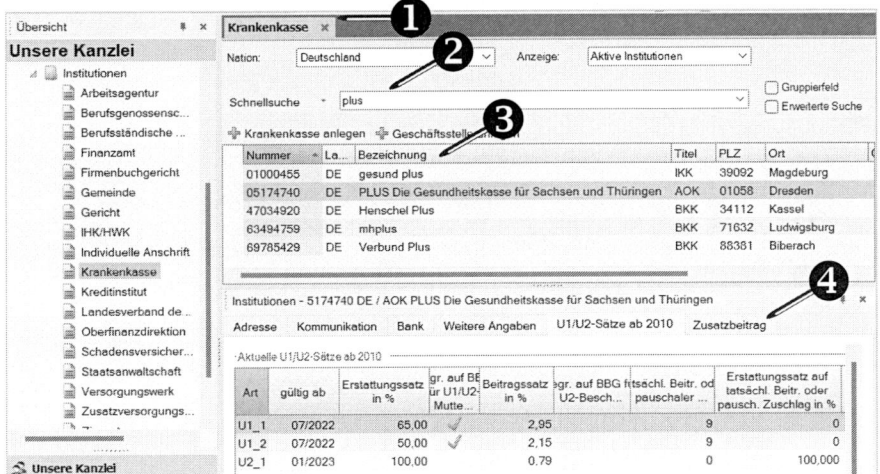

4. Per Doppelklick auf eine Krankenkasse können Sie die Stammdaten in einem zusätzlichen Fenster öffnen. Hier ist eine Bearbeitung der Adress-, Kommunikations- und Bankdaten möglich. Beitragssätze sind nicht änderbar.

So legen Sie eine Krankenkassengeschäftsstelle an

In den Institutionsdaten ist zu jeder Krankenkasse immer die Hauptgeschäftsstelle hinterlegt. Sollen regionale Zweigstellen verwendet werden, müssen diese zuvor als Geschäftsstelle einer Krankenkasse angelegt werden. Dies kann beispielsweise für eine andere Postanschrift beim Versand von Bescheinigungen oder eine regionale Bankverbindung genutzt werden.

Die Geschäftsstelle kann über Geschäftsstelle anlegen komplett neu erfasst werden, dabei werden nur Titel, Bezeichnung und Betriebsnummer der Hauptstelle übernommen. Alle weiteren Daten müssen eingetragen werden. Es besteht auch die Möglichkeit, die Geschäftsstelle als Kopie anzulegen. Dabei werden alle Daten der Hauptstelle übernommen und können angepasst werden.

Voraussetzung: Sie befinden sich im DATEV Arbeitsplatz und haben in der Übersicht den Ordner Institutionen geöffnet.

1. Klicken Sie in der Baumstruktur auf Krankenkasse und öffnen Sie somit das Arbeitsblatt **Krankenkasse**. Sie erhalten obige Liste aller Krankenkassen.

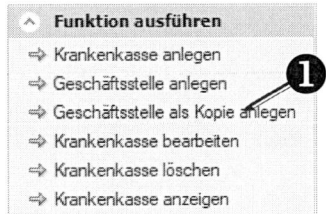

2. Um eine neue Geschäftsstelle anzulegen, markieren Sie zuerst die Krankenkasse und klicken oberhalb der Liste auf die Schaltfläche ⊹ Geschäftsstelle anlegen .
   Sie können auch die kontextbezogenen Links im rechten Zusatzbereich nutzen. Hier haben Sie zusätzlich die Möglichkeit, über Funktion ausführen die Geschäftsstelle als Kopie ❶ anzulegen.

3. Es öffnet sich ein neues Fenster, in dem Sie die entsprechenden Adress- und Kommunikationsdaten eingeben und speichern.

4. Krankenkassen, für die eine Geschäftsstelle angelegt wurde, sind durch einen Zeilenmarker ❷ vor der Krankenkasse gekennzeichnet. Durch Anklicken des Markers können sie die zugehörige(n) Geschäftsstelle(n) ein- und ausblenden.

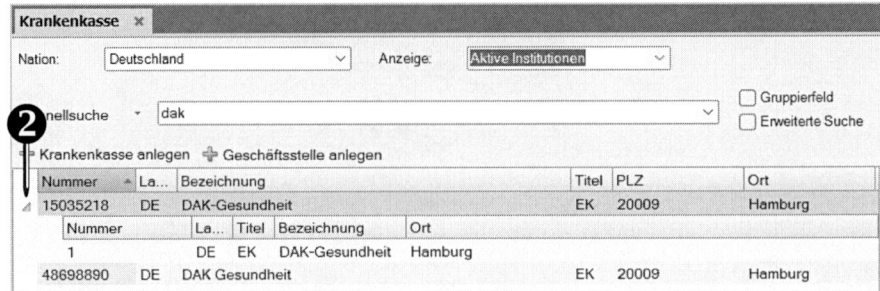

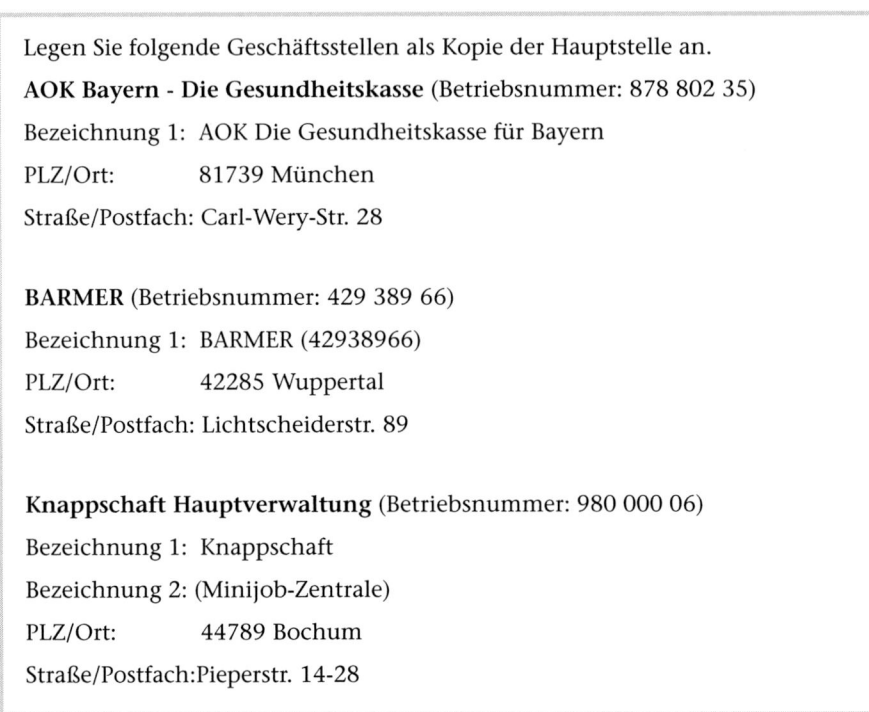

Übung
Krankenkassengeschäftsstellen anlegen

Legen Sie folgende Geschäftsstellen als Kopie der Hauptstelle an.

AOK Bayern - Die Gesundheitskasse (Betriebsnummer: 878 802 35)

Bezeichnung 1: AOK Die Gesundheitskasse für Bayern

PLZ/Ort: 81739 München

Straße/Postfach: Carl-Wery-Str. 28

BARMER (Betriebsnummer: 429 389 66)

Bezeichnung 1: BARMER (42938966)

PLZ/Ort: 42285 Wuppertal

Straße/Postfach: Lichtscheiderstr. 89

Knappschaft Hauptverwaltung (Betriebsnummer: 980 000 06)

Bezeichnung 1: Knappschaft

Bezeichnung 2: (Minijob-Zentrale)

PLZ/Ort: 44789 Bochum

Straße/Postfach: Pieperstr. 14-28

Wenn keine Geschäftsstellen angelegt werden, verwendet DATEV immer die Hauptstelle der Krankenkasse.

So aktualisieren Sie Institutionsdaten

Um eine korrekte Lohnabrechnung zu gewährleisten, ist es notwendig, immer die aktuellsten Institutionsdaten zu verwenden. Diese werden mit den Updates oder im DATEV Rechenzentrum zur Verfügung gestellt.

Informationen zum aktuellen Stand Ihrer Daten sehen sie in der Kurzinfo ❶ und in der Aktualisierungsübersicht ❷.

Der Abruf der Daten vom DATEV Rechenzentrum kann sowohl manuell mit dem Link Alle Institutionsdaten aktualisieren ❸ als auch automatisiert in Form eines Abo-Auftrages ❹ erfolgen.

Wurden manuelle Änderungen in den Institutionsdaten vorgenommen, werden diese bei einer Aktualisierung überschrieben. Krankenkassengeschäftsstellen werden nicht aktualisiert.

Hinweis: Zu Schulungszwecken führen Sie keine Aktualisierung durch.

2.3 Der Zahlungsverkehr

Damit die Arbeitnehmer ihre errechneten Löhne und Gehälter und alle Institutionen ihr Geld erhalten, besteht in DATEV die Möglichkeit, dies über das Programm Zahlungsverkehr abzuwickeln. Dieses Modul ist u.a. vom DATEV Arbeitsplatz aufrufbar und ist über eine Schnittstelle mit dem Lohnprogramm verbunden. Sobald im Lohnprogramm als Zahlungsart SEPA-Überweisung ausgewählt wird und eine Bankverbindung hinterlegt ist, können die Überweisungsdaten an den Zahlungsverkehr übergeben und dort verarbeitet werden.

Unabhängig von der Lohnabrechnung können im Zahlungsverkehr weitere Überweisungen, auch Auslandsüberweisungen oder Schecks erfasst werden. Es ist möglich, die Daten über das DATEV Rechenzentrum an die Kreditinstitute zu übermitteln, die Überweisungen per Online-Banking selbst anzuweisen, Datenträger zu erstellen oder Überweisungen zu drucken.

2.4 Die RZ-Kommunikation

Die RZ-Kommunikation ist das Bindeglied zwischen dem lokal installierten DATEV-Programm und dem DATEV Rechenzentrum. Mit der RZ-Kommunikation erfolgt die Datenfernübertragung (DFÜ). Damit werden sowohl Daten an das Rechenzentrum gesendet als auch Daten von dort abgerufen.

Beispiele für Sendevorgänge	Beispiele für Holvorgänge
▩ ELStAM-Anmeldung	▩ Abruf ELStAM
▩ LSt-Anmeldung	▩ Abruf der Mitarbeiterdaten Berufsgenossenschaft
▩ SV-Meldungen	
▩ Beitragsnachweise	▩ Aktualisierung der Institutionen
▩ Erstattungsanträge	▩ Abruf eAU

Die Daten können einzeln oder gesammelt (DFÜ-Sammler) übertragen werden. Neben der Datenübermittlung bietet das DATEV Rechenzentrum noch weitere Leistungen an, z. B.:

▩ Datensicherung

▩ Archivierung

▩ Druck, Kuvertierung und Versand von Auswertungen an Mandanten oder Direktversand an Arbeitnehmer

Hinweis: Zu Schulungszwecken erfolgt keine Anbindung an das DATEV Rechenzentrum. Sendevorgänge werden nur simuliert. Ein Datenabruf ist nicht möglich. Somit müssen alle Stammdaten per Hand eingetragen werden, auch solche, die in der Praxis über das DATEV Rechenzentrum bereitgestellt werden. Dazu zählen z.B. die ELStAM (Steuerklasse, Kinderfreibetrag, Konfession, Freibeträge) oder die Gefahrtarifstelle bei der Berufsgenossenschaft.

2.5 Die Hilfe

In Abhängigkeit von der Art der Information, die Sie suchen, bietet Ihnen DATEV unterschiedliche Unterstützungsmöglichkeiten an. Sie erhalten z. B. über den Menüpunkt Hilfe → Info... einen Überblick über die aktuellen Versionen Ihrer installierten DATEV-Programme. Weiterhin gibt es verschiedene Hilfefunktionen.

So nutzen Sie das Hilfe-Center

Das Hilfe-Center steht Ihnen für Fragen bezüglich der Bedienung von DATEV zur Verfügung. Sie können das Hilfe-Center über den Menüpunkt Hilfe öffnen und dann Ihre Suche starten. Alternativ geben Sie Ihren Suchbegriff direkt im Suchfeld ❶ ein.

Jeder Hilfeeintrag hat eine eigene Dokumentennummer. An verschiedenen Stellen im Programm wird auf solche Dokumente als Informationsquelle hingewiesen. Sie können bei der Suche anstatt eines Suchbegriffes auch direkt diese Dokumentennummern (z. B. 9207283) eingeben und gelangen zu dem entsprechenden Eintrag (z. B. Hilfe zur Gesamtübersicht) im Hilfe-Center.

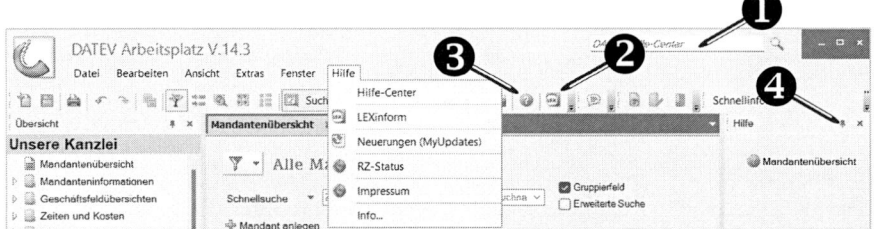

So nutzen Sie LEXinform

DATEV LEXinform bietet Ihnen ein umfangreiches Fachwissen aus den Bereichen Steuern, Recht und Betriebswirtschaft. Im Gegensatz zum Hilfe-Center handelt es sich hierbei um ein Lexikon für theoretische Grundlagen.

Sie können LEXinform über den Menüpunkt Hilfe → LEXinform oder das entsprechende Symbol ❷ starten und anschließend mit Ihrer Recherche beginnen. LEXinform steht Ihnen auch online unabhängig von einer DATEV-Nutzung zur Verfügung (https://www.datev.de/dnlexom/client/app/index.html#/start).

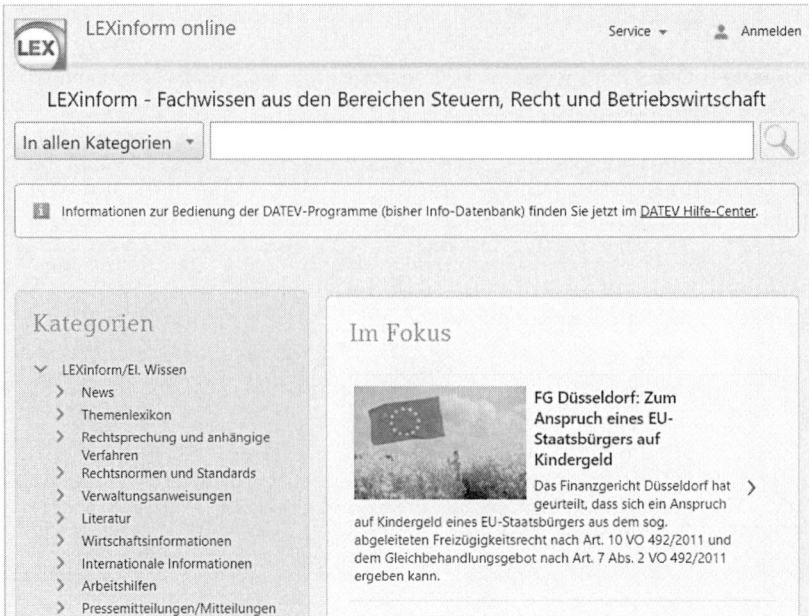

So nutzen Sie die kontextbezogene Hilfe

Im rechten Zusatzbereich befindet sich die kontextbezogene Hilfe, d.h. hier erhalten Sie Informationen zu dem im Arbeitsbereich geöffneten Arbeitsblatt. Sie können die kontextbezogene Hilfe im Zusatzbereich über die dortige Schaltfläche Hilfe oder über das Symbol ❸ einblenden lassen. Um ein automatisches Ausblenden zu verhindern, fixieren Sie den Zusatzbereich Hilfe mit der Pinnadel ❹. In Abhängigkeit vom Arbeitsbereich kann hier auch eine Verlinkung zu LEXinform vorhanden sein.

2.6 Das neue Mandat / Das neue Unternehmen - Zentrale Stammdaten

An dieser Stelle beginnt die Neuanlage eines Unternehmens. Zuerst wird ein zentraler Mandant/ein neues Unternehmen angelegt mit allgemeinen Stammdaten, wie Zentrale Mandantennummer, Mandantentyp, Unternehmensname, Adresse oder Kommunikationsdaten. Diese Angaben sind unabhängig von der abzurechnenden Leistung (z.B. Lohnabrechnung oder Buchhaltung) und werden später in das jeweilige Abrechnungsprogramm übernommen und abgeglichen. Der zentrale Mandant ist folglich leistungsübergreifend.

Im Folgenden wird zuerst die Anlage eines Mandanten in der Kanzleiversion beschrieben. Anschließend werden die Arbeitsschritte nochmal für die Unternehmensversion gezeigt. Sie können also unabhängig von Ihrer DATEV Arbeitsplatzversion die entsprechenden Arbeitsschritte für beide Versionen abarbeiten.

Ubung
Mandanten- und Personal-Stammdaten

Ausgangssituation:

Gabriele Leinweber ist die Inhaberin der "Franconia Textilia GmbH", ein Textilgroßhandelsunternehmen in Nürnberg. Frau Leinweber setzt nach Beratung und Rücksprache mit ihrem Steuerberater ab Januar 2024 das Programm "Lohn und Gehalt comfort" ein. Erfassen Sie zuerst alle Daten, die nur für das Unternehmen gelten.

Vergeben Sie für das Unternehmen eine fünfstellige Mandantennummer.

Die Beraternummer/ Kanzleinummer wird von ihrem PC vorgeschlagen. In der Regel ist es die Schulauswertungsnummer, die von DATEV vergeben wurde.

Die ausführlichen Mandanten-Stammdaten finden Sie ab Seite 233.

So legen Sie einen neuen Mandanten im DATEV Arbeitsplatz für Kanzleien an

Voraussetzung: Sie befinden sich auf der Seite DATEV Arbeitsplatz.

1. Rufen Sie im Navigationsbereich die Mandantenübersicht auf und klicken Sie anschließend auf Mandant anlegen ❶. Sie können auch das Symbol Neu ❷ oder den Menüpunkt Datei →Neu nutzen.

2. Es öffnet sich ein neues Fenster Stammdaten Mandant ❸ mit dem Arbeitsblatt Mandat ❹. Nachdem Sie die Felder gefüllt haben, klicken Sie auf Fertigstellen ❺.

Die einzugebenden Werte finden Sie im Anhang ab Seite 233.

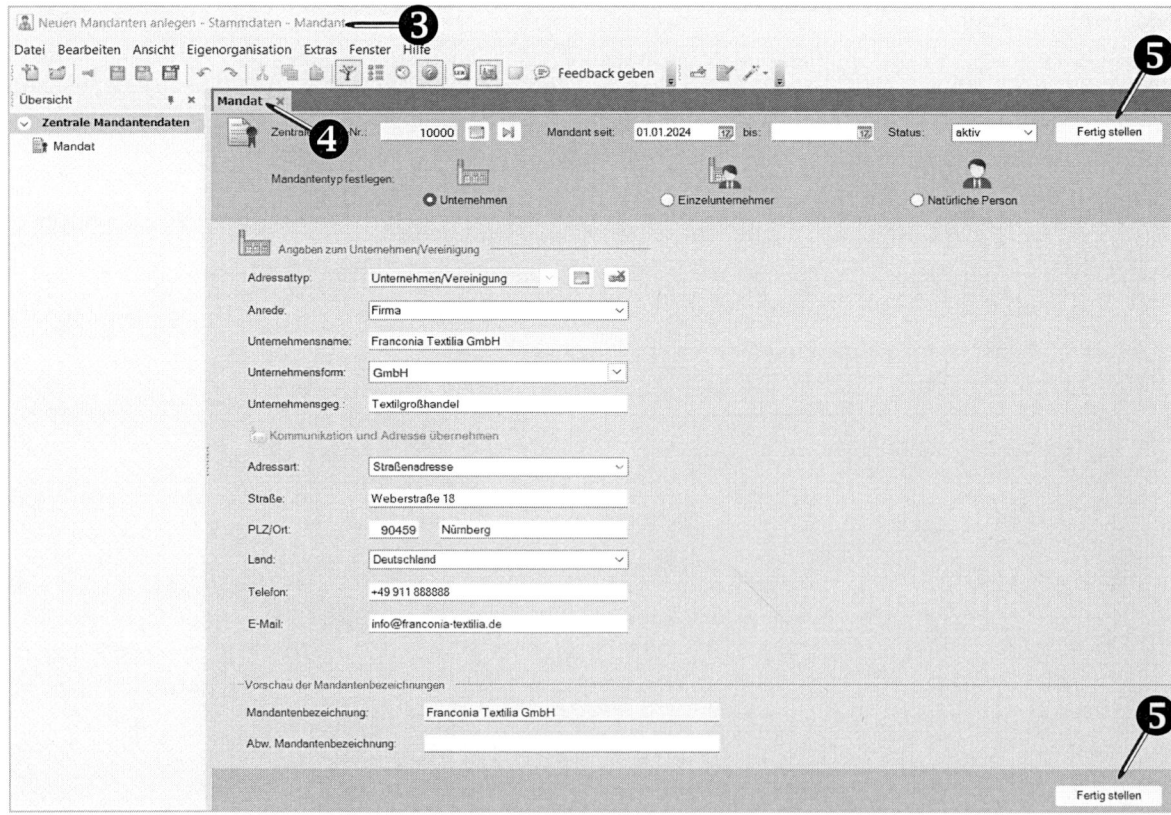

3. Sie gelangen nun auf die Seite Leistungen anlegen. Wählen Sie die **Lohnabrechnung** aus. Als **Jahr** ❻ wird automatisch das aktuelle Kalenderjahr vorgeschlagen. Dieses können Sie nur bei der Neuanlage einer Leistung ändern. Eine spätere Korrektur ist nicht mehr möglich.

Die **Beraternummer** ist Ihre Kundennummer bei DATEV und kann zu Übungszwecken frei gewählt werden.

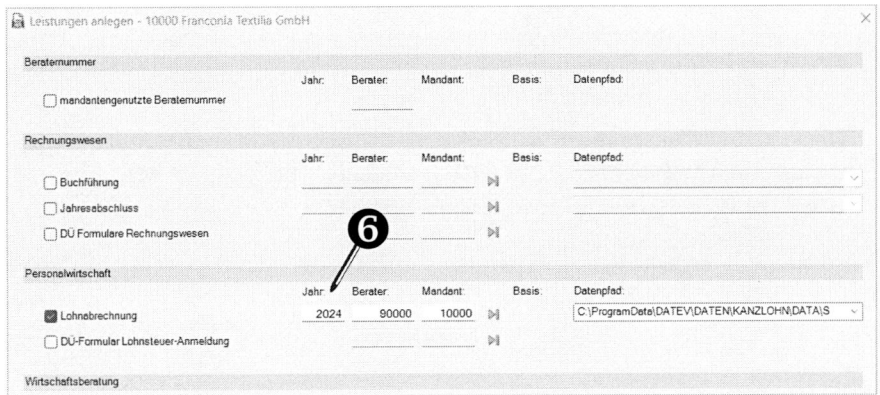

Klicken Sie auf OK. Die Lohnabrechnung für den Mandanten ist aktiviert und kann später gestartet werden. Zuvor werden noch weitere allgemeine Stammdaten ergänzt, die anschließend in das Lohnprogramm übernommen werden.

4. Im Arbeitsbereich hat sich das Arbeitsblatt Unternehmen/Vereinigung ❼ geöffnet. Die bereits eingegebenen Daten aus dem Arbeitsblatt Mandat wurden in die Register Adresse und Kommunikation übernommen und können vervollständigt bzw. geändert werden.

5. Für die Lohnabrechnung ergänzen Sie im Register Bank ❽ die **Bankverbindung** (IBAN) und im Register Finanzamt ❾ das **Finanzamt** inkl. **Steuernummer.**

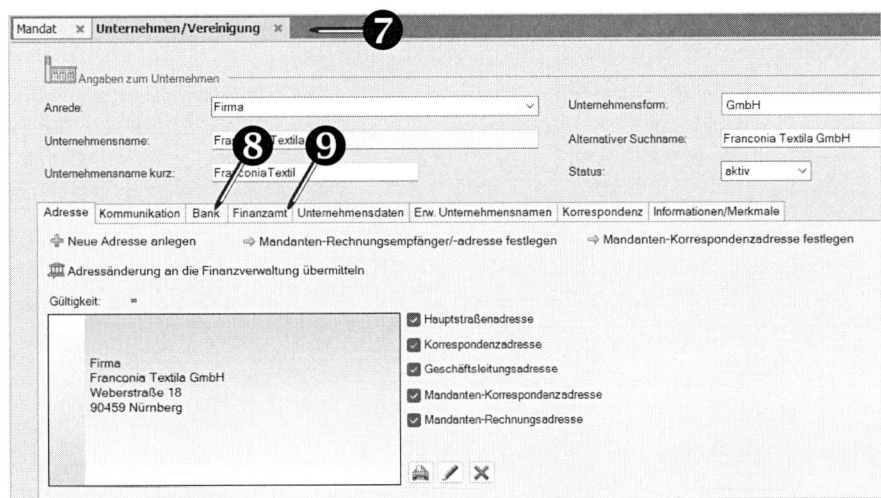

Für die Eingabe des Finanzamtes bietet DATEV Ihnen verschiedene Möglichkeiten:

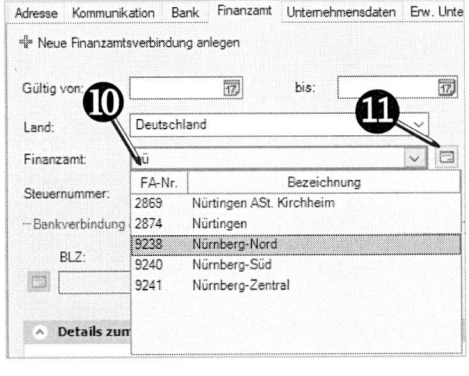

▪ Sie geben die **Nummer des FA** ein (z.B. 9238).

▪ Sie geben die **Bezeichnung des FA** ein (z.B. Nürnberg-Nord). Während Sie schreiben, grenzt DATEV im Auswahlfeld die Finanzämter immer weiter ein❿.

▪ Sie nutzen die **Schaltfläche** ⓫ und rufen sich für Ihre Suche ein neues Fenster Finanzamt auswählen auf.

Nachdem ein Finanzamt ausgewählt/eingegeben wurde, werden die zugehörigen Adress- und Bankdaten automatisch aus den Institutionsstammdaten übernommen. Vergessen Sie nicht, die **Steuernummer** (238/888/88888 ohne Schrägstriche erfassen) einzugeben.

6. Im Register Unternehmensdaten **⑫** sind der **Unternehmensgegenstand** **⑬** und das **Bundesland** **⑭** für Lohn und Gehalt relevant. Das **Wirtschaftsjahr** muss nicht eingegeben werden, da es in der Lohnabrechnung kein abweichendes Wirtschaftsjahr gibt.

Für statistische Auswertungen erfassen Sie die **Klassifikation der Wirtschaftszweige nach WZ 2008** (z. B. 46.41.0 Großhandel mit Textilien) **⑮**.

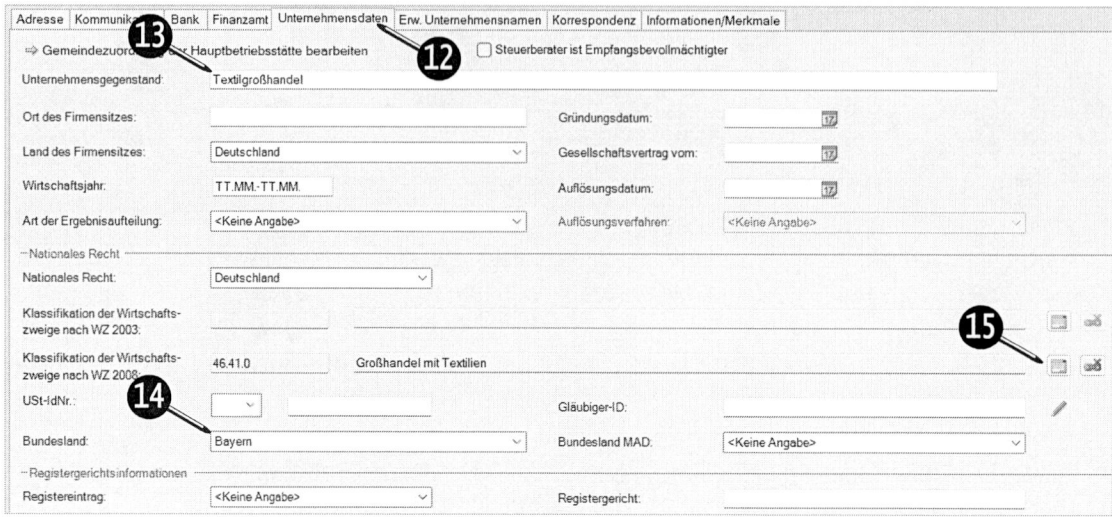

Möchten Sie auch die Buchhaltung aktivieren, sind hier noch die Eingaben des **Wirtschaftsjahres** und evtl. die **USt-IdNr.** notwendig.

Wollen Sie die Stammdaten nachträglich ändern, müssen Sie für Adresse, Bank oder Finanzamt zuerst auf das Symbol [✏] Korrektur/Ergänzung klicken, um in den Bearbeitungsmodus zu gelangen. In den anderen Registern ist dies nicht notwendig.

7. Nachdem Sie alle notwendigen Daten eingegeben haben, speichern Sie die Daten ab und schließen Sie das Fenster Stammdaten Mandant. Alternativ können Sie gleich das Symbol [💾] Speichern und Schließen nutzen.

Sollten noch Eingaben fehlen oder unplausibel sein, werden diese im unteren Zusatzbereich als Hinweis angezeigt und müssen korrigiert werden.

Der Mandant ist angelegt und Sie sollten sich nun wieder im DATEV Arbeitsplatz befinden.

Hinweis: Um den Überblick nicht zu verlieren, ist es sinnvoll, stets im Vollbild zu arbeiten, die Fenster also zu maximieren.

Für nachträgliche Ergänzungen oder Korrekturen der Zentralen Stammdaten öffnen Sie sich diese durch Doppelklick auf den Mandanten in der Mandantenübersicht **❶** im DATEV Arbeitsplatz.

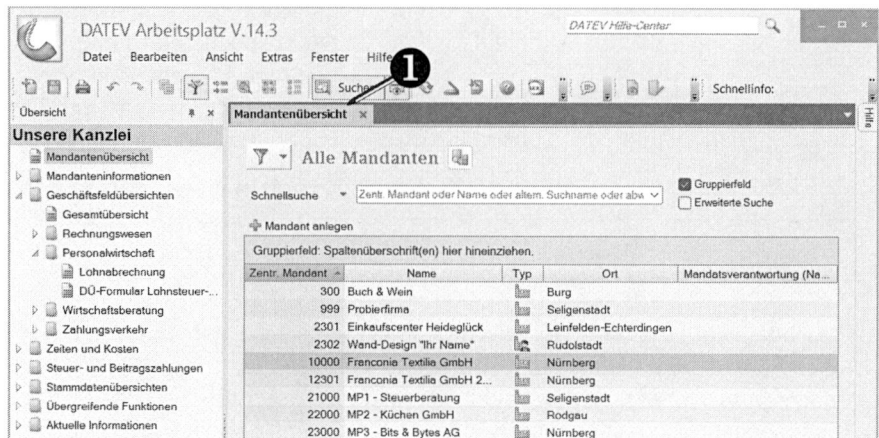

Sie gelangen zur Startseite der zentralen Mandantenstammdaten und können von hier z. B. in die Angaben zum Mandat ❷ wechseln oder die Angaben für Unternehmen/Vereinigung ❸ bearbeiten oder in der Leistungsübersicht ❹ zusätzliche Leistungen aktivieren.

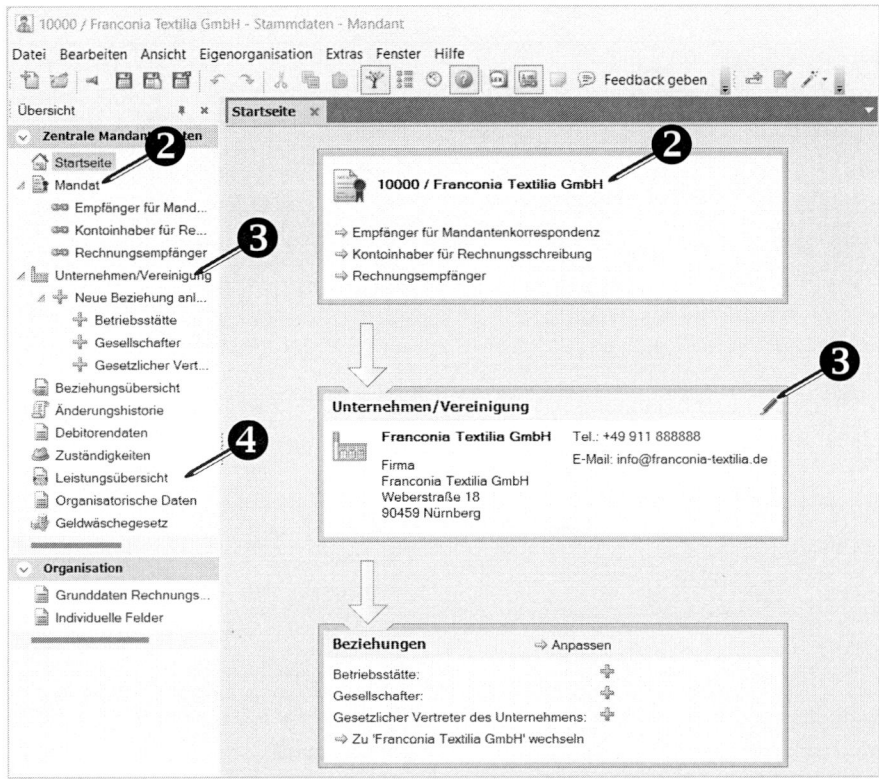

So legen Sie ein neues Unternehmen im DATEV Arbeitsplatz für Unternehmen an

Wenn Sie das Programm zum ersten Mal starten und es ist noch kein Unternehmen vorhanden, beginnt die Stammdatenanlage mit dem Neueinstieg.

1. Klicken Sie auf Unternehmen anlegen.

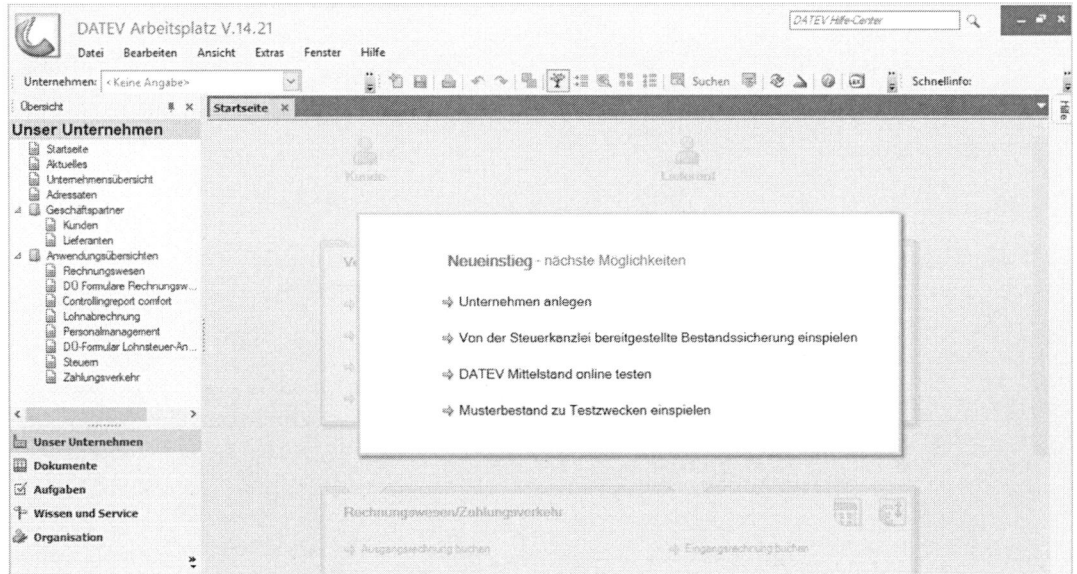

Sind bereits Unternehmen vorhanden, öffnet sich (je nach Einstellungen) die Startseite eines Unternehmens.

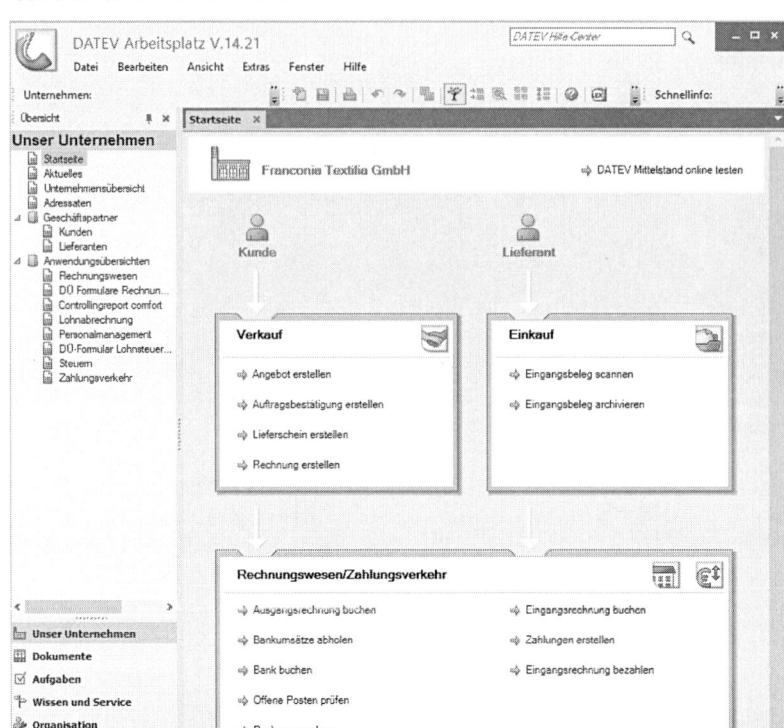

In diesem Fall legen Sie die das neue Unternehmen über den Menüpunkt Datei →Neu an oder Sie öffnen das Arbeitsblatt Unternehmensübersicht ❶.

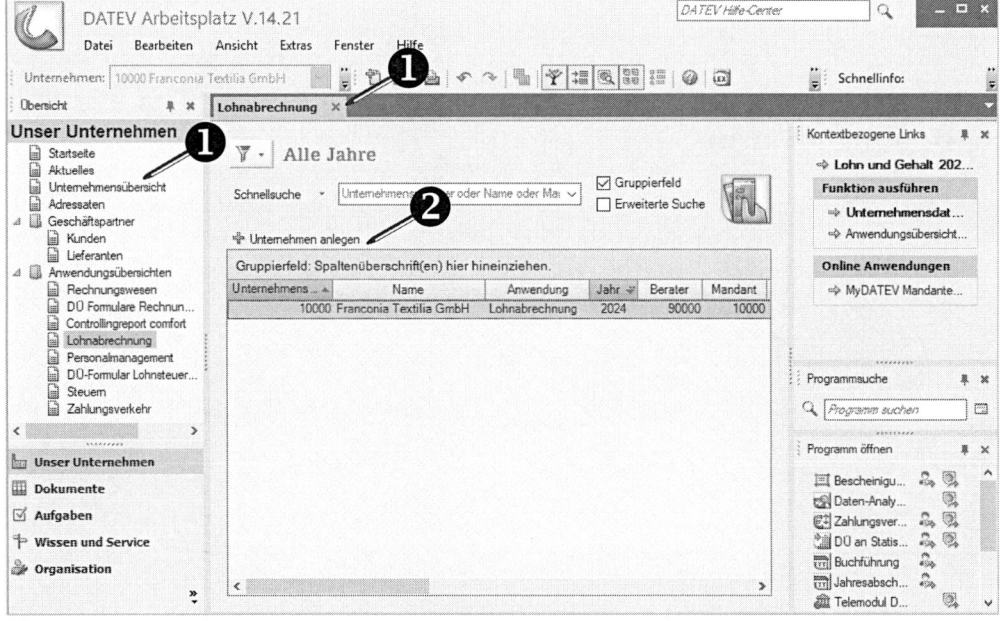

1. Klicken Sie auf die Schaltfläche Unternehmen anlegen ❷.

2. Es öffnet sich ein neues Fenster Neues Unternehmen anlegen - Stammdaten - Unternehmen mit dem Arbeitsblatt Organisation. Nachdem Sie die Felder gefüllt haben, klicken Sie auf Fertigstellen ❸. Die einzugebenden Werte finden Sie im Anhang Seite 233.

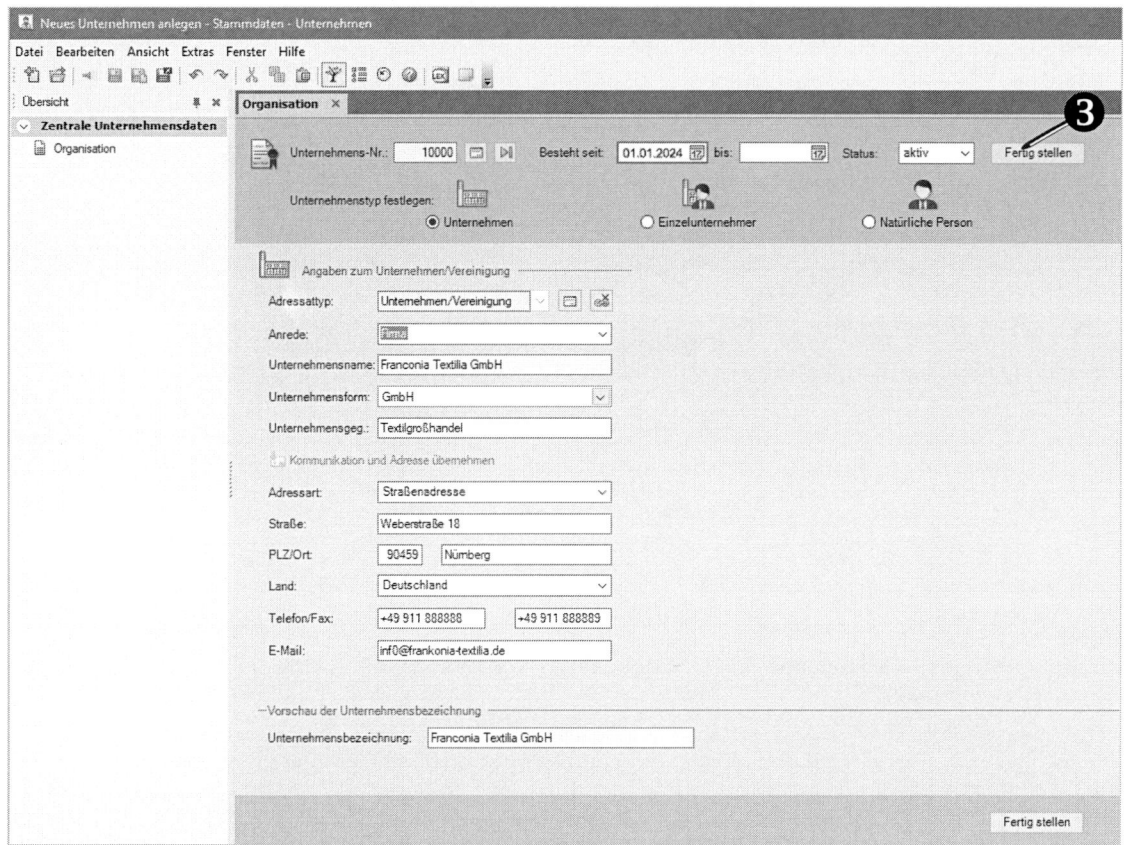

3. Sie gelangen nun auf die Seite Anwendungen anlegen. Wählen Sie die **Lohn-abrechnung** aus. Als **Jahr** ❹ wird automatisch das aktuelle Kalenderjahr vor-geschlagen. Dieses können Sie nur bei der Neuanlage einer Leistung ändern. Eine spätere Korrektur ist nicht mehr möglich.
    Die **Beraternummer** ist Ihre Kundennummer bei DATEV und kann zu Übungs-zwecken frei gewählt werden.

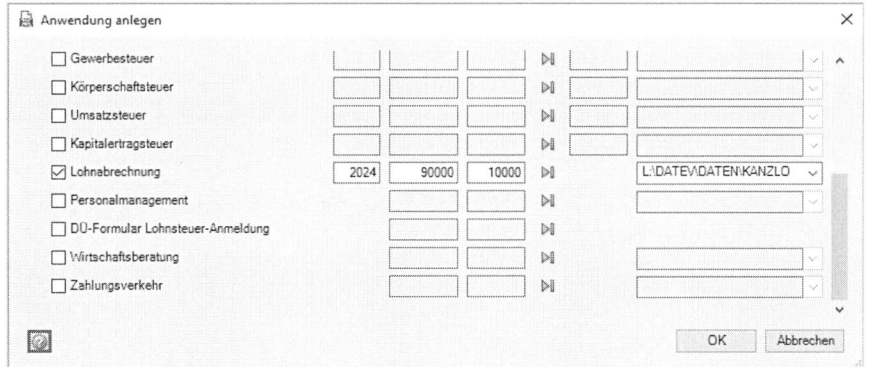

    Sollte die Dokumentenablage aktiviert sein, können Sie diese deaktivieren, da sie hier nicht genutzt wird.
    Klicken Sie auf OK. Die Lohnabrechnung für das Unternehmen ist aktiviert und kann später gestartet werden. Zuvor werden noch weitere allgemeine Stamm-daten ergänzt, die anschließend in das Lohnprogramm übernommen werden.

4. Im Arbeitsbereich hat sich das Arbeitsblatt Unternehmen/Vereinigung ❺ ge-öffnet. Die bereits eingegebenen Daten aus dem Arbeitsblatt Organisation wur-den in die Register Adresse und Kommunikation übernommen und können vervollständigt bzw. geändert werden.

5. Für die Lohnabrechnung ergänzen Sie im Register Bank ❻ die **Bankverbindung (IBAN)** und im Register Finanzamt ❼ das **Finanzamt** inkl. **Steuernummer.**

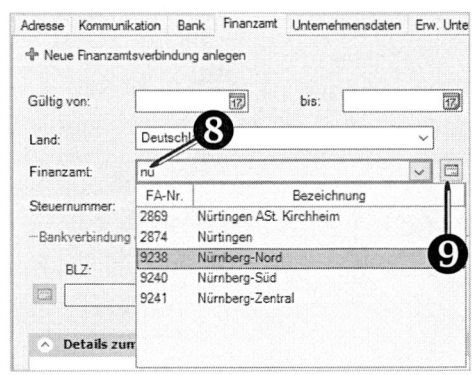

Für die Eingabe des **Finanzamtes** bietet DATEV Ihnen verschiedene Möglichkeiten:

- Sie geben die **Nummer des FA** ein (z.B. 9238).

- Sie geben die **Bezeichnung des FA** ein (z.B. Nürnberg-Nord). Während Sie schreiben, grenzt DATEV im Auswahlfeld die Finanzämter immer weiter ein ❽.

- Sie nutzen die **Schaltfläche** ❾ und rufen sich für Ihre Suche ein neues Fenster Finanzamt auswählen auf.

Nachdem ein Finanzamt ausgewählt/eingegeben wurde, werden die zugehörigen Adress- und Bankdaten automatisch aus den Institutionsstammdaten übernommen. Vergessen Sie nicht, die Steuernummer (238/888/88888 ohne Schrägstriche erfassen) einzugeben.

6. Im Register Unternehmensdaten sind der **Unternehmensgegenstand** und das **Bundesland** für Lohn und Gehalt relevant. Das **Wirtschaftsjahr** muss nicht eingegeben werden, da es in der Lohnabrechnung kein abweichendes Wirtschaftsjahr gibt.
   Für statistische Auswertungen erfassen Sie die **Klassifikation der Wirtschaftszweige nach WZ 2008** (z.B. 46.41.0 Großhandel mit Textilien).
   Möchten Sie auch die Buchhaltung aktivieren, sind hier noch die Eingaben des **Wirtschaftsjahres** und evtl. die **USt-IdNr.** notwendig (*siehe Seite 28-29*).
   Wollen Sie die Stammdaten nachträglich ändern, müssen Sie für Adresse, Bank oder Finanzamt zuerst auf das Symbol ✏ Korrektur/Ergänzung klicken, um in den Bearbeitungsmodus zu gelangen. In den anderen Registern ist dies nicht notwendig.

7. Nachdem Sie alle notwendigen Daten eingegeben haben, speichern Sie die Daten ab und schließen Sie das Fenster Stammdaten Unternehmen. Alternativ können Sie gleich das Symbol Speichern und Schließen nutzen. Sollten noch Eingaben fehlen oder unplausibel sein, werden diese im unteren Zusatzbereich als Hinweis angezeigt und müssen korrigiert werden.

Das Unternehmen ist angelegt und Sie sollten sich nun wieder im DATEV Arbeitsplatz befinden.

Hinweis: Um den Überblick nicht zu verlieren, ist es sinnvoll, stets im Vollbild zu arbeiten, die Fenster also zu maximieren.

2.7 Die Arbeitsweisen

Zur Nutzung des DATEV Arbeitsplatzes stehen Ihnen verschiedene Wege zur Verfügung, von denen hier zwei beschrieben werden. Diese sind unabhängig von der Arbeitsplatzversion.

Firmenbezogene Arbeitsweise

Wenn Sie in der Übersicht die Mandantenübersicht (Unternehmensübersicht) ❶ doppelt anklicken, öffnet sich das zugehörige Register ❷ im Arbeitsbereich. Sie erhalten eine Liste aller zentral angelegten Mandanten (Unternehmen), unabhängig davon, welche Leistungen für diese Firmen bearbeitet werden sollen. Jeder Mandant besitzt eine **zentrale Mandantennummer** (jedes Unternehmen besitzt eine **Unternehmensnummer**). Gleichzeitig passt sich der Zusatzbereich an und bietet Ihnen kontextbezogene Funktionen ❸. Per **Doppelklick** auf einen Mandanten (ein Unternehmen) öffnen Sie in einem neuen Fenster wieder dessen zentrale Stammdaten (*siehe Punkt 2.1*). Wollen Sie die Lohnabrechnung starten, erfolgt dies über den Link **Lohnabrechnung 2024** im rechten Zusatzbereich ❹.

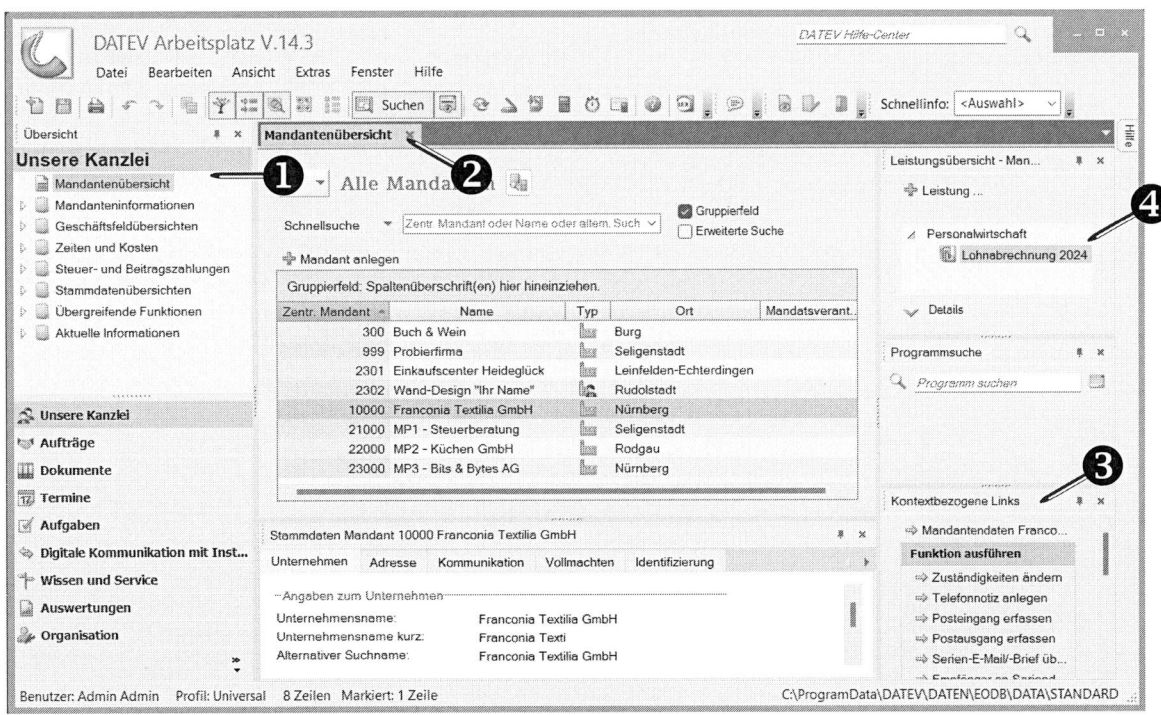

Leistungsbezogene Arbeitsweise

Wenn Sie in der Übersicht die Geschäftsfeldübersichten (Anwendungsübersichten) ❼ aufklappen, werden die zur Verfügung stehenden Programme angezeigt. Mit einem Doppelklick auf Lohnabrechnung ❽ öffnen Sie das Register Lohnabrechnung ❾. Sie erhalten eine Liste aller Unternehmen, für die die Lohnabrechnung aktiviert ist. Gleichzeitig passt sich der Zusatzbereich an und bietet Ihnen kontextbezogene Links. Per **Doppelklick** auf eine dieser Firmen öffnen Sie das Programm Lohn und Gehalt in einem neuen Fenster. Der Programmstart ist auch über den Link **Lohn und Gehalt 2024 starten** im Zusatzbereich möglich ❿.

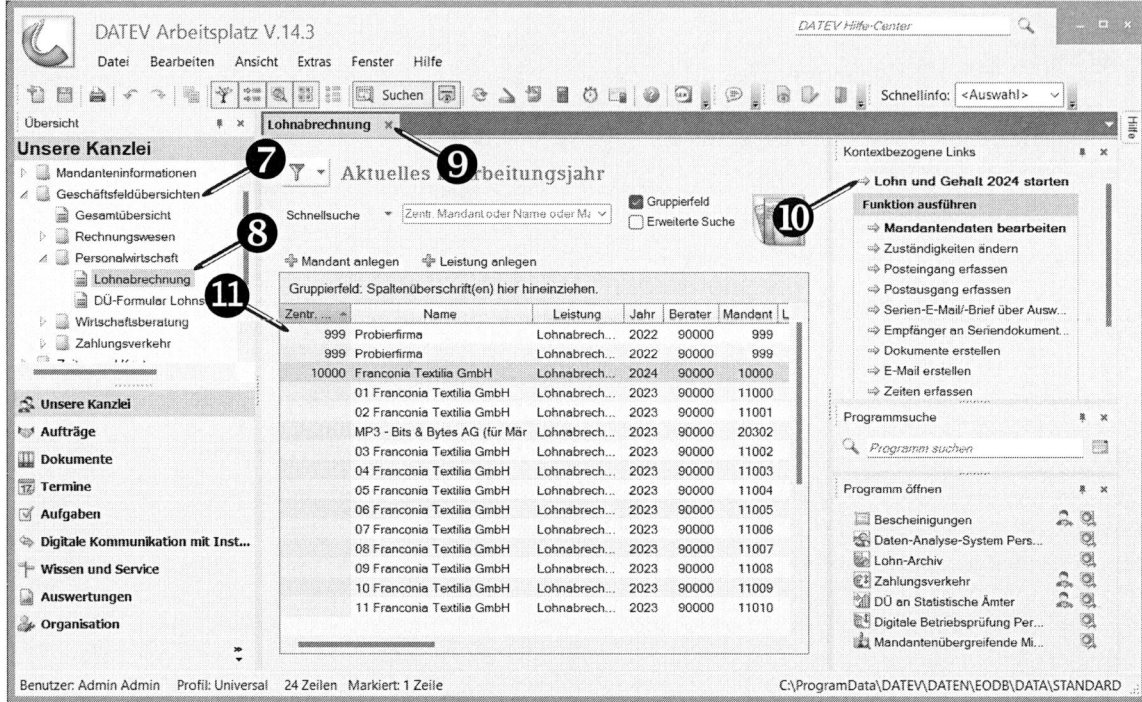

Hinweis: Unternehmen können sowohl im DATEV Arbeitsplatz als auch direkt in Lohn und Gehalt comfort angelegt werden. Alle Firmen, die wie in Punkt 2.1 beschrieben, zuerst als zentraler Mandant (Unternehmen) über den DATEV Arbeitsplatz angelegt wurden, haben eine **zentrale Mandantennummer (Unternehmensnummer)**. Unternehmen ohne diese Nummer ⓫ sind direkt im Lohnprogramm und nicht über den DATEV Arbeitsplatz neu angelegt worden. Diese Firmen erscheinen nur im Register Lohnabrechnung ❾ und nicht im Register Mandantenübersicht (Unternehmensübersicht) ❷. Für diese Firmen können die zentralen Stammdaten über das Kontextmenü (rechte Maustaste) →Mandant zentralisieren nachträglich erfasst werden.

Zusätzlich zur Unternehmensnummer (Spalte: **Zentr. Mandant**) besitzt jedes Unternehmen eine leistungsabhängige Unternehmensnummer (Spalte: **Mandant**). Das bedeutet, ein Unternehmen könnte z.B. unter der Unternehmensnummer 1000 geführt werden, hat in der Lohnabrechnung die Unternehmensnummer 500 und in der Buchführung die Unternehmensnummer 3345. Um den Überblick nicht zu verlieren, ist es sinnvoll, die Nummern identisch zu vergeben.

3

Das Programm Lohn und Gehalt

Sie erfahren, wie Sie das Programm **Lohn und Gehalt** starten, die bereits angelegten Stammdaten übernehmen und ergänzen. Anschließend lernen Sie, wie ein neuer Mitarbeiter angelegt wird, welche Stammdaten eingegeben werden müssen und wie Sie die monatlichen Bewegungsdaten erfassen.

Inhalt

- Die Programmversionen
- Die Unternehmensdaten in Lohn und Gehalt
- Die Mitarbeiterstammdaten
- Die Bewegungsdaten

Hinweis: Die Übungen in diesem Buch bieten Ihnen einen Einstieg in die Arbeit mit DATEV Lohn & Gehalt. Im Anschluss sollten Sie die monatlichen Abläufe im Programm sicher durchführen können. Es werden hier nur die wesentlichen Eingabefelder und eine Auswahl an Erfassungsmöglichkeiten und Lohnarten erklärt, um die Funktionsweise des Programmes zu verdeutlichen. Für weiterführende Informationen stehen Ihnen LEXinform und die Hilfefunktion zur Verfügung.

3.1 Die Programmversionen

Für die Lohnabrechnung bietet Ihnen DATEV zwei unterschiedliche Programme:

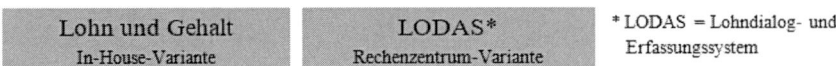

Lohn und Gehalt	LODAS*	* LODAS = Lohndialog- und Erfassungssystem
In-House-Variante	Rechenzentrum-Variante	

Beide Abrechnungsprogramme gibt es in den Versionen comfort und classic. Der Unterschied besteht hier im Leistungsumfang. In diesem Buch wird das Programm Lohn und Gehalt comfort verwendet. Dabei ist es egal, ob Sie mit DATEV-Kanzlei oder DATEV-Mittelstand.

3.2 Die Unternehmensdaten in Lohn und Gehalt

Nachdem das Unternehmen bzw. der Mandant angelegt und die Lohnabrechnung als Anwendung/Leistung aktiviert sind, beginnt die Erfassung der lohnspezifischen Stammdaten. Ergänzen Sie die Mandantendaten anhand der Stammdaten im Anhang ab S. 233. Im Folgenden werden nur die für die Lohnabrechnung zwingend benötigten Fenster und Felder gefüllt und erläutert.

So geben Sie die Mandantenstammdaten ein

Voraussetzung: Sie haben den DATEV Arbeitsplatz geöffnet und ein neues Unternehmen in den **Stammdaten-Unternehmen** bzw. den **Stammdaten-Mandant** angelegt.

1. Starten Sie Lohn und Gehalt, wie in Kapitel 2.7 beschrieben, per **Doppelklick** auf die Firma oder über den Link Lohn und Gehalt 2024 starten bzw. Lohnabrechnung 2024 starten ❶.

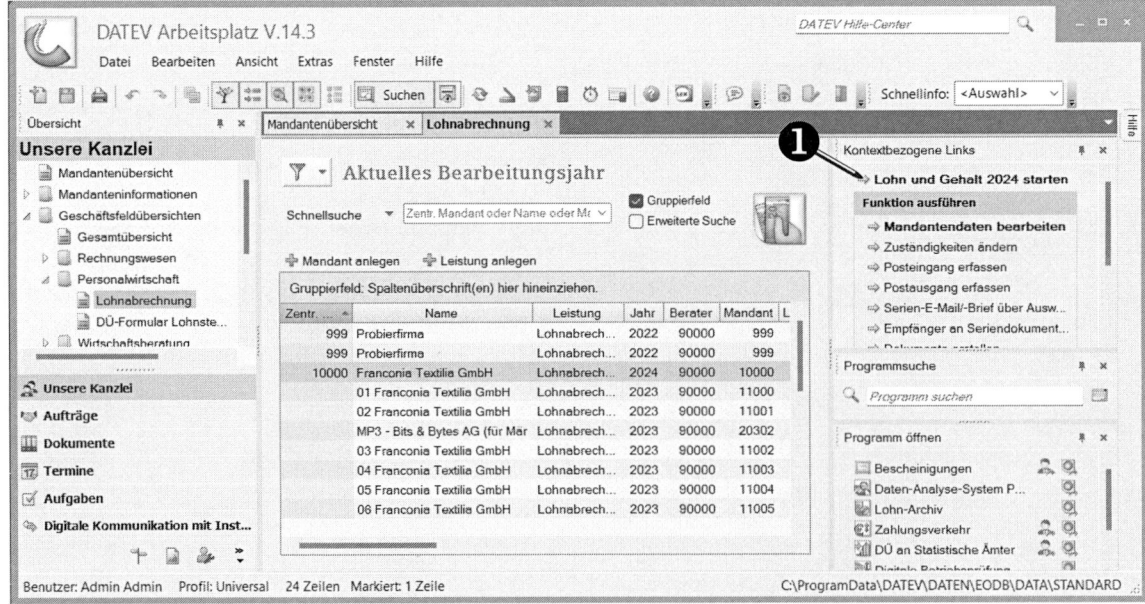

2. Da der Mandant noch nicht im Lohnprogramm existiert, muss er auch dort neu angelegt werden.

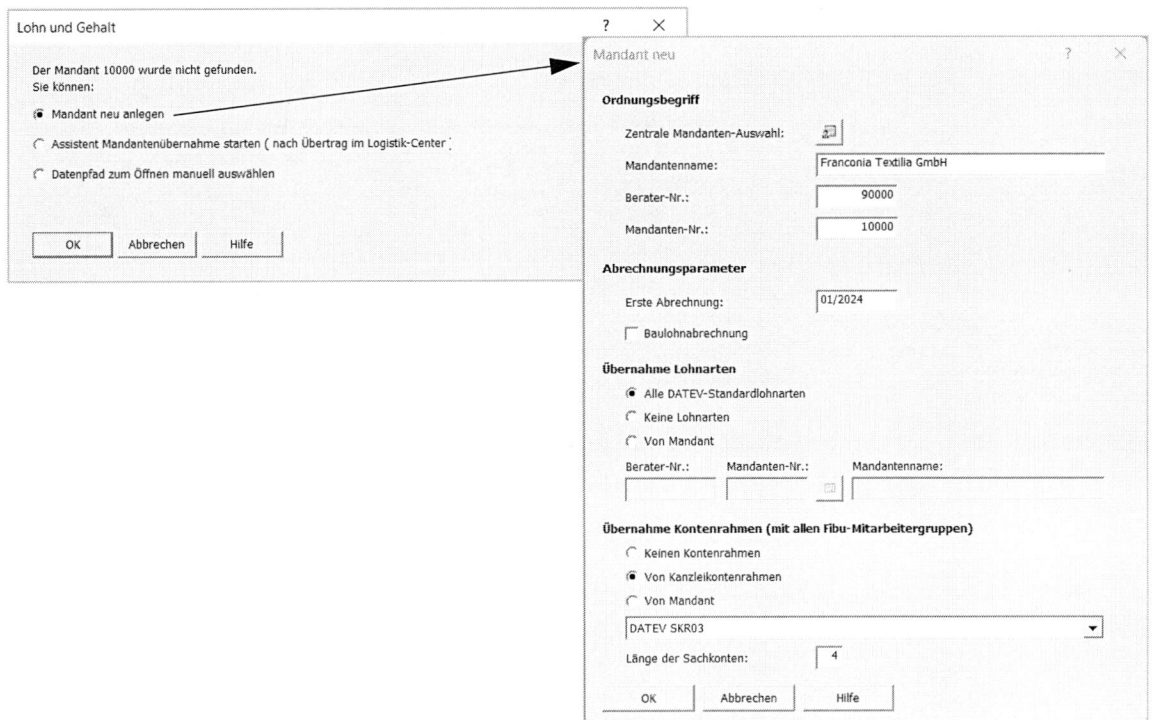

3. **Mandantenname, Mandantennummer** sowie die **Beraternummer** sind automatisch angegeben. Ergänzen Sie den Monat für die **erste Abrechnung** (01/2024) und die Übernahme des **Kanzleikontenrahmens** (z.B. SKR 03) und bestätigen Sie mit OK.
   Hinweis: Im Schulungsbetrieb ist es praktisch, die Schulauswertungsnummer als Beraternummer zu vergeben und in die einzelnen Mandantennummern die Teilnehmernummer zu integrieren (keine Doppelbelegung möglich).
4. Bestätigen mit OK und es öffnet sich der Stammdatenabgleich.

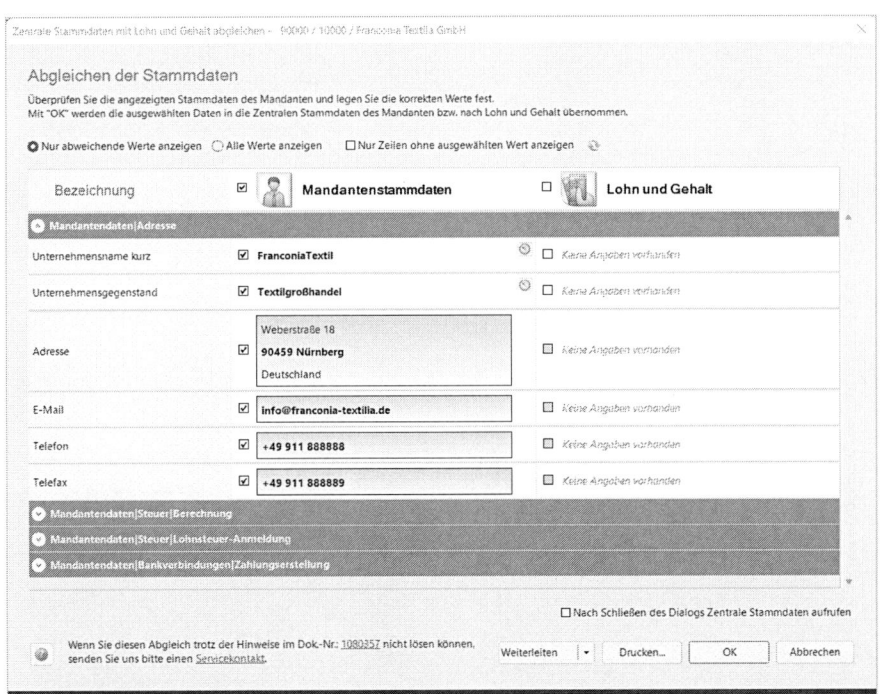

Hier können die bereits eingegebenen zentralen Stammdaten in das Lohnprogramm übernommen werden.
Dieses Fenster erscheint beim Öffnen eines Unternehmens/eines Mandanten in Lohn und Gehalt immer dann, wenn die zentralen Stammdaten von den Stammdaten im Lohnprogramm abweichen.

Aktivieren Sie die Kontrollkästchen bei den Inhalten, die korrekt sind und übernommen werden sollen. Bestätigen Sie mit OK. Die entsprechenden Stammdaten werden geändert bzw. ergänzt.

5. Sie befinden sich nun in **Lohn und Gehalt comfort** und es erscheint ein Verarbeitungsprotokoll ❶ mit Hinweisen zur Neuanlage des Mandanten.

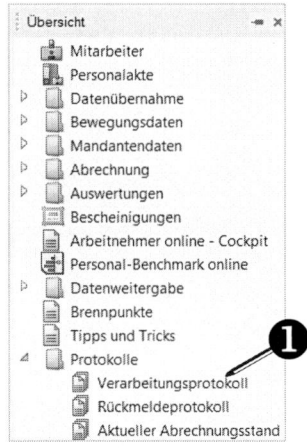

So ergänzen Sie die Adressdaten

1. Öffnen Sie in der Übersicht auf der linken Bildschirmseite im Ordner Mandantendaten die Seite Adresse.
   Die durch den Stammdatenabgleich übernommenen Daten werden im Register Adresse angezeigt.

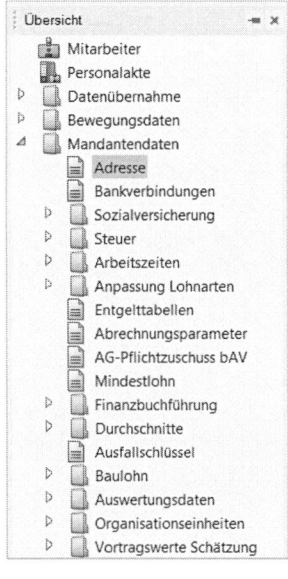

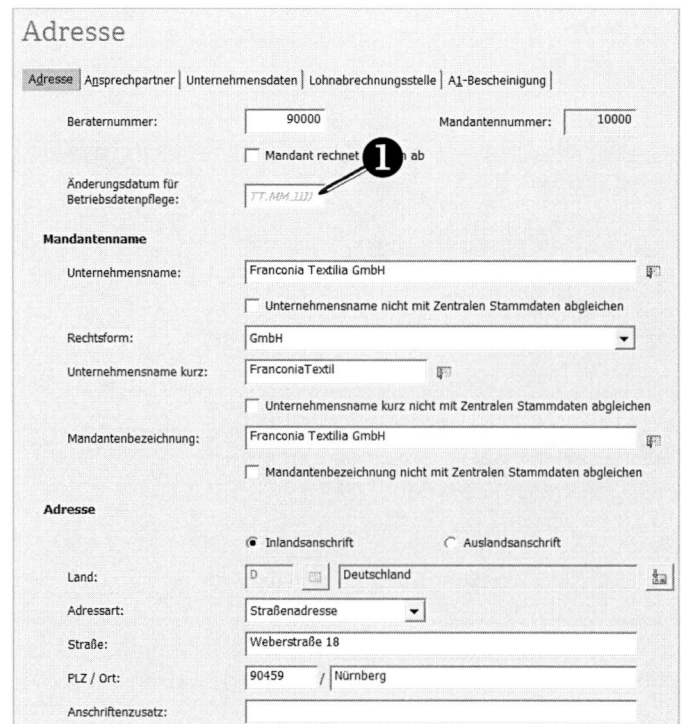

2. Das Feld **Änderungsdatum für Betriebsdatenpflege** ❶ befindet sich u.a. in den beiden Registern Adresse und Ansprechpartner. Seit dem 01.07.2019 muss hier das Datum eingegeben werden, wenn Änderungen im Mandantennamen, dem Namen des Beschäftigungsbetriebes, der Adresse oder der Ansprechpartner erfolgen oder wenn die Betriebstätigkeit eingestellt wird (Register: Unternehmensdaten). Änderungen von Betriebsdaten sind dann innerhalb von 6 Wochen elektronisch an die Bundesagentur für Arbeit zu übermitteln (DÜ-Verfahren Betriebsdatenpflege).

Wählen Sie die **Rechtsform** aus.

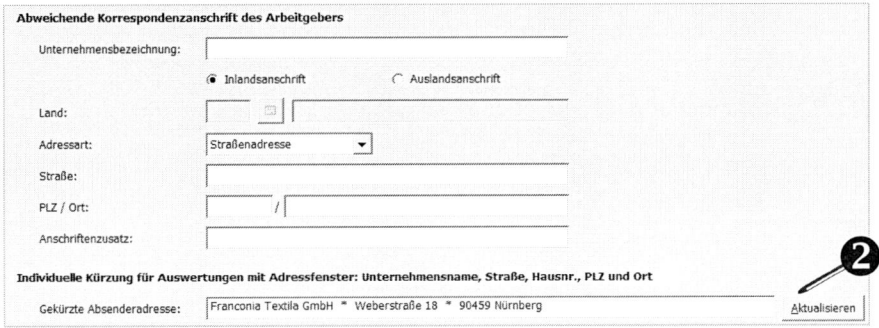

Klicken Sie auf die Schaltfläche Aktualisieren ❷ um die gekürzte Absenderadresse einzulesen. Diese kann individuell geändert werden und wird für Auswertungen mit Adressfeld verwendet.

3. Ergänzen Sie im Register Ansprechpartner Name und Kontaktdaten des **Ansprechpartners des Unternehmens** und geben Sie zusätzlich auch einen **Ansprechpartner für die Lohnabrechnung** an. Dieser ist für die Erstattungsanträge im Rahmen der Umlagen U1 und U2 notwendig.

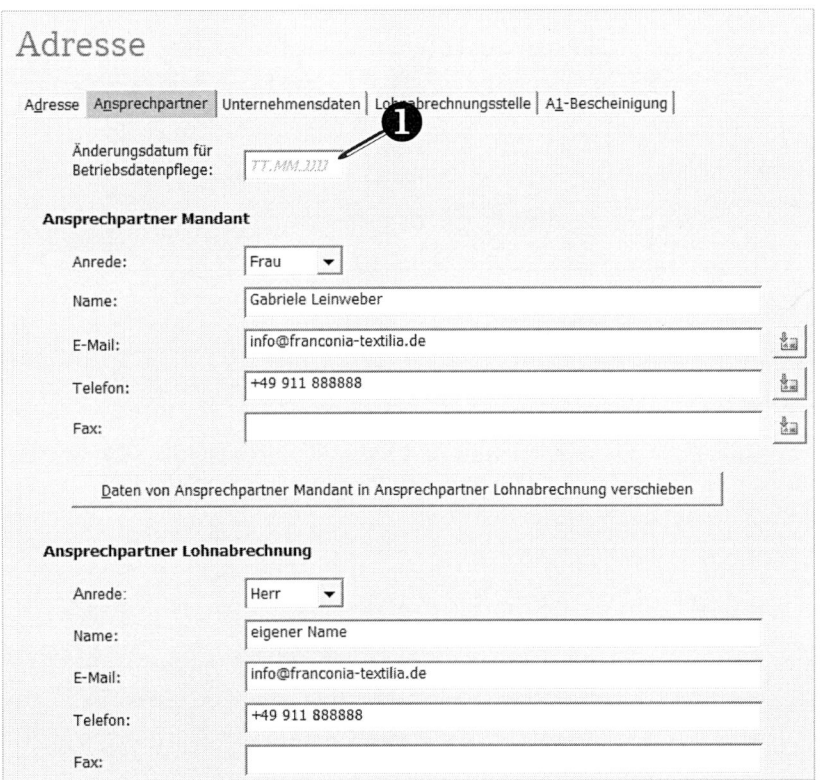

4. Im Register Unternehmensdaten können Sie den **Unternehmensgegenstand** erfassen. Die **Unternehmensform** und ein eventueller **Branchenschlüssel** werden aus den zentralen Stammdaten übernommen.

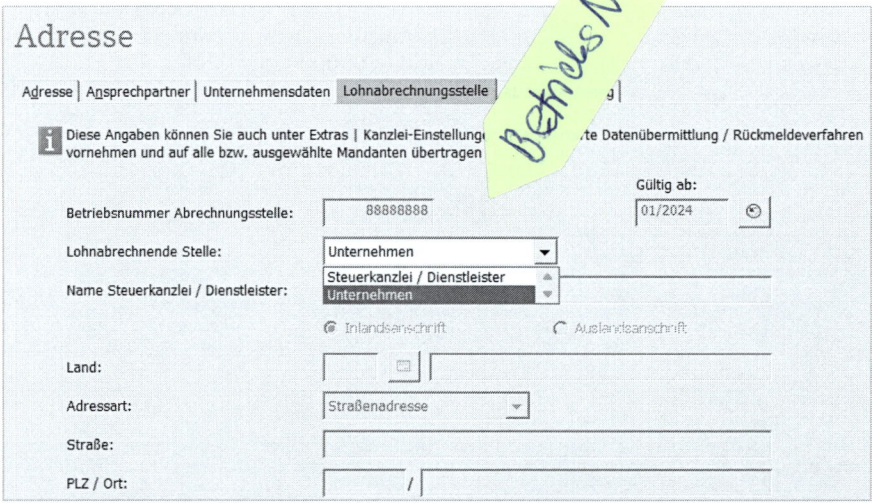

5. Im Register Lohnabrechnungsstelle wählen Sie im Feld **Lohnabrechnende Stelle** aus, ob die Lohnabrechnung im eigenen Unternehmen oder von einer Steuerkanzlei durchgeführt wird. Erfolgt die Abrechnung im eigenen Unternehmen, erfassen Sie nur die eigene **Betriebsnummer**

   Wird die Lohnabrechnung von einer Steuerkanzl~~ei durchgeführt~~, tragen Sie die **Betriebsnummer** der Kanzlei und die zugehörigen ~~Adressda~~ten ein.

6. Das Register A1-Bescheinigung wird im Übungsfall nicht gefüllt. Wenn Arbeitnehmer in ein oder mehrere EU-Länder entsendet werden, muss eine A1-Bescheinigung beantragt und hier erfasst werden.

So legen Sie die Bankverbindung und die Zahlungsmodalitäten an

Falls Sie die Bankverbindung bereits in den allgemeinen Stammdaten im DATEV-Arbeitsplatz hinterlegt haben, erscheint diese hier automatisch. Wurde durch den Stammdatenabgleich keine Bankverbindung übernommen, kann sie hier eingetragen werden oder es können weitere Banken erfasst werden.

1. Wählen Sie in der Übersicht Mandantendaten → Bankverbindungen.
2. Klicken Sie im Register Bankverbindungen auf das Symbol ❶ **Neue Bankverbindung**.
3. Geben Sie entweder die **IBAN**[1] oder die BLZ mit der Kontonummer ein.

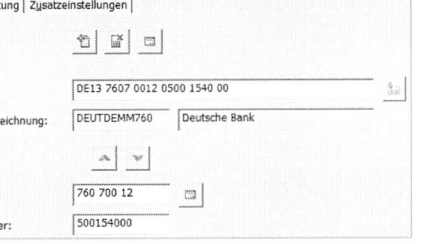

4. Wechseln Sie in das Register Zahlungserstellung.
5. Besteht nur eine **Bankverbindung**, wird diese hier angezeigt. Ansonsten kann über das Auswahlsymbol ❷ eine Bankverbindung gewählt werden.
6. Nun können Sie die **Allgemeinen Zahlungsarten** anpassen ❸.

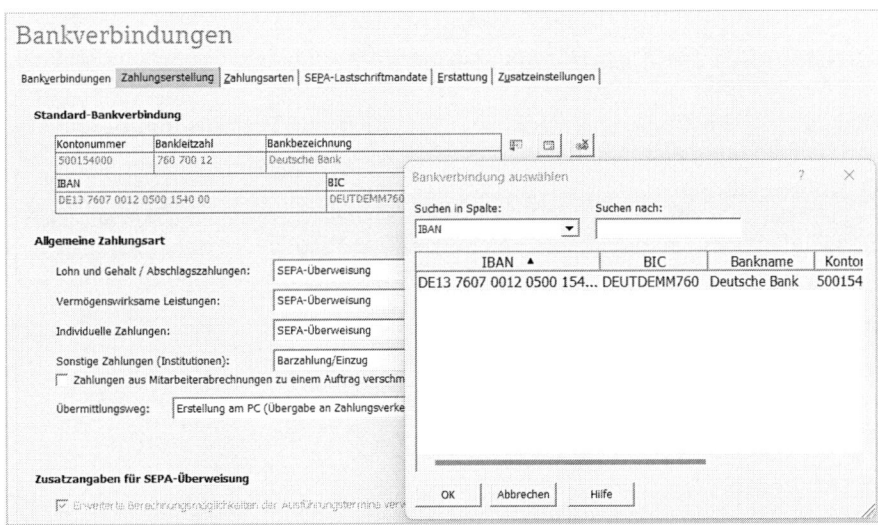

Weitere Angaben auf dieser Seite erfolgen im Übungsfall nicht.

7. Im Register Zahlungsarten könnten Sie, abweichend von der aktiven Bankverbindung, den Zahlungsarten andere Banken zuordnen.
8. Das Register SEPA-Lastschriftmandate wird benötigt, um den Krankenkassen eine Einzugsermächtigung zu erteilen.
9. Im Register Erstattung wählen Sie die **Erstattungsart** ❹ für Erstattungen nach dem Aufwendungsausgleichsgesetz (AAG).
   Sollen die Erstattungsbeträge von der Krankenkasse überwiesen werden, wird die Mandantenbank vorgeschlagen. Die Beträge können auch mit den nächsten Beitragsschulden verrechnet werden.
   Im Übungsfall sollen die Beträge von der Krankenkasse auf die Mandantenbank überwiesen werden.

---

1 IBAN = International Banking Account Number = weltweit gültige Nummer für das Girokonto;
  BIC = Bank Identifier Code = weltweit gültige Bankleitzahl

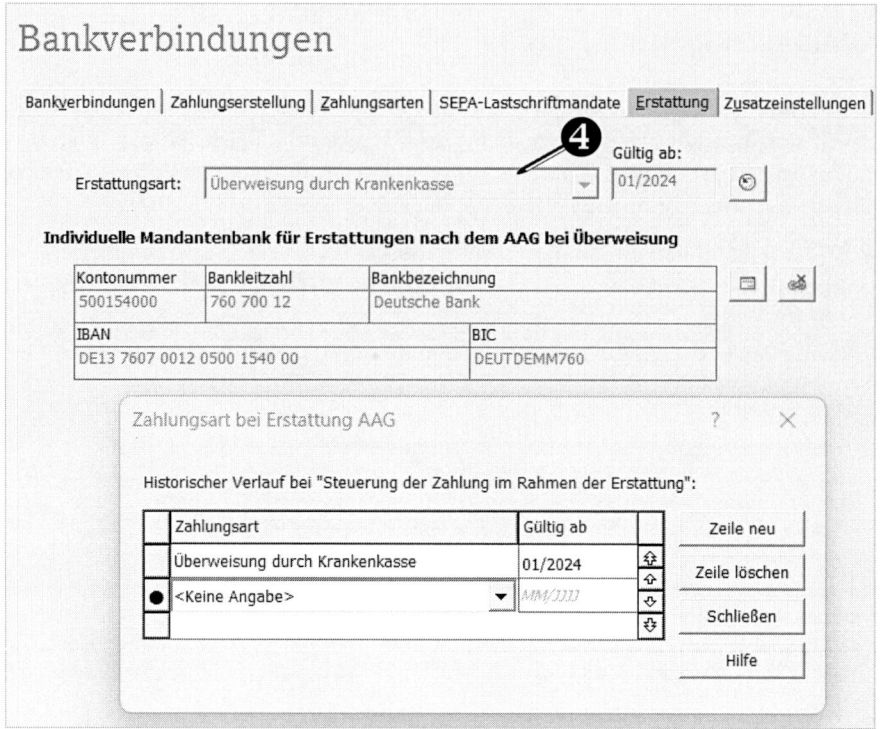

So legen Sie die allgemeinen Sozialversicherungsdaten an

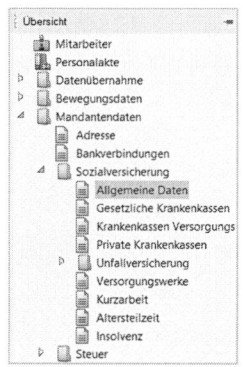

1. Wählen Sie in der Übersicht Mandantendaten → Sozialversicherung → Allgemeine Daten.

2. Geben Sie im Register Beitragsnachweis/DEÜV die **Betriebsnummer** ❶ ein. Weitere notwendige Einstellungen sind bereits vorbelegt.

3. **Sofortmeldung**
Das Häkchen ❷ „das Unternehmen ist zur Abgabe von Sofortmeldungen nach § 28a Abs. 4 SGB IV verpflichtet" ist zwingend zu aktivieren, wenn der abzurechnende Mandant zu einem der meldepflichtigen Wirtschaftszweige zählt. Eine Tabelle der betroffenen Wirtschaftszweige finden Sie unter der Direkthilfe.

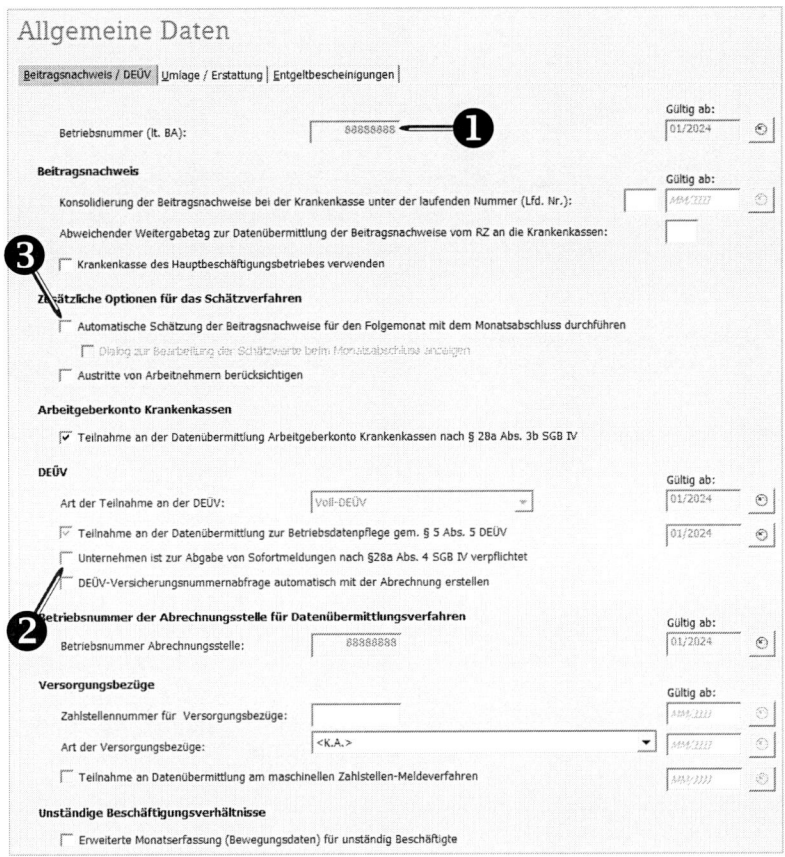

4. **Schätzverfahren**

   Die fälligen Sozialversicherungsbeiträge für den laufenden Monat sind bis spätestens fünftletzten Bankarbeitstag an die zuständigen Einzugsstellen elektronisch zu übermitteln. DATEV übermittelt die Daten ab dem siebtletzten Bankarbeitstag. Wenn variable Entgeltbestandteile (Stundenlöhne) abzurechnen sind, müssten in der Regel aufwändige Berechnungen zur Schätzung der Sozialversicherungsbeiträge vorgenommen werden. In solchen Fällen erlaubt der Gesetzgeber eine Schätzung auf der Basis des Vormonats vorzunehmen. Soll eine Schätzung auf der Basis des Vormonats generell vorgenommen werden, setzen Sie hier Häkchen ❸. Diese Vorgehensweise ist nicht erlaubt, wenn im Folgemonat Einmalbezüge anstehen.

   Im Übungsfall wird das Schätzverfahren nicht angewendet.

5. Wechseln Sie in das Register Umlage/Erstattung. Wählen Sie die erforderliche **Umlagepflicht** (hier: U1 und U2).

   Die Angaben zur **Erstattung nach dem AAG** wurden bereits bei den Bankverbindungen hinterlegt, können aber hier geändert werden.

   Als Verwendungszweck für die Überweisung der Krankenkasse wird die Personalnummer verwendet. Dies kann deaktiviert werden. Dann muss ein anderer Verwendungszweck auf der Mitarbeiterebene hinterlegt werden.

Die **Insolvenzgeldumlage** ist bereits voreingestellt (Berechnen).

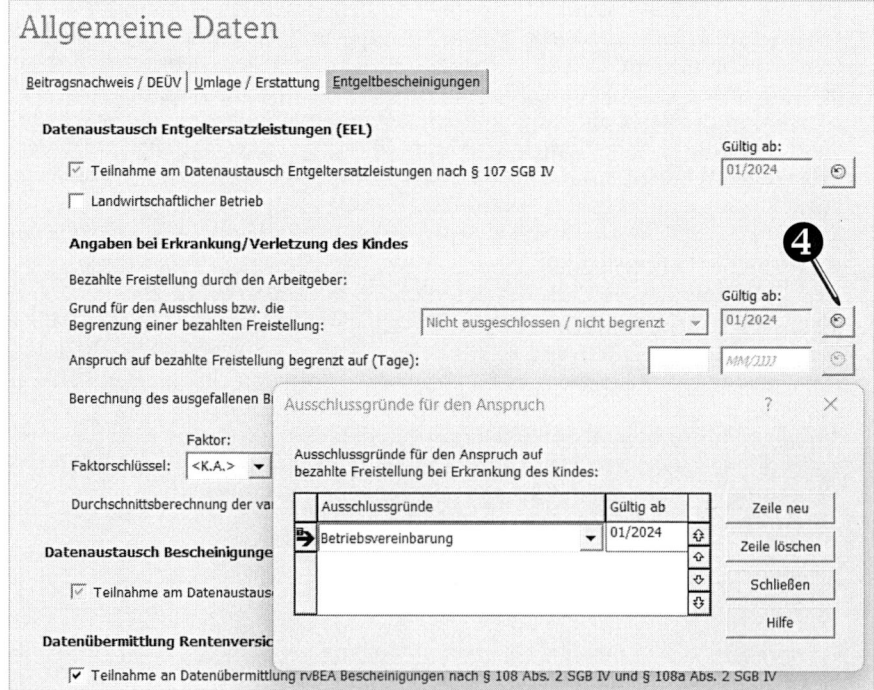

6. Im Register Entgeltbescheinigungen sind bereits die **Teilnahme am Daten-austausch für Entgeltersatzleistungen (EEL)**, z.B. für Krankengeld, und die **Teilnahme am Datenaustausch Bescheinigungen (BEA)** aktiviert.
   Für die **Erkrankung eines Kindes** wird hier hinterlegt, ob der Arbeitgeber Lohnfortzahlung leistet oder diese vertraglich ausschließt. Im Übungsfall erfolgt der Ausschluss laut Betriebsvereinbarung. Wählen Sie dies über die Schaltfläche **Historie neu** ❹ aus.

So legen Sie die Krankenkassen an

1. Wählen Sie in der Übersicht Mandantendaten → Sozialversicherung die Seite Gesetzliche Krankenkassen.

2. Geben Sie die **Betriebsnummer der Krankenkasse** ❶ ein oder nutzen Sie die Auswahlschaltfläche ❷.

3. Das Feld **KK-Nr.** wird automatisch mit 1 vorbelegt.
   Die KK-Nr. wird benötigt, wenn eine Krankenkasse in dem Unternehmen mehrmals angelegt werden muss, z.B. für Rechtskreis Ost und Rechtskreis West.

4. Für die korrekte Übermittlung der Beitragsnachweise müssen Sie die **Beitrags-kontonummer** ❸ angeben. Diese entspricht der **Betriebsnummer** aus den **Allgemeinen Angaben**.

5. Wählen Sie die **Umlageart** ❹ für die U1 aus. Es stehen ein Regelsatz (U1_1) und ermäßigte bzw. erhöhte Beitrags- bzw. Erstattungssätze zur Auswahl.
   Im Übungsfall wird immer der Regelsatz (U1_1) verwendet.

6. **Zahlungsweise und Erstattung nach dem AAG** werden aus den Bankdaten übernommen; können hier aber abweichend für die jeweilige Krankenkasse geändert werden.

7. Klicken Sie auf das Symbol Neuer Datensatz ❺ und legen Sie die anderen Krankenkassen an.

Hinweis: Bei der Bundesknappschaft muss zusätzlich das Häkchen ❻ gesetzt werden, dass diese Krankenkasse ausschließlich Beiträge für geringfügig Beschäftigte empfängt. Hierfür muss die Krankenkas~~se~~ ~~erst~~ gespeichert werden, bevor eine Aktivierung möglich ist.

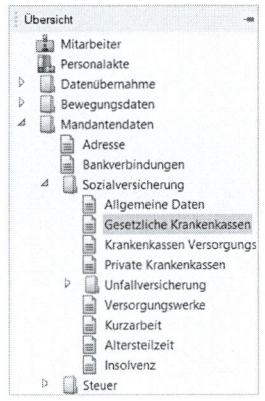

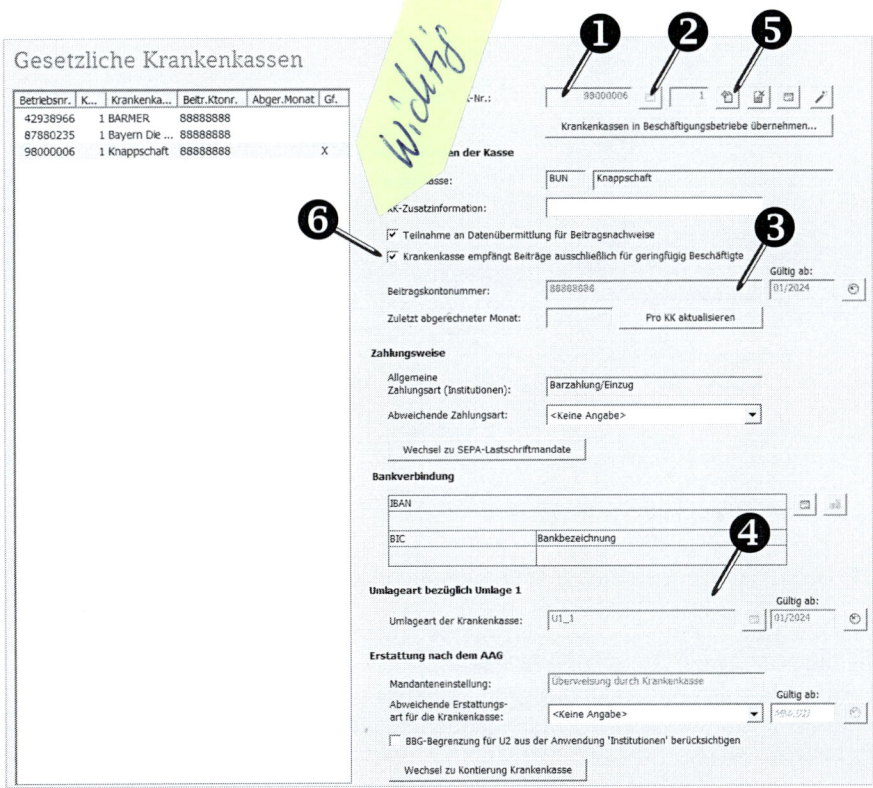

So legen Sie die Berufsgenossenschaft an

Die für die Unfallversicherung relevanten Daten werden über den Stammdatendienst bei der Berufsgenossenschaft abgerufen und bilden die Grundlage für den
digitalen Lohnnachweis. Hierfür erhält jedes Unternehmen zu seiner Unternehmensnummer eine PIN. Der Stammdatenabruf und die elektronische Übermittlung
des Lohnnachweises erfolgen jährlich. Im Übungsfall ist dies nicht möglich. Hier
werden die entsprechenden Abruf- und Sende-Felder deaktiviert und die Daten
müssen per Hand eingetragen werden.

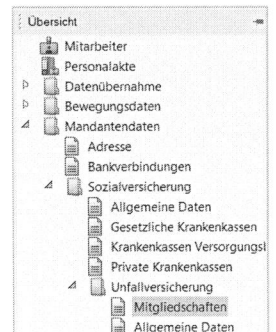

1. Wählen Sie in der Übersicht Mandantendaten → Sozialversicherung →
   Unfallversicherung die Seite Mitgliedschaften.
2. Sie befinden sich im Register Mitgliedschaft und klicken auf das Symbol Neuer
   Datensatz ❶.
3. Wählen Sie die Berufsgenossenschaft (BGHW - Betriebs-Nr. 32064004) aus.
4. Im Fenster Neuanlage einer Mitgliedschaft ergänzen Sie die **Unternehmensnummer** ❷. Diese löst die bisherige **Mitgliedsnummer** ab. Ergänzen Sie weiterhin die **PIN** und den **Beginn der Mitgliedschaft** ❸ und erfassen Sie die
   Betriebsnummer des lohnverantwortlichen Beschäftigungsbetriebes.
   Im Übungsfall deaktivieren Sie **Stammdatenabfrage sofort senden**.
5. Die Berufsgenossenschaft wird übernommen.

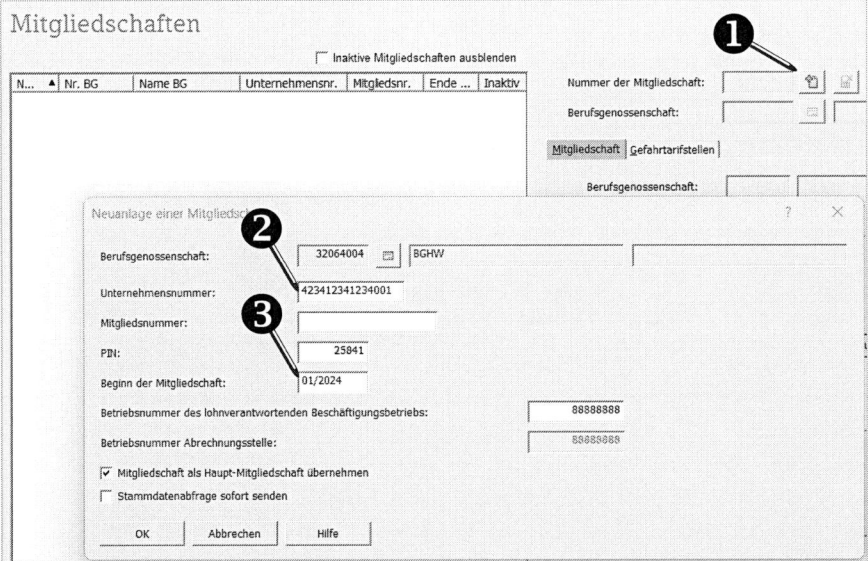

6. Wechseln Sie zum Register Gefahrtarifstellen ❹ und klicken auf Neue
   Gefahrtarifstelle anlegen ❺.
7. Die BG wird übernommen und Sie wählen die Gefahrtarifstelle (02) ❻ aus
   (auswählen, nicht eingeben).
   Sollten in einem Unternehmen mehrere Gefahrtarifstellen existieren, werden
   diese auf die gleiche Weise angelegt.
8. Zu jeder Gefahrtarifstelle muss ein **Gültigkeitszeitraum** angelegt werden. Klicken Sie auf die entsprechende Schaltfläche ❼ und geben Sie Beginn und evtl.
   Ende ein ❽.

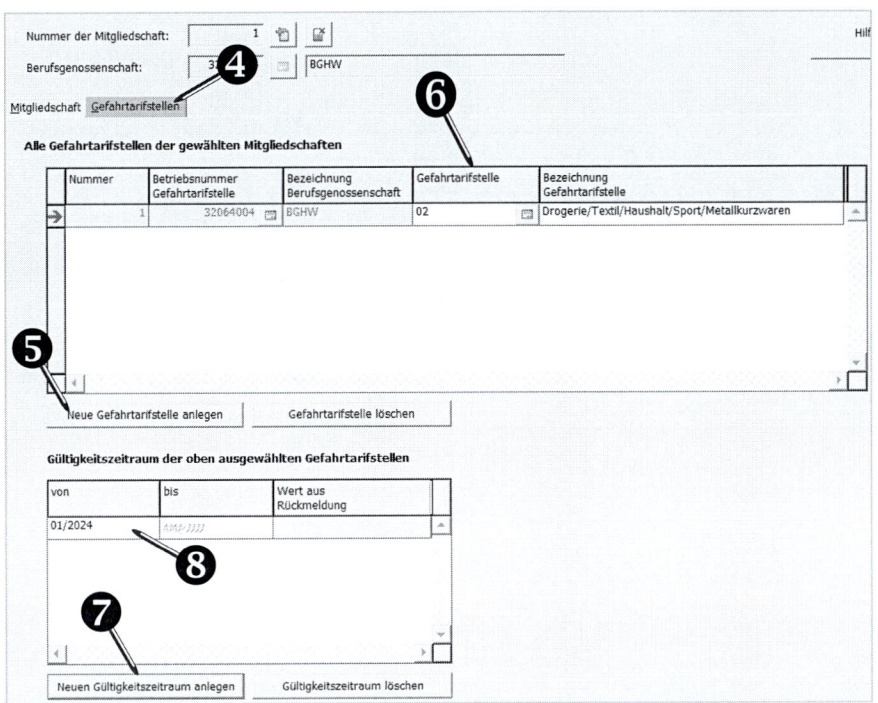

9. Sollen alle Mitarbeiter mit einer Gefahrtarifstelle vorbelegt werden, wechseln Sie zurück in das Register Mitgliedschaft und wählen diese GTS als **Haupt-Gefahrtarifstelle** aus **❾**.

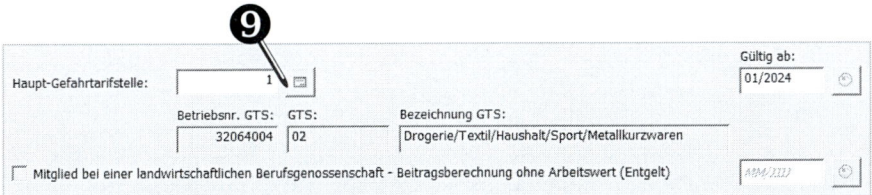

10. Öffnen Sie links in der Übersicht im Ordner Unfallversicherung die Seite Allgemeine Daten.

11. Im Übungsfall deaktivieren Sie zuerst die **Teilnahme am Stammdatendienst** **❿** und den **Stammdatenabruf** **⓫** . Anschließend wählen Sie die **Stundenermittlung** (z.B. Stunden gemäß abgerechneter Lohnarten) **⓬** aus.

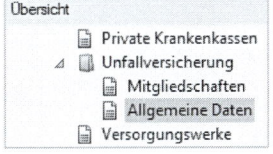

So legen Sie die Finanzamtdaten an

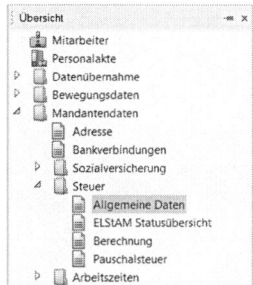

1. Wählen Sie in der Übersicht Mandantendaten → Steuer → Allgemeine Daten.

2. Geben Sie das **Bundesland** (Bayern) ❶ ein, sofern es nicht aus den zentralen Mandantenstammdaten übernommen wurde. Das Bundesland wird zwingend für die Berechnung der Kirchensteuer benötigt.

3. **Finanzamt** und **Steuernummer** werden ebenfalls übernommen oder können ergänzt werden.

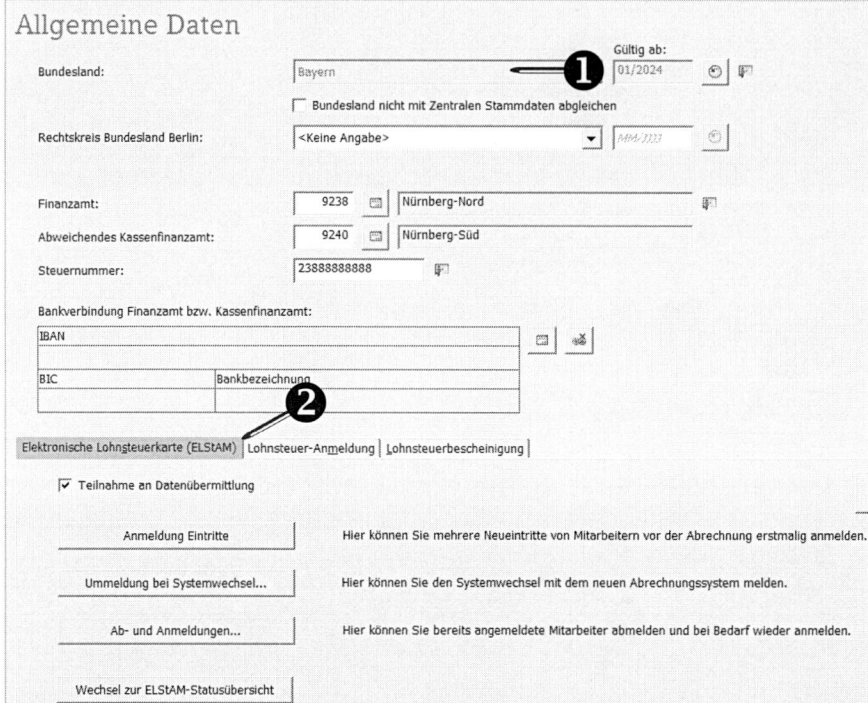

4. Im Register Elektronische Lohnsteuerkarte (ELStAM) ❷ können Sie auf Mandantenebene alle noch nicht angemeldeten aber meldepflichtigen Mitarbeiter bei ELStAM anmelden bzw. abmelden und im Falle eines Systemwechsels ummelden. Im Übungsfall werden hier keine Meldungen vorgenommen.

5. Wechseln Sie zum Register Lohnsteuer-Anmeldung und wählen Sie den **Anmeldezeitraum** (z.B. monatlich) aus.

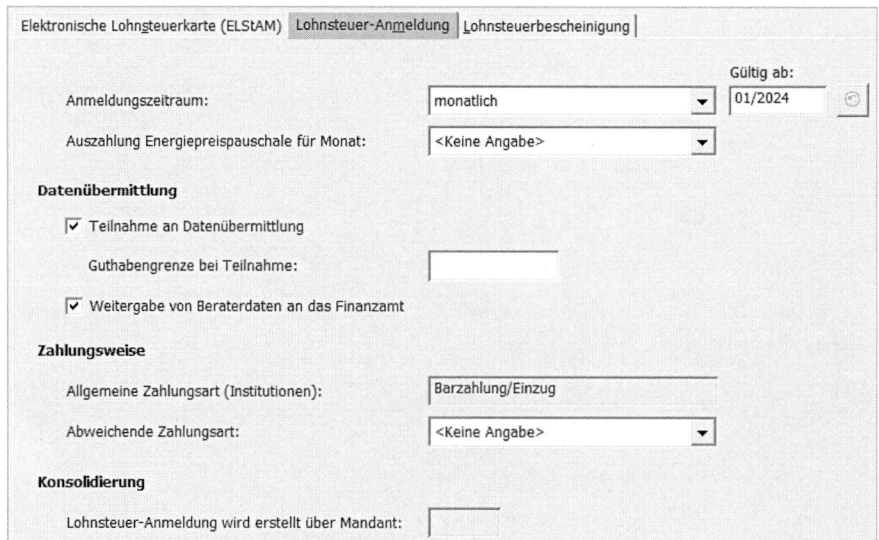

6. Im Register Lohnsteuerbescheinigung können Sie den Erstellungsmonat für die LSt-Bescheinigung abändern. Im Übungsfall bleibt es bei Dezember.

7. Auf der Seite ELStAM Statusübersicht verschaffen Sie sich einen Überblick über die An- und Abmeldungen Ihrer Mitarbeiter.

   Hinweis: Damit Daten vorhanden sind, müssen erst Mitarbeiter angelegt und an- bzw. abgemeldet worden sein.

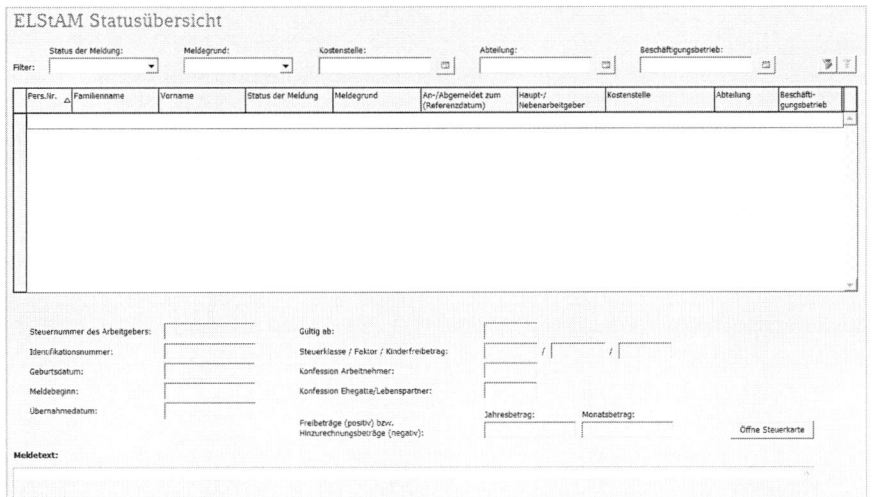

8. Wählen Sie in der Übersicht Mandantendaten → Steuer → Berechnung.

9. Aktivieren Sie vorerst das Häkchen **Kein Lohnsteuerjahresausgleich**.

10. Geben Sie an, auf welcher Grundlage der **Basisgrundlohn** für die Berechnung der Sonn-, Feiertags- und Nachtzuschläge (SFN-Zuschläge) ermittelt werden soll, z.B. Stundenlohn 1.

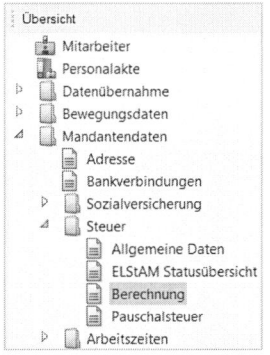

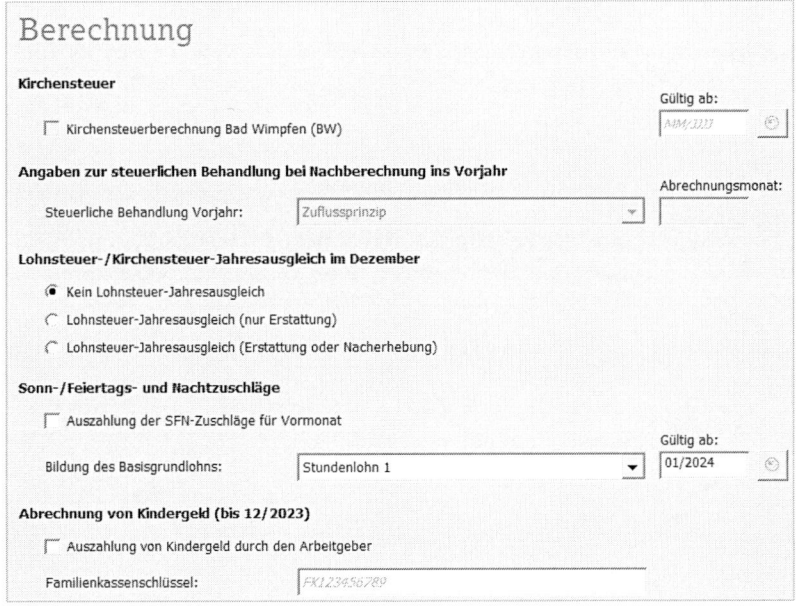

11. Wählen Sie in der Übersicht Mandantendaten → Steuer → Pauschalsteuer. Hier können vom Standard abweichende Lohn- bzw. Kirchensteuersätze hinterlegt werden. Dies ist im Übungsfall nicht erforderlich.

12. Mittels der Kontrollkästchen **Konfession beachten bei:** wählen Sie bei pauschal versteuerten Lohnarten bezüglich der Kirchensteuer zwischen dem **Nachweisverfahren** (Häkchen setzen) und dem **Vereinfachungsverfahren** (keine Häkchen).

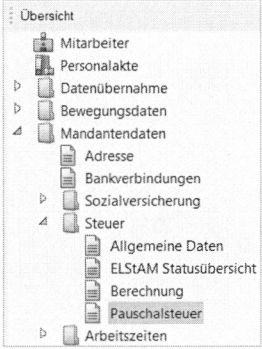

13. Im Falle einer Pauschalversteuerung können Sie wählen, für welche Lohnarten oder Personengruppen eine Abwälzung der Pauschalsteuern auf den Arbeitnehmer erfolgen soll.

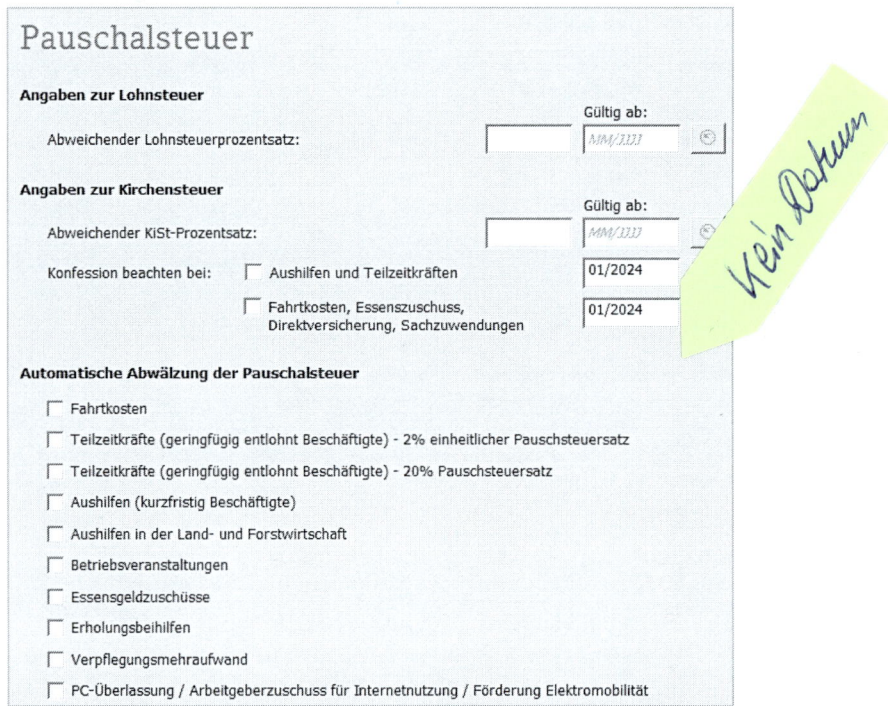

So legen Sie die Arbeitszeit, die Feiertage und den Urlaub fest

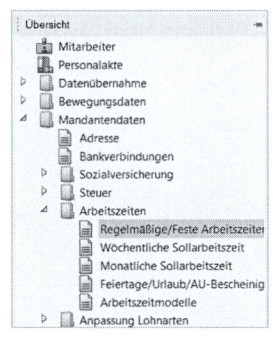

1. Wählen Sie in der Übersicht Mandantendaten → Arbeitszeiten → Regelmäßige/Feste Arbeitszeiten.

2. Erfassen Sie die betriebsübliche wöchentliche und tägliche Arbeitszeit und das Gültigkeitsdatum.
   Hinweis: Achten Sie bei der Eingabe der Werte darauf, ein Komma mit einzutragen, da das Programm bei Werten ohne Komma automatisch ein Komma vor der vorletzten Ziffer einfügt, somit würde aus der 40 eine 0,40 werden.

3. Öffnen Sie die Seite Feiertage/Urlaub/AU-Bescheinigung.

4. Tragen Sie den betrieblichen **Grundurlaub** (z.B. 25 Tage) im Register Urlaub ein. Dieser gilt für jeden Arbeitnehmer, sofern in den Mitarbeiterstammdaten kein abweichender Urlaubsanspruch eingetragen wird.

   DATEV schlägt immer das Vorjahr vor. Es ist nicht notwendig, dies zu ändern. Wählen Sie aus, ob **im Kalenderjahr nicht genommener Urlaub** verfallen soll.

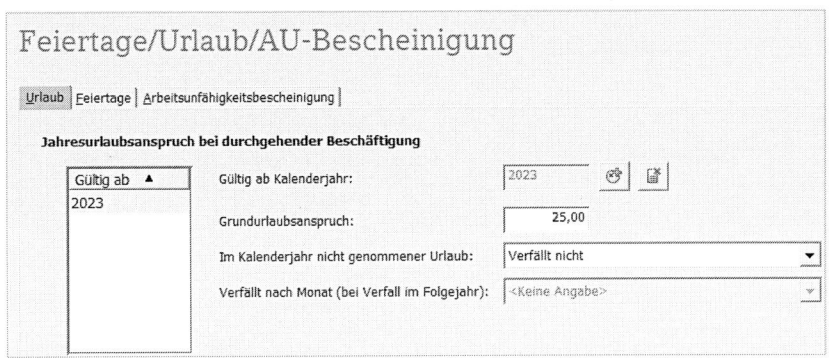

5. Die Franconia Textilia GmbH hat ihren Sitz in Nürnberg/Bayern. Daher sind neben den bundesweiten gesetzlichen Feiertagen zusätzliche Feiertage arbeitsfrei. Wählen Sie diese im Register Feiertage aus.

6. Im Zusammenhang mit der Einführung der elektronischen Arbeitsunfähigkeitsbescheinigung muss im Register Arbeitsunfähigkeitsbescheinigung angegeben werden, ab dem wievielten Krankheitstag ein **Attest** (Krankschreibung) beim Arbeitgeber vorzulegen ist.

   Erkrankt ein Arbeitnehmer am Dienstag und hier ist der 3. Krankheitstag eingestellt, muss das Attest bis Donnerstag beim Arbeitgeber vorliegen.

   Für die **rückgemeldeten Krankheitstage** (eAU-Rückmeldungen) kann DATEV den entsprechenden **Ausfallschlüssel** im Kalender erzeugen.

Feiertage/Urlaub/AU-Bescheinigung

Urlaub | Feiertage | Arbeitsunfähigkeitsbescheinigung

Nachweispflicht Arbeitsunfähigkeitsbescheinigung

Attest muss vorgelegt werden ab dem: 3. Krankheitstag   Gültig ab: 01/2024

Automatische Kalendereinträge aus eAU-Rückmeldungen

☑ Ausfallschlüssel K / KF / KB / EK für rückgemeldete Krankheitstage erzeugen

☐ Ausfallschlüssel auch bei möglichem Ende des Anspruchs auf Entgeltfortzahlung erzeugen

So geben Sie die Umrechnungsformel bei Teilmonaten ein

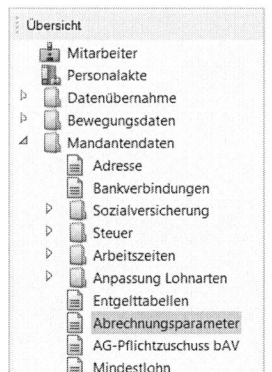

1. Wählen Sie in der Übersicht Mandantendaten → Abrechnungsparameter.
2. Überprüfen Sie die Formel für die Teilmonatsberechnung in den Feldern **Ausfall von vollen Tagen** ❶ und **Ausfall von Stunden** ❷. Über die Schaltfläche Historie bearbeiten ❸ kann eine Änderung vorgenommen werden.
3. Wählen Sie bei **Ausfall von vollen Tagen** die arbeitstägliche Methode aus.

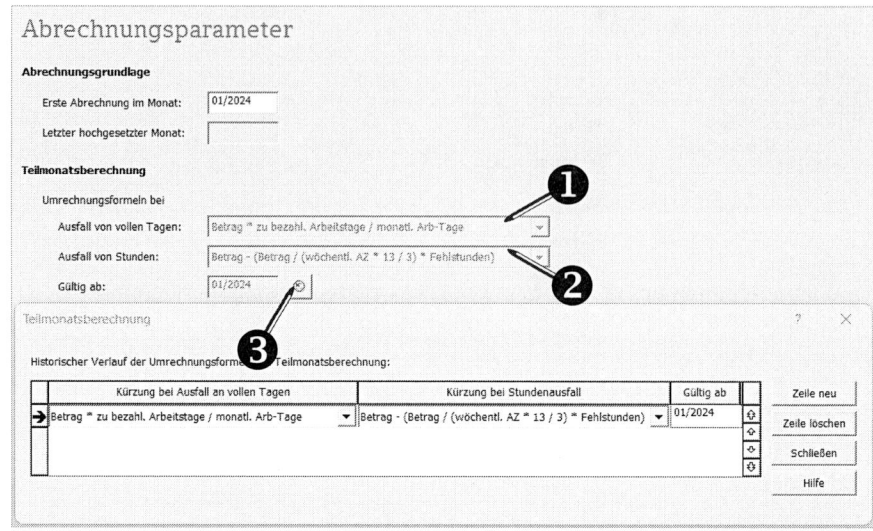

So legen Sie die Konten für den Buchungsbeleg fest

1. Wählen Sie in der Übersicht Mandantendaten → Finanzbuchführung und öffnen Sie dort nacheinander die Seiten Kontenverwaltung und Sonstige Konten.

   In unserem Musterfall sind durch die Übernahme des Standardkontenrahmens SKR 03 die Fibu-Konten auf der Seite **Kontenverwaltung** und in den Registern der Seite **Sonstige Konten** bereits gefüllt. Wenn Sie bei der Eingabe der Stammdaten einen anderen Kontenrahmen hinterlegt haben, sind hier die entsprechenden Konten des gewählten Kontenrahmens eingetragen.

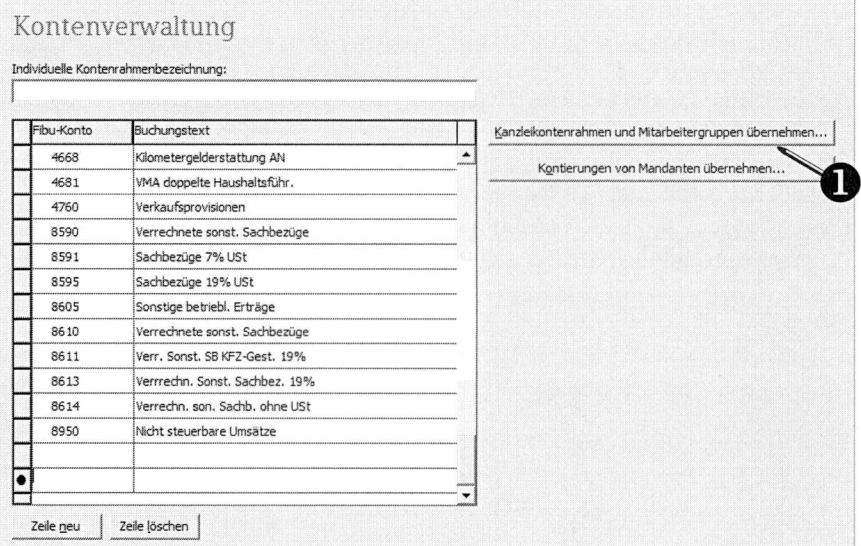

2. Sollte kein Kontenrahmen übernommen worden sein, kann dieser auch nachträglich über die Schaltfläche Kanzleikontenrahmen und Mitarbeitergruppen übernehmen ❶ ausgewählt werden.

    Wählen Sie hierfür den **Kontenrahmen** aus und ordnen Sie die **Mitarbeitergruppen** zu.

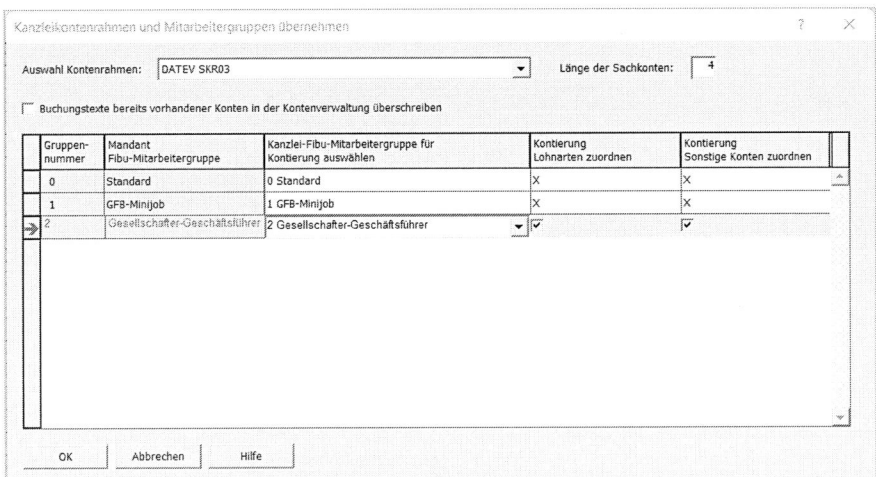

3. Um die geforderte E-Bilanz umsetzen zu können, ist eine von den Mitarbeitergruppen ❷ abhängige Kontierung ❸ erforderlich. Diese können Sie sich am besten auf der Seite Sonstige Konten im Register Pauschalsteuerkonten ansehen.

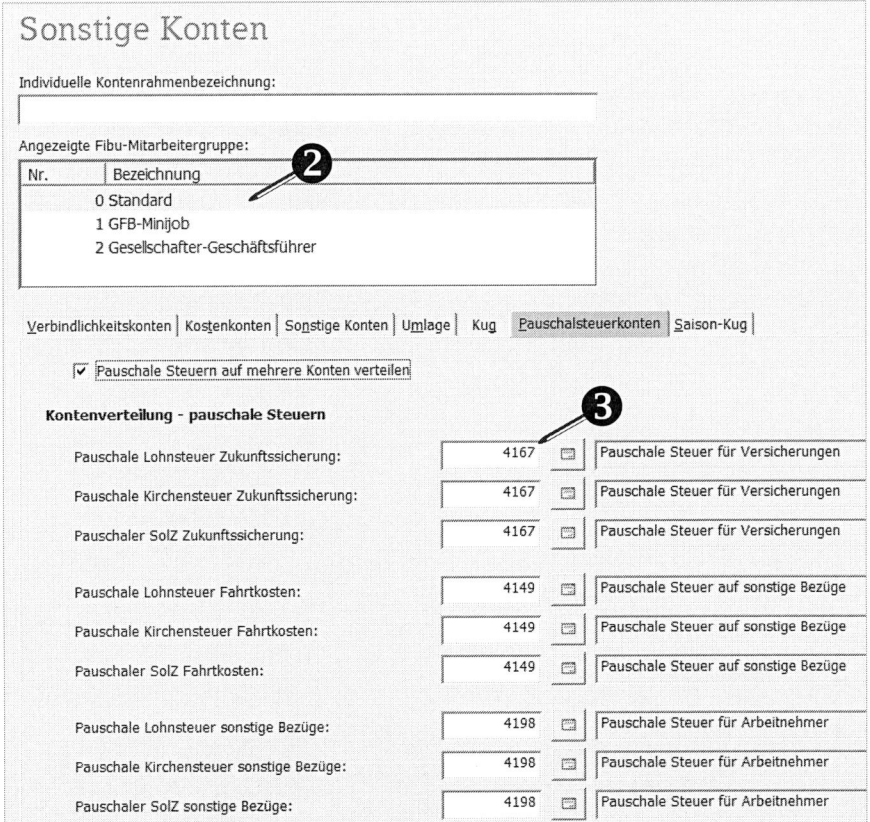

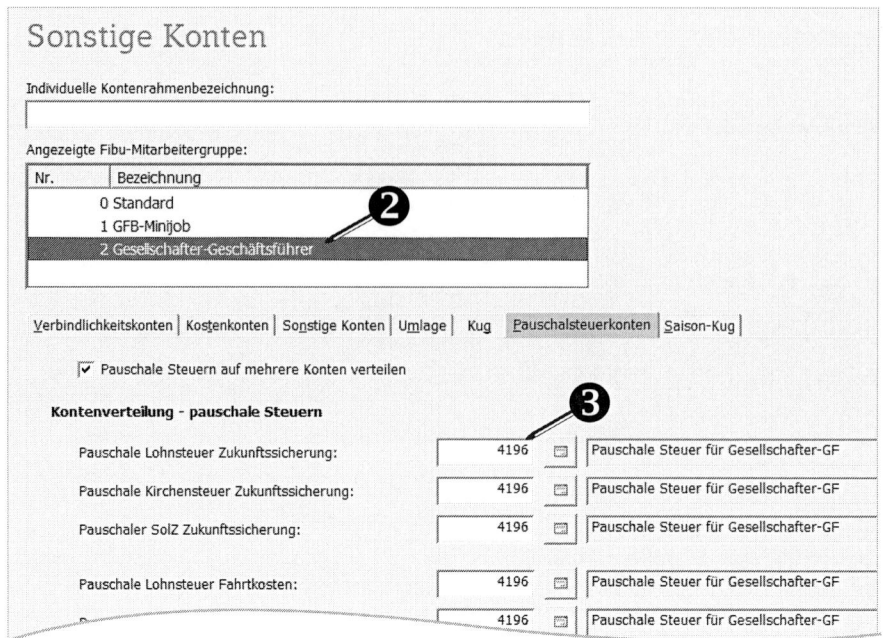

So prüfen Sie die Zuordnung von Lohnarten zu FIBU-Konten

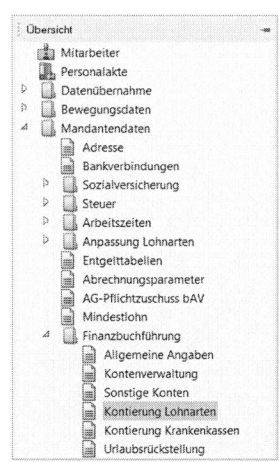

Wählen Sie in der Übersicht Mandantendaten → Finanzbuchführung → Kontierung Lohnarten. In unserem Musterfall sind durch die Übernahme des Standardkontenrahmens SKR 03 die Erfassungsmasken im Ordner Finanzbuchführung bereits gefüllt.

Werden neue Lohnarten angelegt, müssen diese hier ergänzt (Schaltfläche Zeile neu) und kontiert werden. Auch hier ist wieder eine mitarbeitergruppenspezifische Kontierung erforderlich.

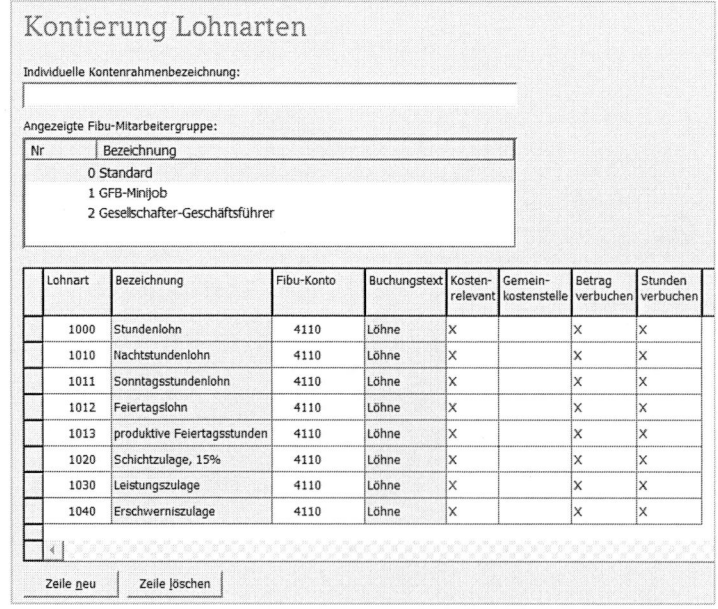

Auf der Seite Kontierung Krankenkasse (Übersicht Mandantendaten → Finanzbuchführung) können für jede Krankenkasse individuelle Buchungstexte und/oder FIBU-Konten hinterlegt werden. Im Buchungsbeleg werden dann die Krankenkassen getrennt aufgelistet, was ggf. zu Abstimmzwecken hilfreich sein kann.

So legen Sie die Ausgabe von statistischen Werten auf dem Brutto-/Netto-Formular und dem Lohnkonto fest

1. Wählen Sie in der Übersicht Mandantendaten → Auswertungsdaten → Gestaltung das Register Brutto/Netto-Allgemein.

2. Aktivieren Sie die Ausgabe von **Urlaubsstatistik, Stunden-/Tagesstatistik, zusätzlich mit Anwesenheitsstunden/-tagen** ❶. Dadurch kann der Arbeitnehmer zum einen seine zur Verfügung stehenden und bereits genommenen Urlaubstage sehen und zum anderen erkennen, an wie vielen Tagen er wie viele Stunden gearbeitet hat bzw. krank war oder unentschuldigt gefehlt hat.

3. Im Übungsfall lassen Sie sich zur besseren Kontrolle der Aufgaben auch **Gesamtkosten** ❷**, Stammkostenstelle, wöchentliche Arbeitszeit** und **Durchschnittslohn 1** ❸ mit ausgeben wobei **leere Werte unterdrückt** ❹ werden sollen.

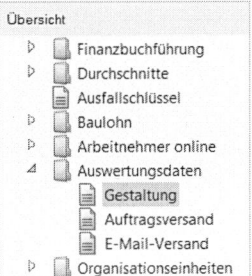

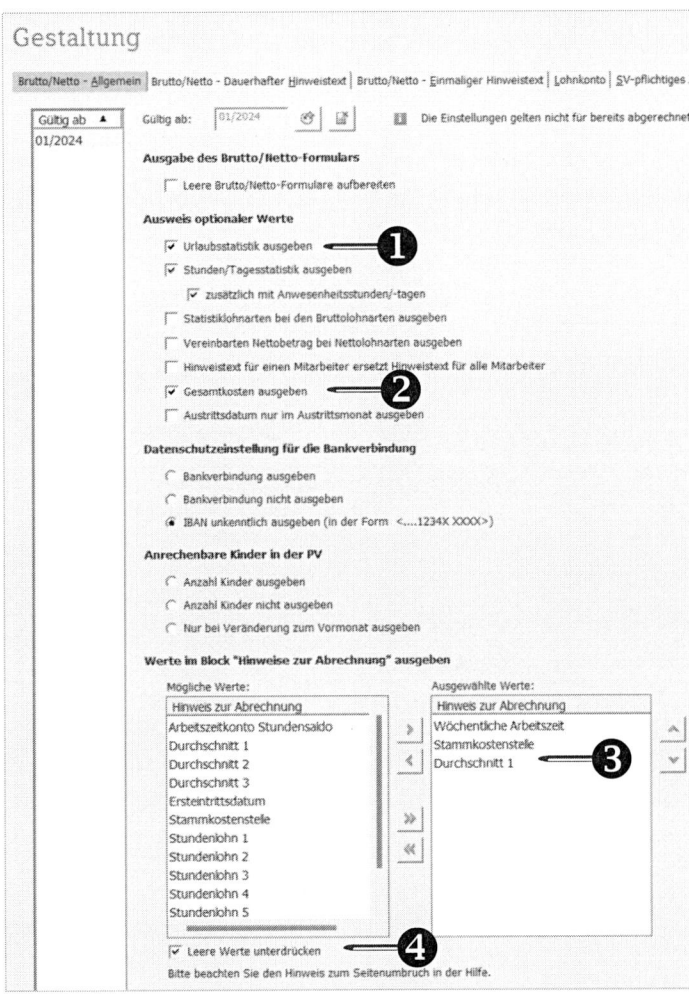

4. Wechseln Sie in das Register Lohnkonto und aktivieren Sie die den Ausweis von **Urlaubs-, Stunden-/Tagesstatistiken** und **Anwesenheitsstunden-/tagen,** damit diese Werte auch im Lohnkonto angezeigt werden.

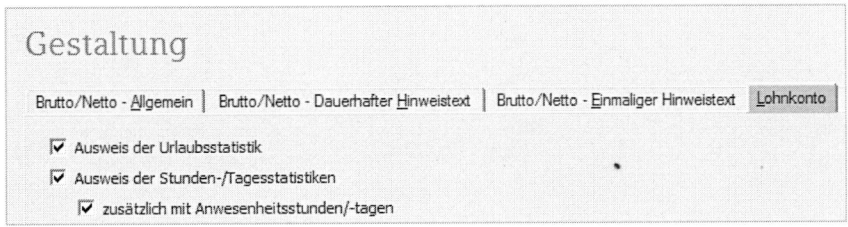

So richten Sie Kostenstellen ein

Kostenstellen legen Sie an, wenn Sie z.B. eine Lohnabrechnung für einen Produktionsbetrieb mit unterschiedlichen Produktionsbereichen erstellen und die Verwaltung alle einzelnen Produktionsbereiche separat als Kostenstelle erfassen möchte oder wenn Sie eine Lohnabrechnung für ein Bauunternehmen erstellen und der Betrieb für jede einzelne Baustelle die Lohnkosten erfassen möchte, dann ist jede Baustelle eine Kostenstelle.

Die Kostenstellen werden für die Verarbeitung in den DATEV-Programmen Kanzlei-Rechnungswesen oder KOST auf der Buchungsliste ausgegeben. Zusätzlich wird eine Kostenstellenliste im Programm Lohn und Gehalt comfort erstellt.

Voraussetzung: Damit in den Bewegungsdaten Kostenstellen erfasst werden können, aktivieren Sie unter Mandantendaten → Finanzbuchführung → Allgemeine Angaben das Kontrollkästchen **Kostenstellen in den Bewegungsdaten berücksichtigen.** Anschließend werden die zur Auswahl stehenden Kostenstellen erfasst oder importiert.

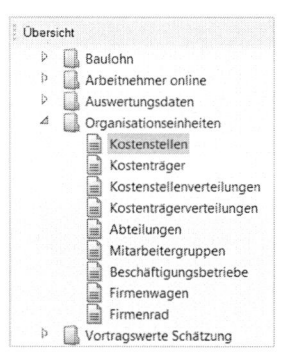

1. Wählen Sie in der Übersicht Mandantendaten → Organisationseinheiten → Kostenstellen.
2. Erfassen Sie die Kostenstellen 1000, 2000 und 3000 mit ihrer Bezeichnung und eventuell einem Ansprechpartner.

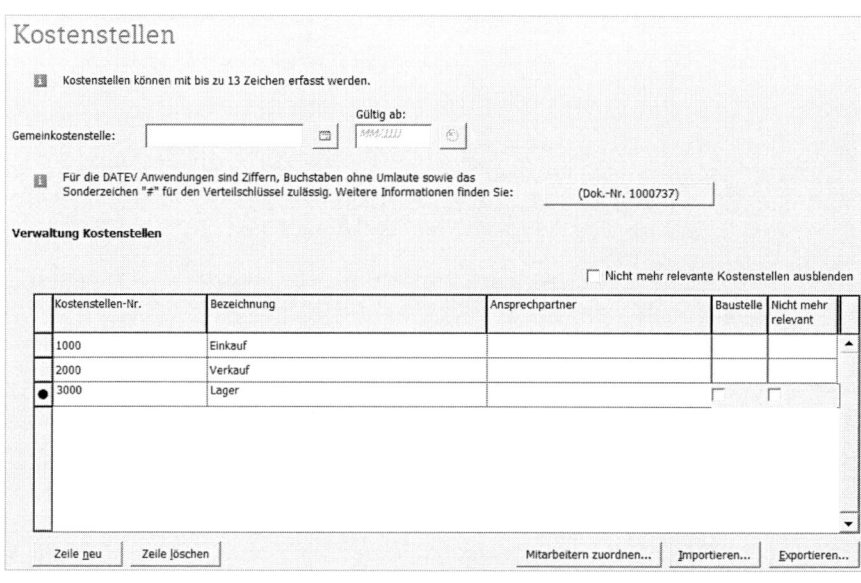

So legen Sie Mitarbeitergruppen an

Mitarbeitergruppen können für eine unterschiedliche Kontierung der Lohnarten verwendet werden, um in der Buchhaltung differenziertere Auswertungsmöglichkeiten zu ermöglichen. Dies wurde bereits im Kapitel **So legen Sie die Konten für den Buchungsbeleg** an erläutert.

Nun geht es um **Mitarbeitergruppen für die Abrechnung**, z. B. Lohnempfänger und Gehaltsempfänger. Dies kann genutzt werden, wenn gewerbliche und kaufmännische Mitarbeiter zu unterschiedlichen Zeitpunkten abgerechnet werden sollen oder um Auswertungen pro Mitarbeitergruppe auszugeben.

1. Wählen Sie in der Übersicht Mandantendaten → Organisationseinheiten → Mitarbeitergruppen.

2. Erfassen Sie die Mitarbeitergruppen 001 Gehaltsempfänger und 002 Lohnempfänger.

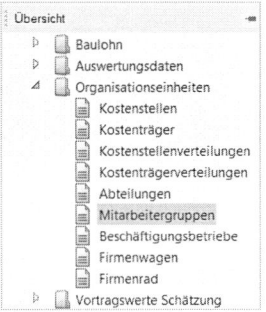

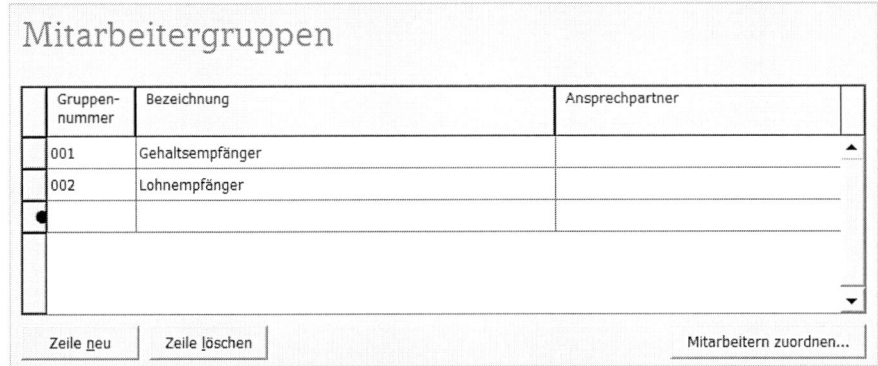

So legen sie einen Firmenwagen an

Firmenwagen müssen an dieser Stelle zentral erfasst werden. Es wird von den Mitarbeiterdaten auf diese Daten zugegriffen, wenn einer der Mitarbeiter einen Dienstwagen erhält.

1. Öffnen Sie in der Übersicht Mandantendaten → Organisationseinheiten → Firmenwagen.

2. Geben Sie das Kennzeichen und den Bruttolistenpreis ein. Die weiteren Angaben zum Fahrzeug sind nicht zwingend erforderlich.

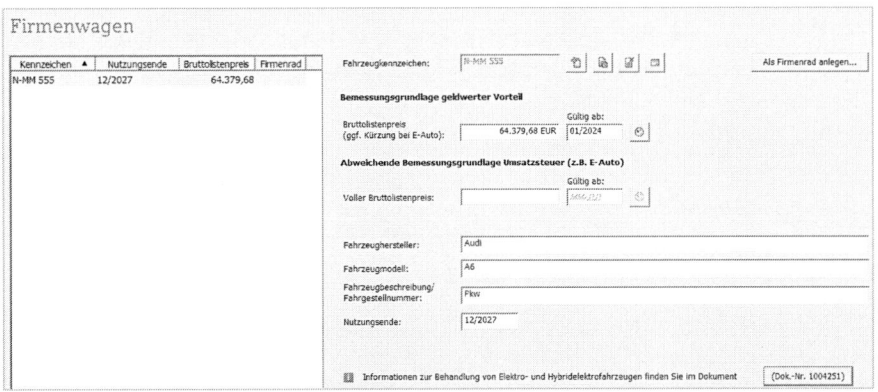

Hinweis: Für Elektro- und Hybridfahrzeuge finden Sie im Dokument 1004251 weiterführende Informationen (*siehe Schaltfläche*).

Die Schaltfläche Als Firmenrad anlegen... dient der Umschlüsselung von Firmenfahrrädern, die bislang nur als Firmenwagen angelegt werden konnten.

Exkurs: Mehrere Beschäftigungsbetriebe erfassen

Bestehen für einen Betrieb örtlich (räumlich) getrennte Filialen, Niederlassungen bzw. Betriebsteile können diese als weitere Beschäftigungsbetriebe (Betriebsstätten) erfasst werden. In der Regel haben diese eigene Betriebsnummern.

1. Öffnen Sie in der Übersicht Mandantendaten → Organisationseinheiten → Beschäftigungsbetriebe.
   Das aktuelle Unternehmen wird Ihnen als Beschäftigungsbetrieb 1 angezeigt.

2. Um eine neue Betriebsstätte anzulegen, klicken Sie auf die Schaltfläche Neuanlage ❶.

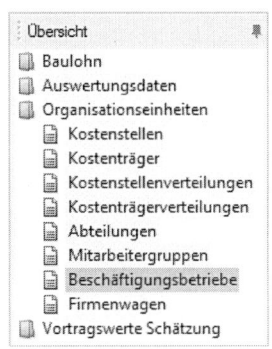

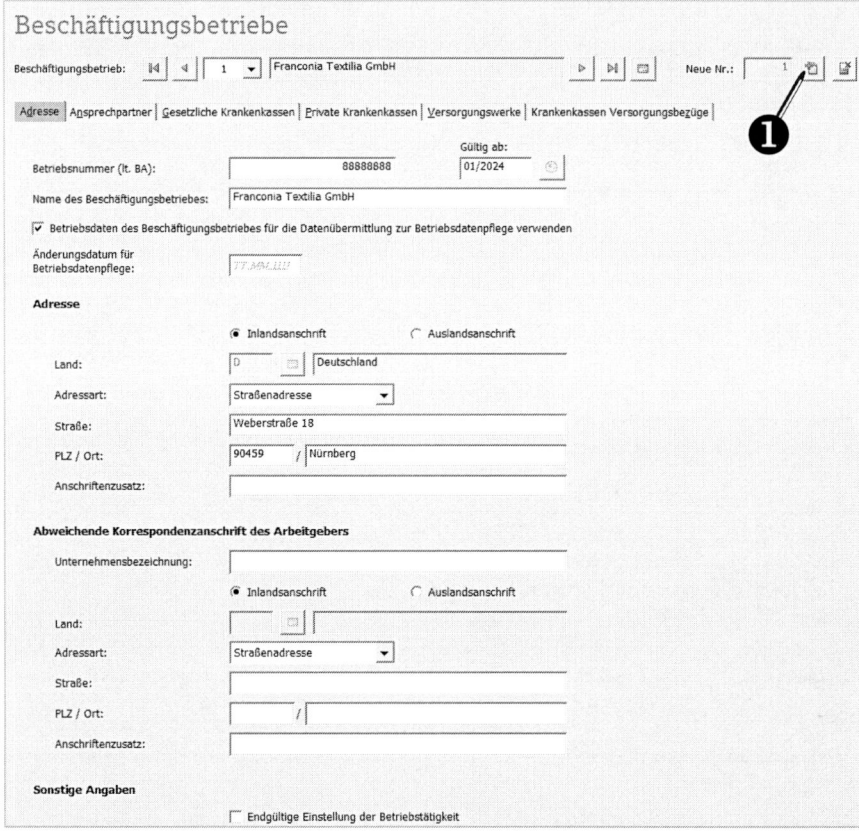

Nach Erfassung der weiteren Beschäftigungsbetriebe müssen diesen im Register Gesetzliche Krankenkassen Krankenkassen zugeordnet werden. Die Mitarbeiter können über die Schaltfläche Mitarbeiter zuordnen den Beschäftigungsbetrieben zugewiesen werden. Eine Zuordnung ist auch in den Mitarbeiterstammdaten möglich. Ab 01.07.2019 ist die Eingabe des **Änderungsdatums für Betriebsdatenpflege** erforderlich.

Die Lohnsteuer-Anmeldung erfolgt unter der Steuernummer der Hauptbetriebsstätte. Beitragsnachweise können wahlweise zusammengefasst oder getrennt nach Betriebsnummern erstellt werden.

3.3 Die Mitarbeiterstammdaten

So legen Sie einen neuen Mitarbeiter an

Auf der Mandantenebene:

1. Sie befinden sich auf der Mandantenebene und öffnen die Mitarbeiter-Übersicht aus der Übersicht Mitarbeiter ❶ oder über das Symbol Mitarbeiter öffnen ❷.

2. Klicken Sie im Dialogfenster Mitarbeiter-Übersicht auf die Schaltfläche Neu... .

Auf der Mitarbeiterebene:

1. Sie befinden sich bereits auf der Mitarbeiterebene.
2. Klicken Sie auf das Symbol Mitarbeiter neu ❸ oder gehen Sie über das Menü Mitarbeiter → Neu.

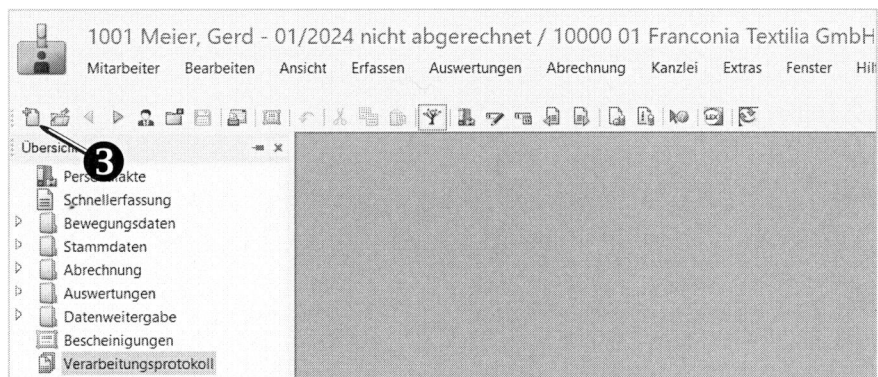

Das Dialogfenster Mitarbeiter neu wird geöffnet

3. Geben Sie eine **Mitarbeiternummer** ein oder wählen Sie die nächste freie Mitarbeiternummer ❹.
4. Tragen Sie **Familienname, Vorname** und **Eintrittsdatum** ein. Der **erste Monat der Abrechnung** wird vorgeschlagen.
5. Ändern Sie für Werkstudenten bzw. geringfügig Beschäftigte entsprechend den **Mitarbeitertyp.**
6. Ist die **Versicherungsnummer** (SV-Nr.) bekannt, kann sie eingegeben werden. Zu Schulungszwecken wird das Häkchen zur **DEÜV-Versicherungsnummern- abfrage** nicht gesetzt.
7. Aktivieren Sie ggf. den Abruf der **ELStAM.** Hierfür müssen Sie die **Identifikationsnummer, das Geburtsdatum** und den **Arbeitgebertyp** eintragen.
8. Bestätigen Sie mit OK.

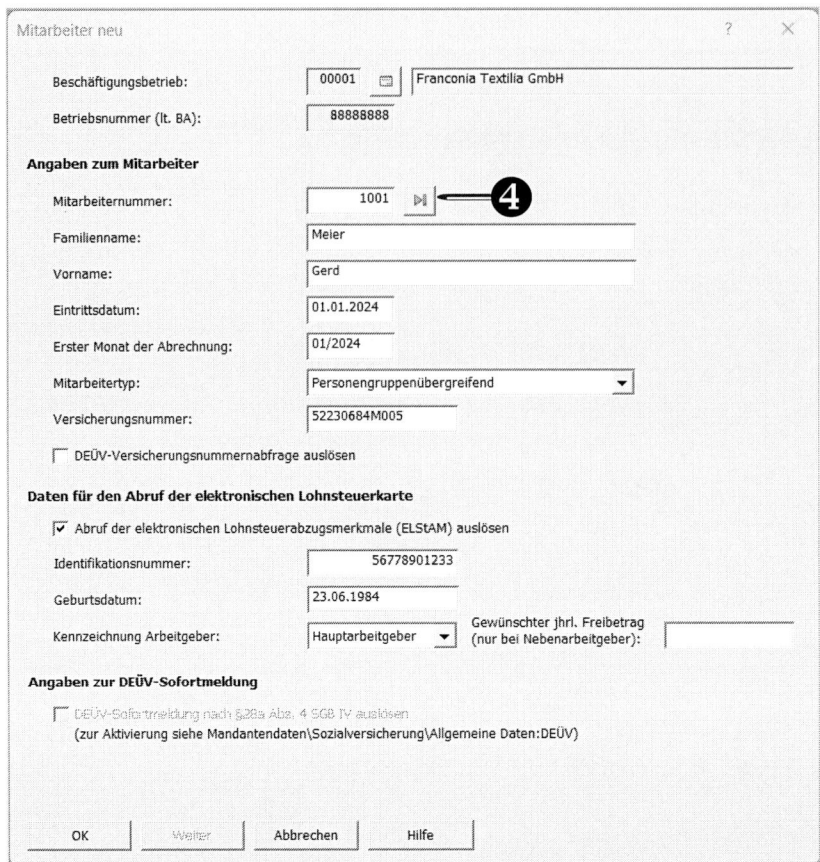

Wurde keine SV-Nummer eingegeben, werden Sie gefragt, ob der Familienname als Geburtsname übernommen werden soll. Klicken Sie auf Nein.

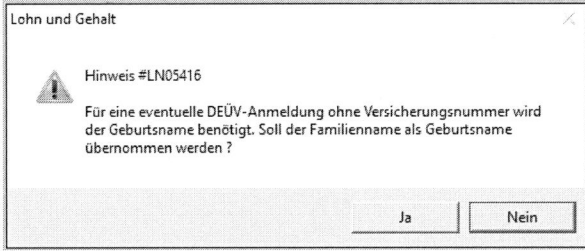

Es erscheint der Hinweis, dass der Schulungsmodus eingeschaltet ist. Dieser Schulungsmodus muss bei VHS, Bildungsträgern, Schulen, Unis, etc. aktiviert sein, damit keine Daten an Krankenkassen oder Finanzämter übertragen werden.
Bestätigen Sie mit Ja.

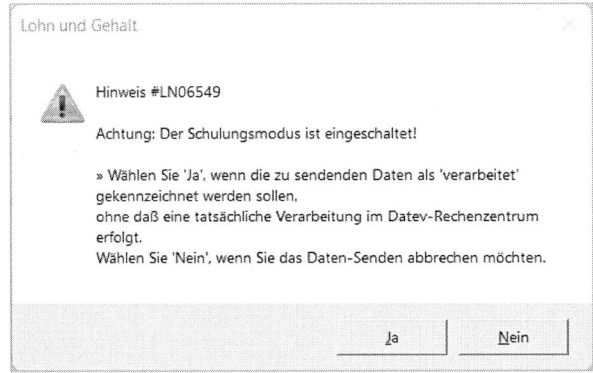

Wurde der Mitarbeiter erfolgreich angelegt, erhalten Sie folgendes Verarbereitungs-
protokoll.

Anschließend erfassen Sie die Mitarbeiterstammdaten. Hierfür bietet Ihnen DATEV
in der Übersicht die Schnellerfassung. Diese beinhaltet die wesentlichen Daten the-
matisch zusammengefasst in einzelnen Registern. Allerdings ist die Schnellerfassung
nicht immer ausreichend. Für weitere Stammdaten (z.B. Private Kranken-/Pflegever-
sicherung, BAV, Midijob, Mehrfachbeschäftigung etc.) steht Ihnen in der Übersicht
der Ordner Stammdaten zur Verfügung.

Die Erfassung der Mitarbeiterdaten wird nachfolgend am Beispiel der Schnellerfassung erläutert, ist aber auch in den umfangreicheren Stammdaten möglich. Dabei
werden nur die zwingend notwendigen Felder erfasst.

So erfassen Sie die Personalien des Mitarbeiters

1. Öffnen Sie aus der Übersicht die Schnellerfassung.
2. Ergänzen Sie im Register Personalien nur die **Adressdaten, Geschlecht, Familienstand** und **Staatsangehörigkeit**.

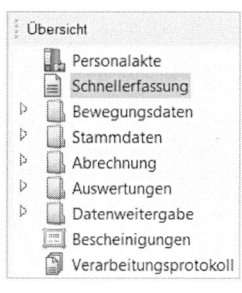

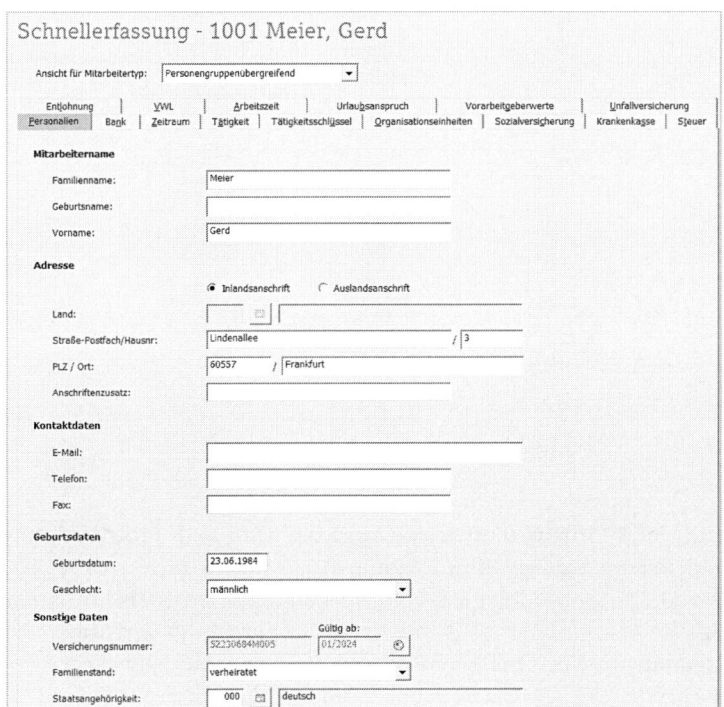

So erfassen Sie die Bankverbindung

Wählen Sie in der Schnellerfassung die Registerkarte Bank.

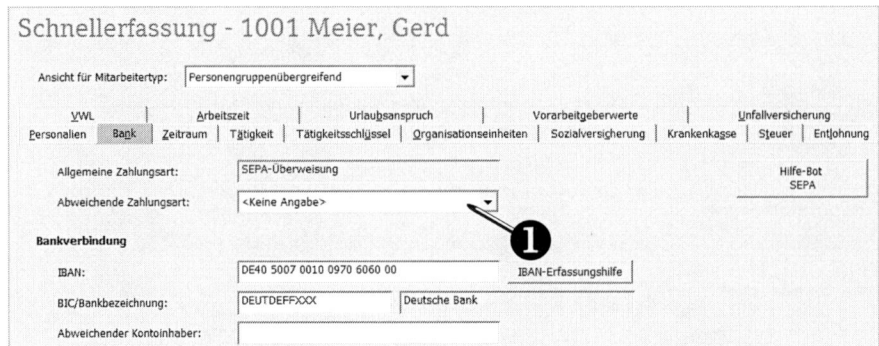

Die Eingabe einer **abweichenden Zahlungsart** ❶ ist nur notwendig, wenn bei einem Mitarbeiter von der allgemeinen Zahlungsart (Mandantenebene) für Lohn und Gehalt abgewichen werden soll.

Geben Sie die **IBAN** und ggf. **BIC** ein. Sie können auch die **IBAN-Erfassungshilfe** nutzen und sich aus Kontonummer und Bankleitzahl die IBAN generieren lassen.

So erfassen Sie den Beschäftigungszeitraum

Wählen Sie in der Schnellerfassung die Registerkarte Zeitraum.

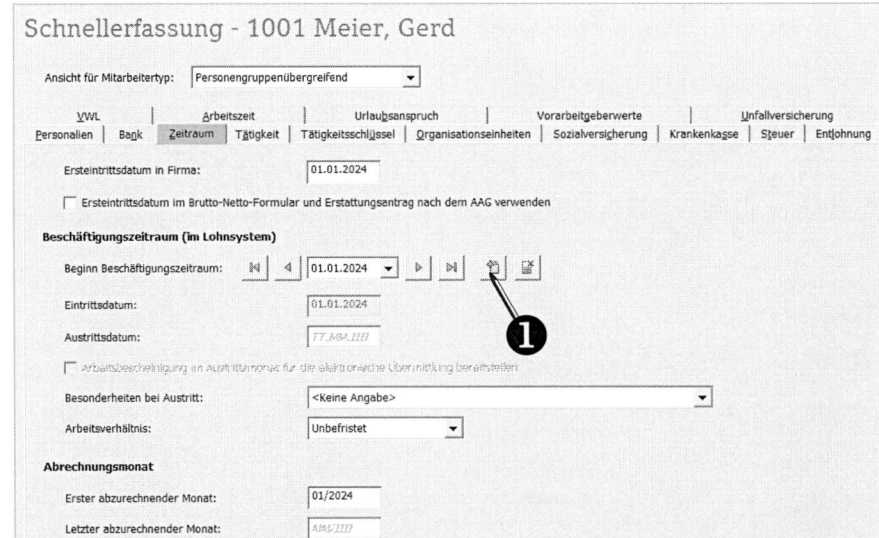

Ersteintrittsdatum und **Eintrittsdatum** sind vorbelegt. Aus dem **Eintrittsdatum** ergibt sich auch der **erste abzurechnende Monat**.
Wird ein Arbeitsverhältnis beendet, muss auf dieser Seite das **Austrittsdatum** eingegeben werden. Daraus ermittelt DATEV den **letzten abzurechnenden Monat**. Im Falle eines Wiedereintritts, wird ein **neuer Beschäftigungszeitraum** angelegt ❶.

Hinweis: Der erste Abrechnungsmonat (hier 01/2024) ist maßgeblich. Ist der erste Abrechnungsmonat z.B. auf März 2024 festgelegt, können die Monate Januar und Februar 2024 nicht abgerechnet werden. Entsprechendes gilt für den letzten Abrechnungsmonat.

So erfassen Sie die Angaben zur Tätigkeit

Wählen Sie in der Schnellerfassung die Registerkarte Tätigkeit.

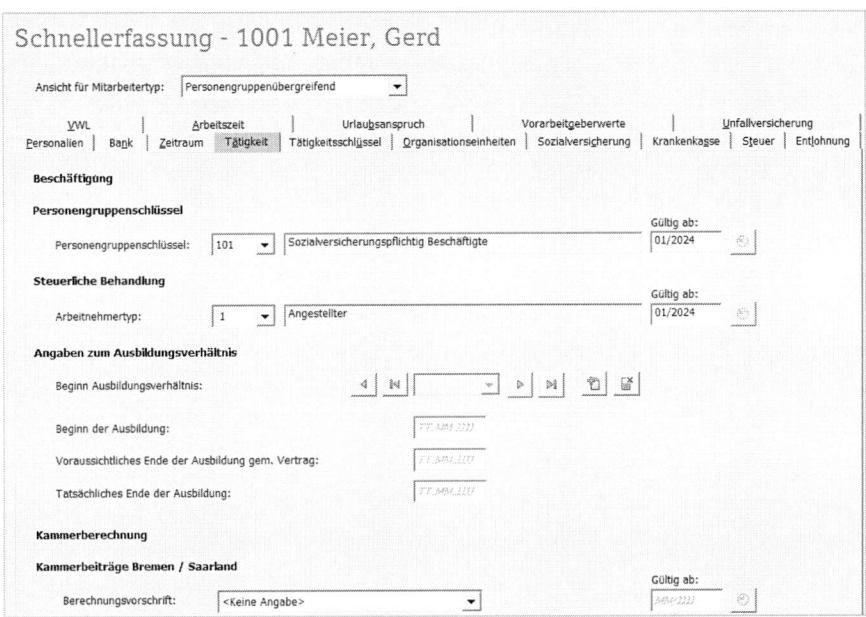

1. Auf dieser Seite sind Angaben zur **Personengruppe**, die für die sozialversicherungsrechtliche Behandlung wichtig ist, und zur **steuerlichen Behandlung** (Arbeitnehmertyp) zu machen. Bei Auszubildenden wird der **Beginn der Ausbildung** (beim aktuellen Arbeitgeber) und das **voraussichtliche Ende** erfasst.

   Die Berechnung von **Kammerbeiträgen** beschränkt sich auf Bremen, Bremerhaven und das Saarland.

2. Wechseln Sie in der Schnellerfassung in die Registerkarte Tätigkeitsschlüssel. Wählen Sie die **ausgeübte Tätigkeit** (nicht den erlernten Beruf), den **höchsten Schulabschluss**, den **höchsten Ausbildungsabschluss**, die **Arbeitnehmerüberlassung** und die **Vertragsform** aus.
   Für den Tätigkeitsschlüssel nutzen Sie das Dialogfenster Berufskennziffer auswählen ❶. Geben Sie nicht nur die Kennziffer ein, sondern suchen Sie in der Spalte **Berufsbezeichnung** nach dem Beruf. Einige Berufe haben gleiche Kennziffern.

So erfassen Sie Entlohnungsart und die Zuordnung zu Kostenstelle, Mitarbeitergruppe, Betriebsstätte

Wählen Sie in der Schnellerfassung die Registerkarte Organisationseinheiten.

1. Geben Sie die **Berufsbezeichnung** und die **Standardentlohnung** ein. Diese ist beispielsweise bei der Berechnung von Zuschlägen wichtig.

2. Im Unterregister Kostenstellenrechnung können Sie die Zuordnung des Arbeitnehmers auf eine Kostenstelle eingeben. Dafür muss zuerst **Gültig ab** eingetragen werden, dann kann die **Stammkostenstelle** eingegeben oder ausgewählt werden.

3. Für die E-Bilanz in der Buchhaltung ist die **Mitarbeitergruppe für FiBu** zu hinterlegen.

4. Optional kann auch eine **Mitarbeitergruppe für Abrechnung** erfasst werden.

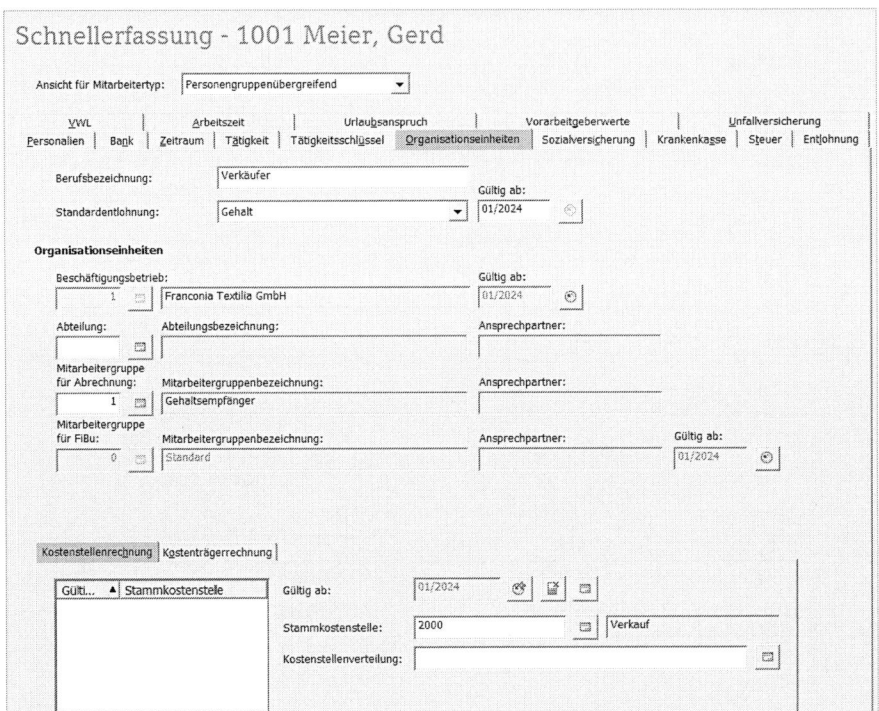

So erfassen Sie die allgemeinen Sozialversicherungsdaten

Wählen Sie in der Schnellerfassung die Registerkarte Sozialversicherung.

1. Geben Sie den **Beitragsgruppenschlüssel** KV, RV, AV, PV ein.

2. Sollte sich das SV-Brutto des Arbeitnehmers im Übergangsbereich befinden, aktivieren Sie **Midijob berechnen**.

3. Ist die **Elterneigenschaft nachgewiesen**, kann dies durch ein Häkchen bestätigt werden.

4. Die **Umlagepflicht** ist mit den Angaben auf der Mandantenebene vorbelegt. Eine Änderung auf Mitarbeiterebene erfolgt gegebenenfalls über die Schaltfläche **Gültig ab (Historie)**.

5. Auf dieser Seite ist auch anzugeben, ob die Berechnung gemäß Rechtskreis Ost (für die neuen Bundesländer) oder eventuell für das Bundesland Sachsen vorzunehmen ist.

6. Für kurzfristig Beschäftigte und Werkstudenten muss durch die Einführung der elektronischen Arbeitsunfähigkeitsbescheinigung der **Versicherungsstatus** ausgewählt werden.

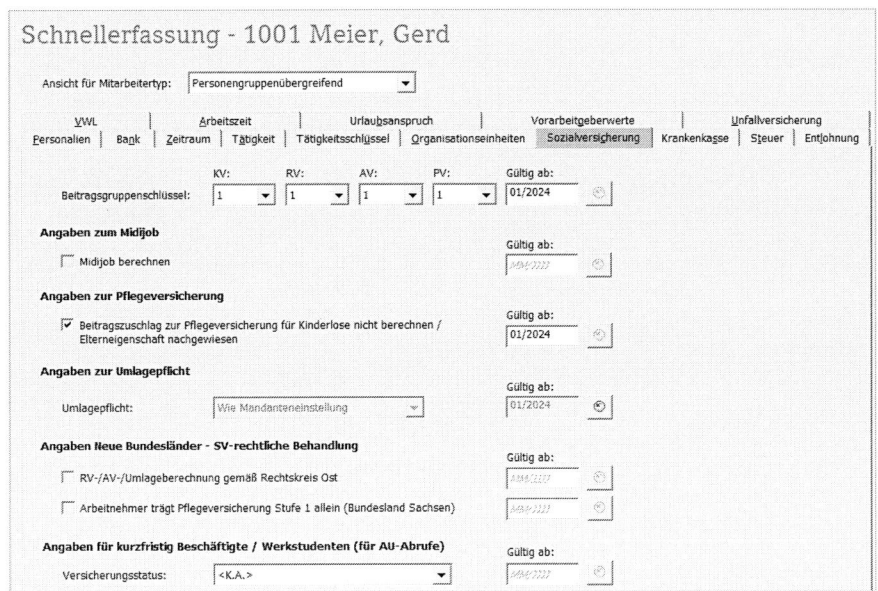

Hinweis: Wer die Daten weitestgehend ohne Maus eingibt, kann das Häkchen für Midijob oder die Elterneigenschaft mittels Leertaste aktivieren/deaktivieren. Das gilt ebenfalls für andere Kontrollkästchen.

So erfassen Sie die Daten zur Krankenkasse

Wählen Sie in der Schnellerfassung die Registerkarte Krankenkasse.

1. Wählen Sie über das Symbol Krankenkasse auswählen ❶ die für den Arbeitnehmer zuständige Krankenkasse aus.

2. Für geringfügig Beschäftigte muss zusätzlich zur Knappschaft auch die tatsächliche **Krankenkasse des Mitarbeiters** ausgewählt werden, z. B. für den Abruf der elektronischen Arbeitsunfähigkeitsbescheinigung (eAU).

Hinweis: Bei freiwilliger Kranken-/Pflegeversicherung sind weitere Angaben notwendig. Diese werden im Kapitel 4 erklärt. Eine private Kranken-/Pflegeversicherung kann nicht über die Schnellerfassung eingetragen werden. Auch diese Erfassung wird in Kapitel 4 erläutert.

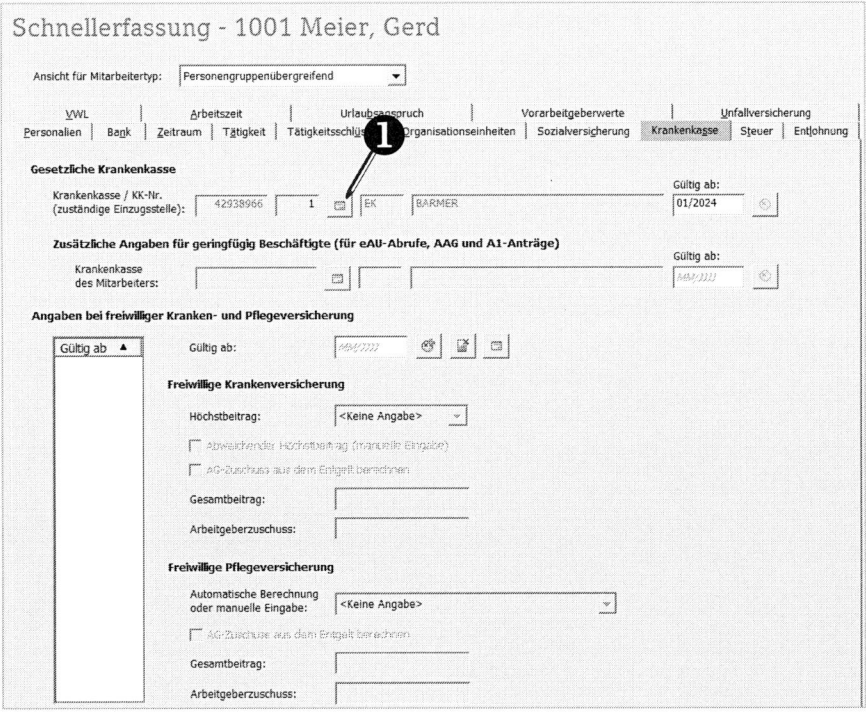

So erfassen Sie Steuerdaten

Wählen Sie in der Schnellerfassung die Registerkarte Steuer.

1. Im Übungsfall müssen Sie **Steuerkasse, Faktor** (evtl. in St.-Kl. IV), **Kinderfreibetrag, Konfession** von Arbeitnehmer und evtl. Partner sowie evtl. **Freibeträge** erfassen.

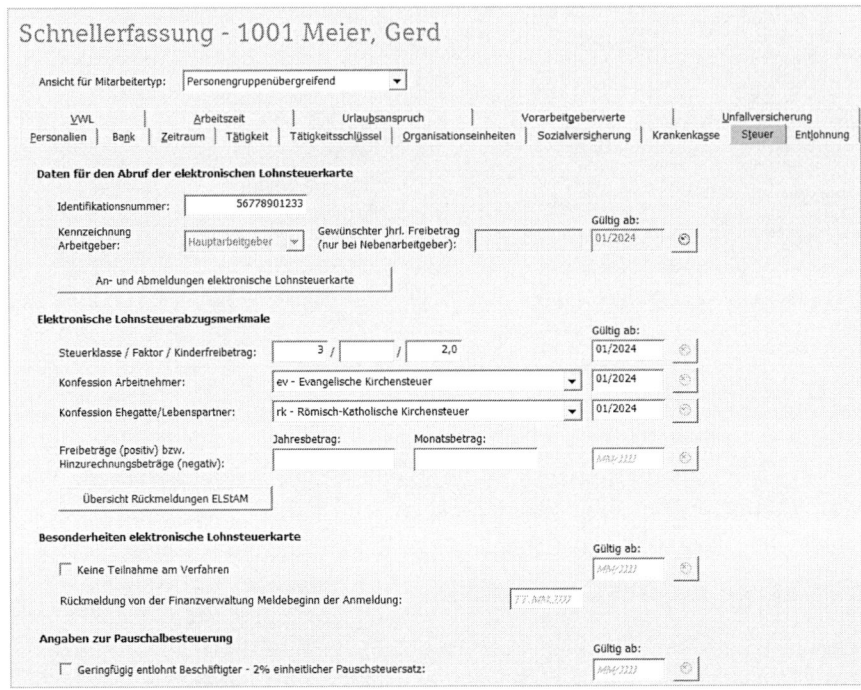

In der Praxis werden diese Daten durch den Abruf der ELStAM automatisch eingetragen, sofern der Arbeitnehmer bei ELStAM angemeldet ist und die Daten beim Finanzamt abgerufen worden.

Die Pflichtangaben für den Abruf der elektronischen LSt-Karte sind Identifikationsnummer, Kennzeichnung AG und Geb.-Datum des AN auf der ersten Seite der Stammdatenanlage der Mitarbeiter.

So erfassen Sie die Entlohnungsdaten

Wählen Sie in der Schnellerfassung die Registerkarte Entlohnung.
Im Bereich Bezüge/Abzüge werden wiederkehrende feste Bezüge wie Gehalt, Weihnachtsgeld, Ausbildungsvergütung oder verschiedene Sachbezüge erfasst.

1. Klicken Sie auf die Schaltfläche Neuen Be-/Abzug anlegen.
2. Erfassen Sie z.B. die **Lohnart** für Gehalt (LA 2000) und den **Betrag**.
3. Geben Sie das **Abrechnungsintervall** (z.B. monatl.) ein und passen Sie evtl. die **Kürzung** im Teil- bzw. Ausfallmonat an (z.B. k/k).[1]

Auch künftige Bezüge (z.B. Urlaubsgeld im Juni) können hier erfasst werden.

1. Klicken Sie auf die Schaltfläche Neuen Be-/Abzug anlegen ❶.
2. Erfassen Sie z.B. die **Lohnart** Urlaubsgeld (LA 4000) und den **Betrag**.
3. Ändern Sie das **Abrechnungsintervall** in jährlich und das **Gültigkeitsdatum** auf 06/2024.

---

1   k/k   = Kürzung im Teil- und Ausfallmonat
     nk/nk   = keine Kürzung im Teil- und Ausfallmonat
     nk/k   = keine Kürzung im Teilmonat/Kürzung im Ausfallmonat

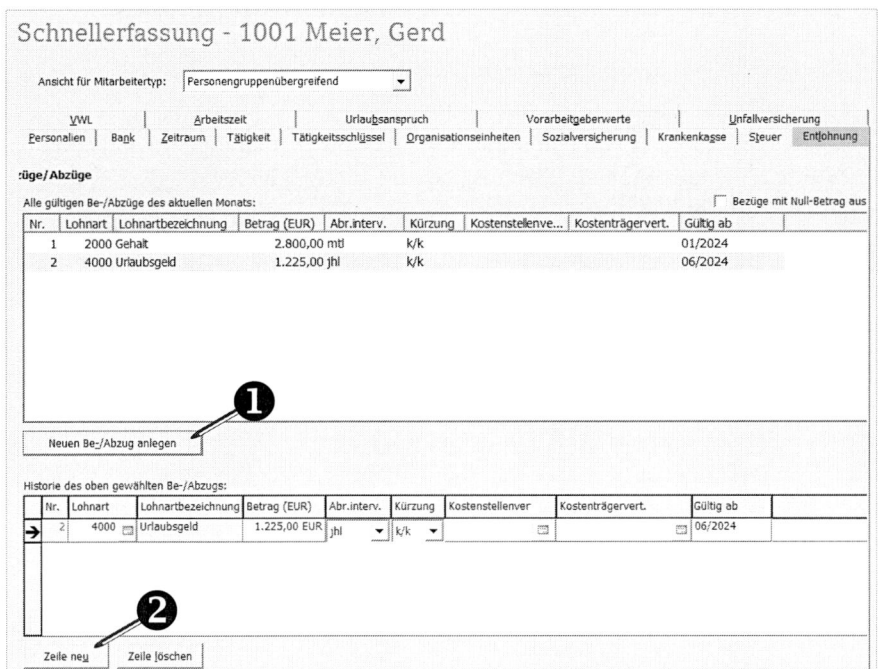

Sind zukünftige Änderungen eines Bezuges bekannt (z.B. Erhöhung der Ausbildungsvergütung je Lehrjahr), können Sie diese in der Historie erfassen.

1. Klicken Sie auf die Schaltfläche Neuen Be-/Abzug anlegen.

2. Erfassen Sie z.B. die Lohnart Ausbildungsvergütung, kfm. (LA 2010), den Betrag und das Gültigkeitsdatum.

3. Nun klicken Sie auf Zeile neu ❷ und erfassen für die gleiche Lohnart einen weiteren Betrag und ein neues Gültigkeitsdatum usw.

Hinweis: Beachten Sie, dass alle hier angelegten Bezüge auch ins Folgejahr übernommen werden. Sollte es sich also um einen von Jahr zu Jahr variablen Bezug, z. B. freiwillige Weihnachtsgratifikation handeln, kann dieser im abzurechnenden Monat über die Bewegungsdaten eingegeben werden oder muss zu Beginn des neuen Jahres in den Stammdaten geändert werden.

Im Bereich Stunden-/Tagelöhne wird der Stundensatz bei Lohnempfängern erfasst.

1. Klicken Sie in die Zeile Stundenlohn 1 und tragen Sie **Wert** und **Gültigkeitsdatum** ein.

2. Liegen Lohnerhöhungen vor, klicken Sie auf Historie neu. Zum Stundenlohn 1 wird eine neue Zeile erzeugt, in die Sie den neuen Wert mit Gültigkeitsdatum eintragen.

ACHTUNG: Stundenlohnerhöhung NICHT in Stundenlohn 2 eintragen!

Stunden-/Tagelöhne

	Kürzel	Bezeichnung	Wert	Gültig ab	
⇨	ST01	Stundenlohn 1	13,10 EUR	01/2024	
	ST02	Stundenlohn 2			
	ST03	Stundenlohn 3			
	ST04	Stundenlohn 4			
	ST05	Stundenlohn 5			
	TG01	Tagelohn 1			

Historie neu   Zeile löschen

So erfassen Sie die vermögenswirksamen Leistungen

Wählen Sie in der Schnellerfassung die Registerkarte VWL.

1. Erfassen Sie die Daten zum VWL-Vertrag.

   Neben dem monatlichen **Abrechnungsintervall** ist auch eine wiederkehrende Zahlweise möglich. Hierfür wählen Sie die Überweisungsmonate aus. In der Voreinstellung sind alle Monate aktiviert.

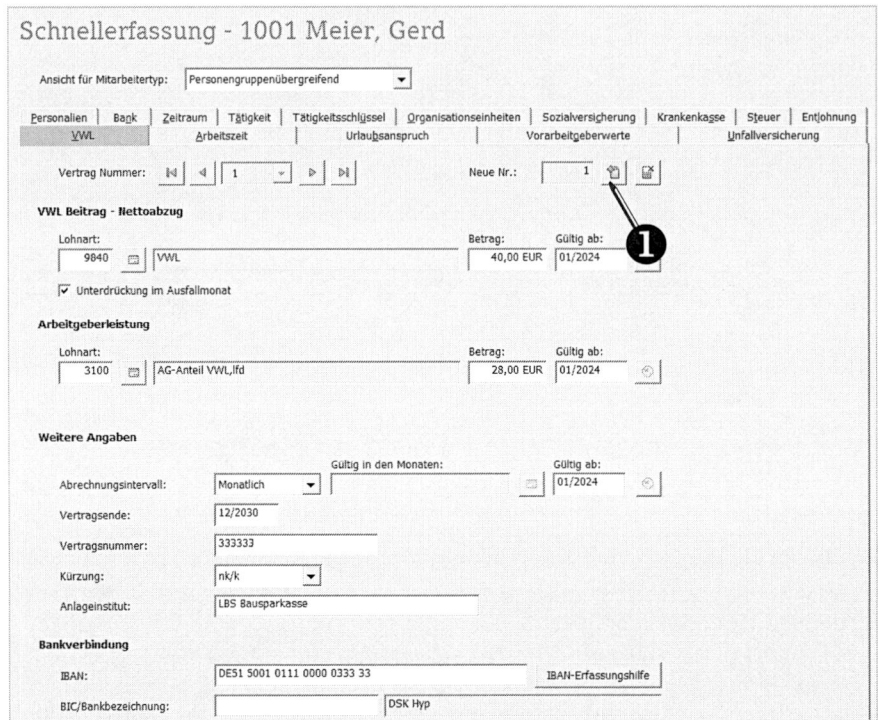

Hinweis: Ist für den Arbeitnehmer bereits ein VWL-Vertrag gespeichert, werden die Vertragsdaten eingeblendet. Ein weiterer Vertrag wird durch Klicken auf das Symbol VWL anlegen ❶ erfasst.

So erfassen Sie die vertraglich vereinbarte Arbeitszeit

Wählen Sie in der Schnellerfassung die Registerkarte Arbeitszeit.

1. Geben Sie die wöchentliche Arbeitzeit ein. Diese wird dann gleichmäßig auf die einzelnen Arbeitstage verteilt. Trifft die Verteilung nicht zu, müssen Sie die Arbeitszeit der einzelnen Tage entsprechend überschreiben.

2. Das Feld **durchschnittl. regelm. Wochenarbeitszeit eines vergleichb. Vollzeitmitarbeiters** muss nur gefüllt werden, wenn es im Unternehmen mehrere Arbeitszeitmodelle gibt und der erfasste AN nicht zu dem Arbeitszeitmodell gehört, für welches die Vollarbeitszeit im Mandanten hinterlegt ist.

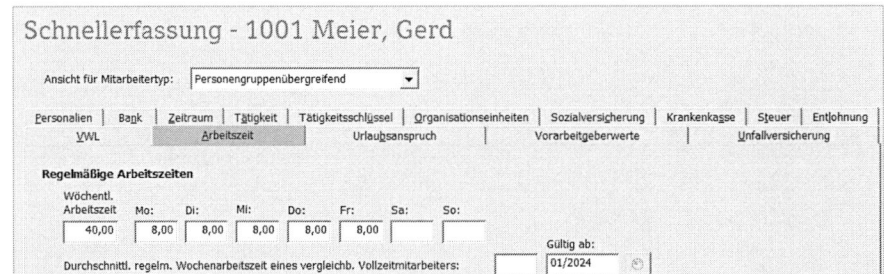

Hinweis: Entspricht die wöchentliche Arbeitszeit des Arbeitnehmers der betriebsüblichen Arbeitszeit (Arbeitszeit Arbeitnehmer = Arbeitszeit Mandant), ist hier keine Eingabe notwendig.

So erfassen Sie den Urlaubsanspruch

Wählen Sie aus der Schnellerfassung die Registerkarte Urlaubsanspruch.

1. Tragen Sie im Feld **Gültig ab Kalenderjahr** das aktuelle Jahr ein.

2. Wurde in den Mandantenstammdaten ein **Urlaubsanspruch** ❶ eingetragen, wird dieser für das **aktuelle Kalenderjahr** übernommen ❷, sofern kein abweichender **Grundurlaubsanspruch** eingetragen wird ❸.

DATEV ermittelt den tatsächlichen Urlaubsanspruch für das aktuelle Kalenderjahr ❷ anteilig für volle Beschäftigungsmonate. Arbeitet der Mitarbeiter weniger als 5 Tage/Woche, muss der anteilige Jahresurlaub manuell errechnet und als **Grundurlaubsanspruch** ❸ eingetragen werden.

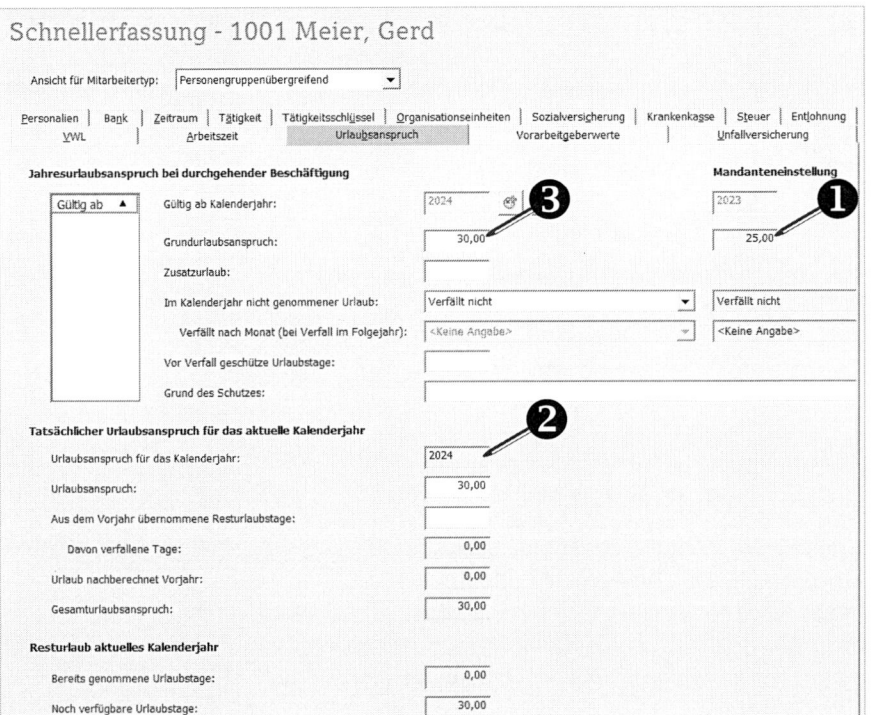

So erfassen Sie Vorarbeitgeberwerte (sofern vorhanden)

Wählen Sie in der Schnellerfassung die Registerkarte Vorarbeitgeberwerte.

1. Ist ein Arbeitnehmer nicht das gesamte Jahr beim gleichen Arbeitgeber beschäftigt und erhält Einmalzahlungen/sonstige Bezüge, benötigt DATEV die **Beschäftigungstage** und **Werte der Lohnsteuerbescheinigung des Vorarbeitgebers**, um die Steuern für die Einmalzahlung korrekt zu berechnen.

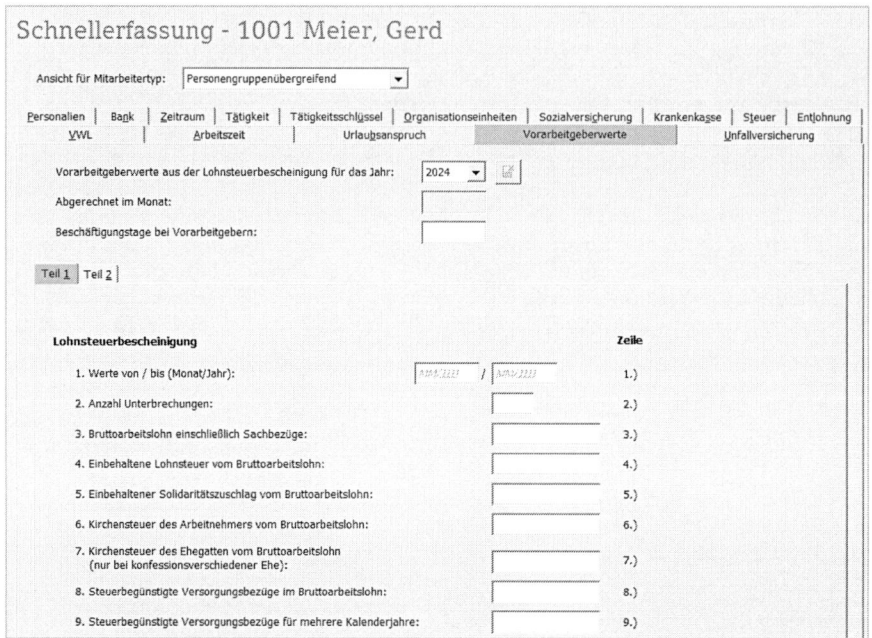

Hinweis: Wird ein Arbeitnehmer im laufenden Jahr eingestellt und hatte zuvor keinen Arbeitgeber, bleiben die Felder im Register Vorarbeitgeberwerte leer.
Gab es einen Vorarbeitgeber, aber die Werte der LSt-Bescheinigung sind nicht bekannt, können auch nur die **Beschäftigungstage beim Vorarbeitgeber** eingegeben werden (voller Monat = 30 Tage). Dies wirkt sich auf die Besteuerung von Einmalzahlungen aus.

So erfassen Sie die Daten für die Unfallversicherung

Wählen Sie in der Schnellerfassung die Registerkarte Unfallversicherung.

1. Die Felder im Register Unfallversicherung sind mit den Werten aus den Mandantenstammdaten vorbelegt und können je Arbeitnehmer angepasst werden.

2. Im Übungsfall sollen die Stunden wie folgt ermittelt werden:
   Für Lohnempfänger: **Stundenermittlung für Mitarbeiter** = wie Mandanteneinstellung (Stunden gemäß abgerechneter Lohnarten)
   Für Gehaltsempfänger: **Stundenermittlung für Mitarbeiter** = Anwesenheitsstunden

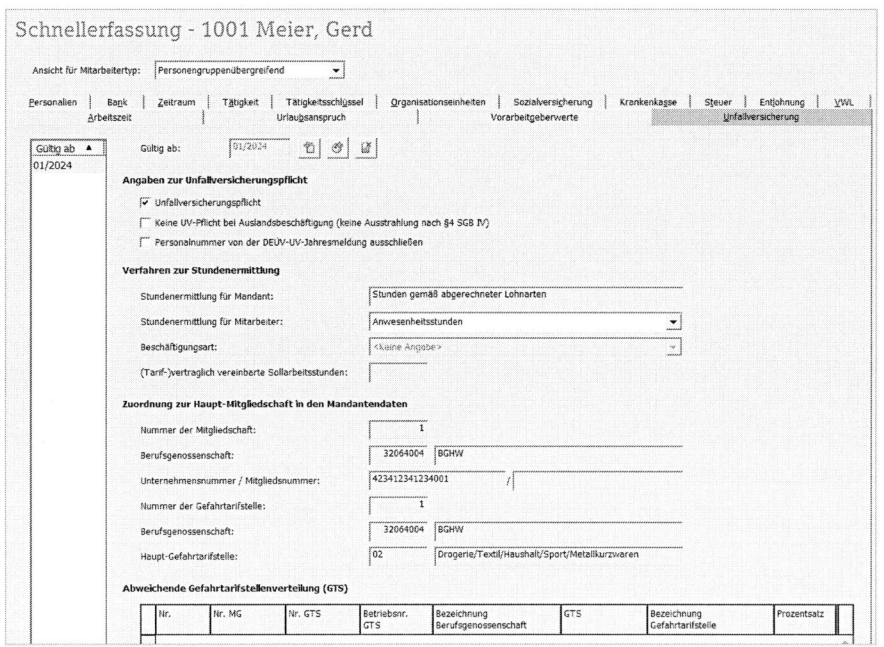

So erfassen Sie die Kinder

Damit DATEV den Beitrag für die Pflegeversicherung korrekt berechnen kann, ist der alleinige Nachweis der Elterneigenschaft nicht ausreichend. Entsprechend der gesetzlichen Vorschriften reduzieren Kinder bis zum vollendeten 25. Lebensjahr den Arbeitnehmeranteil zur Pflegeversicherung. Hierfür sind ein Nachweis und eine Erfassung der Kinder inkl. des Geburtsdatums notwendig. Dies ist nicht in der Schnellerfassung möglich.

Öffnen Sie in der Übersicht in den Stammdaten die Seite Kinderverwaltung.

1. Tragen Sie **Namen**, **Geburtsdatum** und **Nachweisdatum** des Kindes ein.

2. Weitere Kinder erfassen Sie über das Symbol Neuer Datensatz.

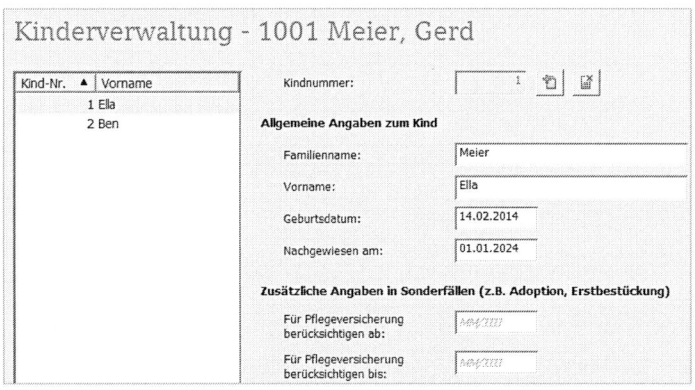

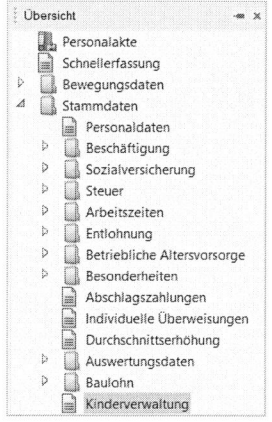

Die Anzahl, der für die Pflegeversicherung relevanten Kinder, können Sie auf dem Brutto/Netto-Formular ausgegeben werden.

Sie befinden sich auf der Mandantenebene.

1. Wählen Sie in der Übersicht Mandantendaten → Auswertungsdaten → Gestaltung das Register Brutto/Netto-Allgemein und aktivieren Sie Anzahl Kinder ausgeben.

Hinweis: Auf die in der Kinderverwaltung hinterlegten Kinder kann auch bei Erfassung von Fehlzeiten (Pflege krankes Kind) im Kalender zugegriffen werden. Damit ist eine Prüfung der Freistellungstage je Kind in den Krankheitszeiten möglich.

So erfassen Sie weitere Personaldaten

Die Eingabe der persönlichen Stammdaten über die Schnellerfassung reicht in der Regel für eine korrekte Lohn- und Gehaltsabrechnung aus. Benötigt das Programm zusätzliche Angaben sind diese in der Übersicht unter Stammdaten → Personaldaten zu erfassen.

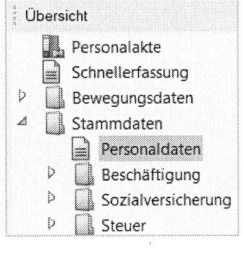

1. In der Registerkarte Adresse/Name ❶ können Sie z.B. zusätzliche Angaben zum **Mitarbeitername** erfassen ❷.

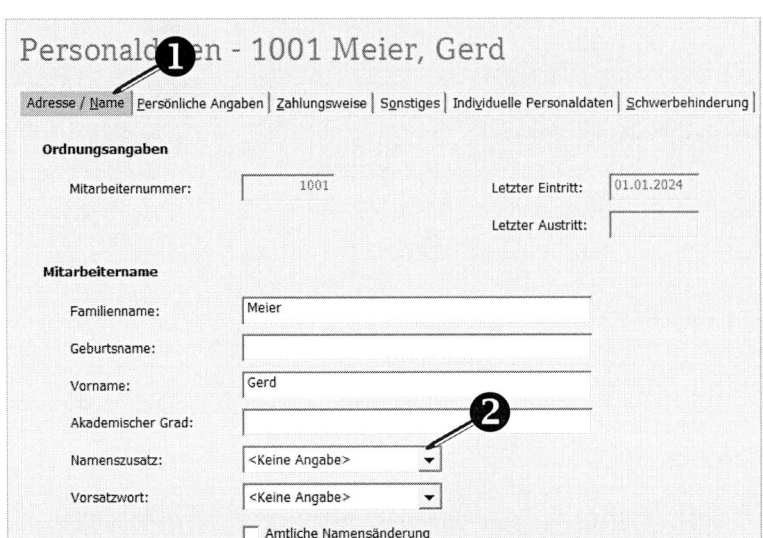

2. In der Registerkarte Persönliche Angaben lassen sich **Geburtsort** und **Geburtsland** eintragen. Diese sind für eine SV-Meldung ohne SV-Nummer notwendig. Weiterhin können Sie z. B. Angaben zur **Gültigkeit von Arbeitserlaubnis, Aufenthaltserlaubnis** oder **Studienbescheinigung** vornehmen.

3. In der Registerkarte Zahlungsweise können Sie abweichend von den Mandanteneinstellungen eine andere **Verrechnung von Überzahlungen** oder eine andere **Bankverbindung** erfassen ❸.

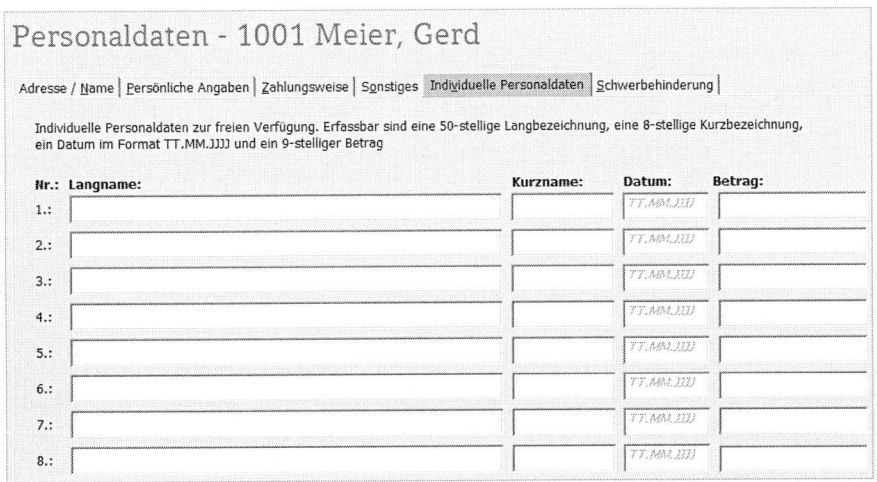

4. Im Register Sonstiges können Sie eine von der Lohnabrechnung abweichende **betriebliche Personalnummer** oder eine **bisherige Personalnummer** eintragen.

5. In der Registerkarte Individuelle Personaldaten können Sie auf Mitarbeiterebene individuelle Notizen in Form von Text, Datum und Betrag hinterlegen.

6. In der Registerkarte Schwerbehinderung können Sie sämtliche Daten hinterlegen, die benötigt werden, um einen Arbeitnehmer mit einer Schwerbehinderung abzurechnen. Diese Angaben sind für die Schwerbehindertenabgabe an das Integrationsamt wichtig.

3.4 Die Bewegungsdaten

Zu den Bewegungsdaten zählen u.a. die Arbeitsstunden der Lohnempfänger, Fehlzeiten wegen Urlaub bzw. Krankheit und an Feiertagen oder auch geleistete Überstunden, Zulagen, SFN-Zuschläge, Umsatzprovisionen u.ä.

Tagesgenaue Erfassungen erfolgen im Kalender. Für die datumsunabhängigen Werte steht die Monatserfassung zur Verfügung. Sowohl die Kalender- als auch die Monatserfassung können entweder je Arbeitnehmer auf der Mitarbeiterebene oder im Stapel für alle Arbeitnehmer auf der Mandantenebene erfolgen.

So geben Sie die Werte in der Monatserfassung auf Mitarbeiterebene ein

Sie befinden sich auf der Mitarbeiterebene.

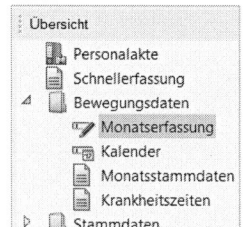

1. Öffnen Sie in der Übersicht Bewegungsdaten → Monatserfassung.
2. Geben Sie eine **Lohnart (LA)** ein oder wählen Sie eine **Lohnart** aus ❶.
3. Hinterlegen Sie in der Spalte **Wert** ❷ den Betrag für Stunden, Tage, Euro oder Kilometer. Die Einheit wird von der Lohnart bestimmt.
4. In der Spalte **Abw. Faktor** (= abweichender Faktor) ❸ können Sie einen von den Stammdaten abweichenden Eurobetrag (z.B. einen anderen Stundenlohn) oder den für die Berechnung der jeweiligen Lohnart erforderlichen Euro-Betrag eingeben.
5. In der Spalte **Abw. Lohnv.** (= abweichende Lohnveränderung) ❹ können Sie eine Lohnveränderung in Prozent hinterlegen.
6. Die Eingabe in der Spalte Bemerkung ist nur in der Monatserfassung ersichtlich und wird nirgends ausgegeben. Sie dient hier nur der Erläuterung.
7. Werden bestimmte Lohnarten jeden Monat verwendet, aber mit unterschiedlichen Werten, können diese aus dem Vormonat in den aktuellen Monat übernommen werden ❺. Somit muss nur noch der Betrag geändert werden (z.B. bei Reisekosten, Umsatzprovision oder Zuschlägen).

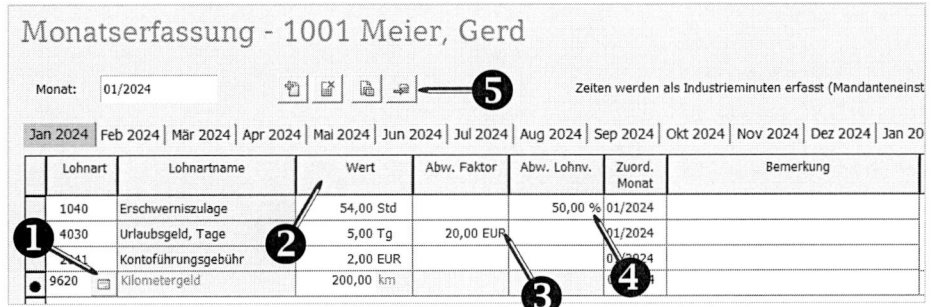

So geben Sie die Werte im Kalender auf Mitarbeiterebene ein

Sie befinden sich auf der Mitarbeiterebene.

1. Öffnen Sie in der Übersicht Bewegungsdaten → Kalender.

2. Sie können im Kalender jeden Tag einzeln buchen, d. h. **Ausfallschlüssel (AS)**, **Lohnart (LA)** und evtl. **Stunden, abweichende Faktoren** oder **Lohnverände-rungen** erfassen.

3. Effektiver ist es, wenn Sie einen Zeitraum oder ganze Monate erfassen. Nutzen Sie hierfür die Schaltfläche Zeitraum erfassen ❶ oder die Tastenkombination Alt+U.

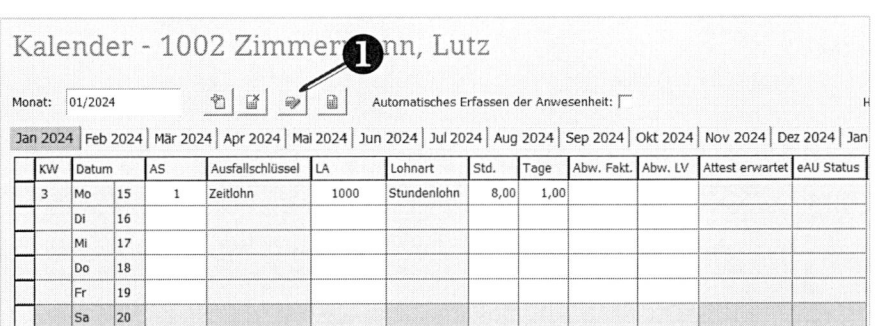

4. Es erscheint das Dialogfenster Zeitraum erfassen. In den Feldern **Datum von** und **Datum bis** brauchen Sie nur den Tag eingeben. Monat und Jahr erkennt DATEV automatisch anhand des aktuellen Abrechnungsmonates.

Erfassung für Lohnempfänger

Für Lohnempfänger erfassen Sie Anwesenheits- und Abwesenheitszeiten.

1. Füllen Sie den **Ausfallschlüssel** und die **Lohnart** aus. Sie können die **Auswahl-schaltfläche** ❷ nutzen oder die Werte direkt eingeben. Anschließend klicken Sie auf OK.

   Hat der Arbeitnehmer gearbeitet, verwenden Sie **Ausfallschlüssel 1** (Zeitlohn) und **Lohnart 1000** (Stundenlohn) oder **Lohnart 2200** (Aushilfslohn). Beide Lohnarten greifen auf den Stundenlohn ST01 in den Mitarbeiterstammdaten zu.

   Die täglichen Arbeitsstunden und die Anwesenheitstage ermittelt DATEV aus den in den Stammdaten des Mitarbeiters erfassten Arbeitszeiten.

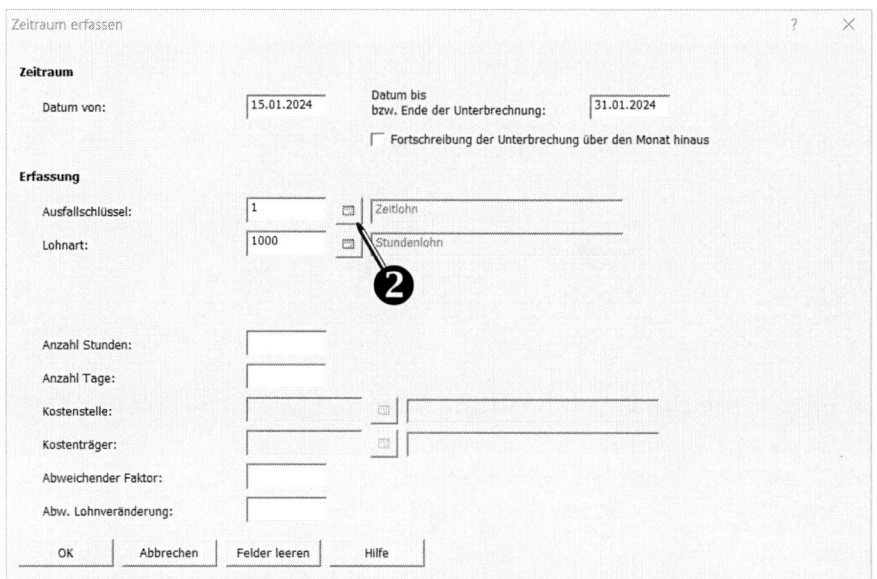

2. Feiertage erkennt DATEV, wenn es bundeseinheitliche Feiertage sind oder wenn sie in den Mandantendaten eingegeben wurden.

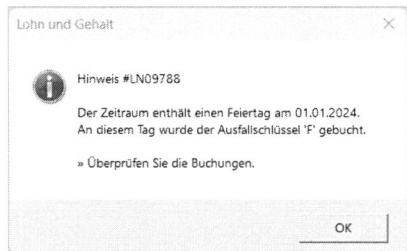

3. Für Feiertage muss im Kalender die **Lohnart** ergänzt werden, da DATEV mit den aktuellen Einstellungen nicht automatisch ermitteln kann, ob der Arbeitnehmer frei hatte oder gearbeitet hat.
Verwenden Sie für die Entgeltfortzahlung die LA 1012 (Feiertagslohn) ❸. Hat der Arbeitnehmer gearbeitet, nutzen Sie die LA 1013 (produktive Feiertagsarbeit) oder die LA 1000 bzw. 2200.

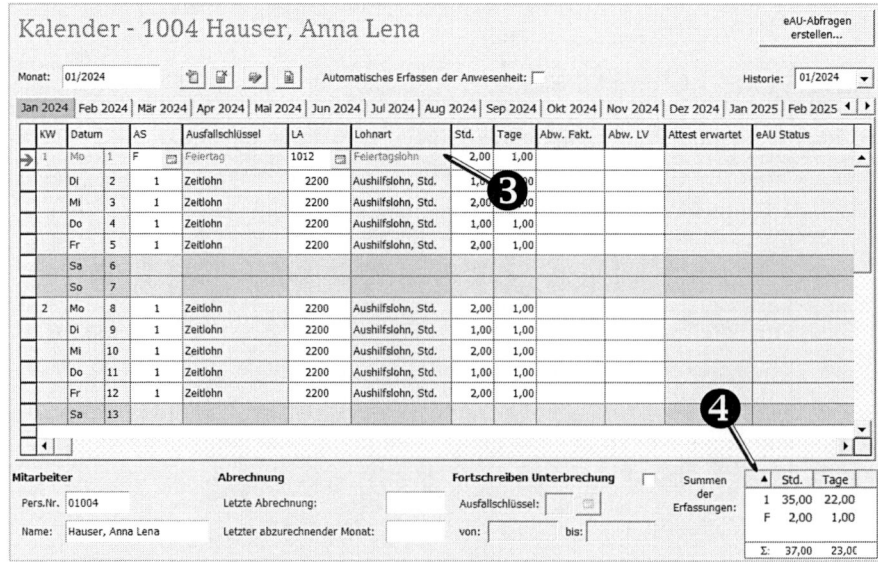

Der Kalender bietet Ihnen außerdem eine Zusammenfassung der eingetragenen Werte ❹.

4. Sollten an einem Tag zwei Ausfallschlüssel erfasst werden müssen (z.B. für halbe Krankheits- oder Fehltage), klicken Sie mit der rechten Maustaste auf den entsprechenden Tag und legen eine **neue Zeile** an.

Erfassung für Gehaltsempfänger

Für **Gehaltsempfänger** werden nur die Abwesenheitszeiten wie Urlaub oder Krankheit im Kalender erfasst. Die Anwesenheit ermittelt DATEV automatisch anhand der hinterlegten Arbeitszeit.

1. Aktivieren Sie das **Automatische Erfassen der Anwesenheit** ❺ im Kalender.

2. Für Fehlzeiten wird nur der **Ausfallschlüssel** eingetragen. Das Feld **Lohnart** bleibt leer, da die Vergütung bereits über das Gehalt erfolgt.

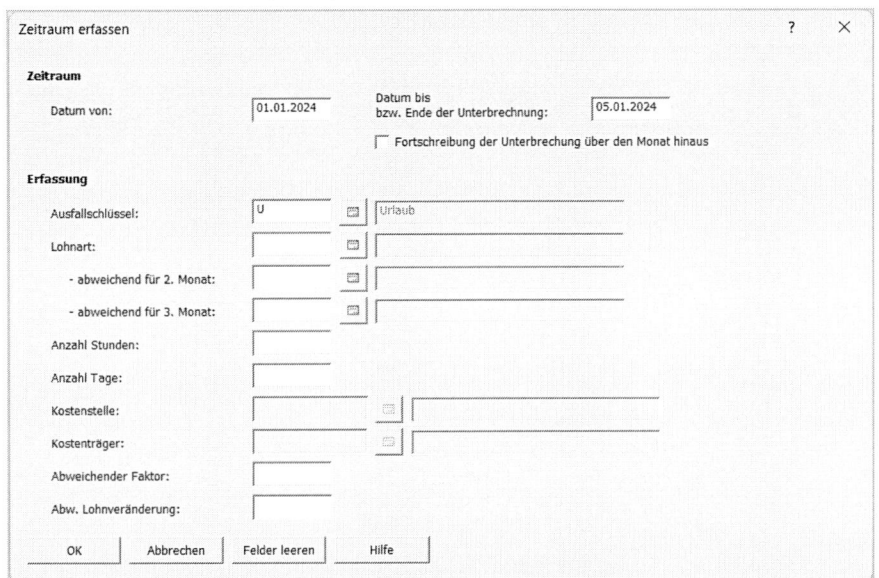

Dies gilt typischerweise für Urlaub, Krankheit und Feiertage.

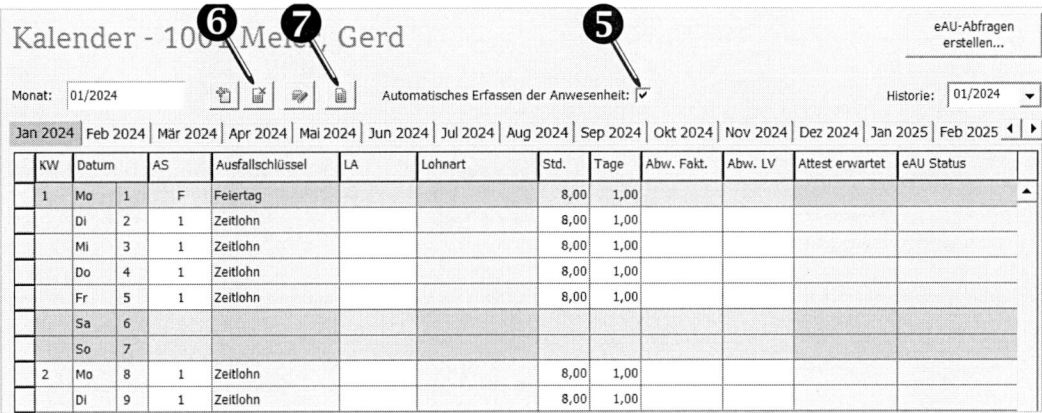

Kalenderwerte löschen

1. Wollen Sie einzelne Kalenderbuchungen löschen, markieren Sie die Zeile und nutzen Sie die Schaltfläche Zeile löschen ❻.

2. Um den gesamten Kalender oder einen Zeitbereich zu leeren, verwenden Sie den Dialog Zeitraum erfassen und geben nur den **Datumsbereich** ein (Ausfallschlüssel und Lohnart bleiben leer).

3. Die erfassten Kalenderbuchungen können je Monat als Bericht ausgegeben werden. Dafür klicken Sie auf die Schalfläche Statistik ❼.

Lohn- und Gehaltsabrechnung (Januar)

In diesem Kapitel erhalten Sie anhand des Musterfalls umfangreiche Übungsmöglichkeiten zum Anlegen von Personal-Stammdaten und zum Erstellen von Abrechnungen für verschiedene Mitarbeiter-Gruppen.

Inhalt

▒ Erfassen eines Gehaltsempfängers

▒ Erfassen eines Lohnempfängers

▒ Erfassen eines Gesellschafter-Geschäftsführers

▒ Erfassen einer geringfügigen Beschäftigung

▒ Erfassung der Bewegungsdaten

▒ Lohnabrechnung und Monatsabschluss

▒ Auswertungen

▒ Exkurs: Zahlungsträgererstellung von der Lohnabrechnung abkoppeln

Hinweis: Die Personal-Stammdaten entnehmen Sie bitte den Stammdatenblättern ab Seite 233.

Um Ihnen die Unterscheidung der Lohn- und Gehaltsempfänger im Übungsfall zu erleichtern, beginnen die Vornamen der Lohnempfänger mit L, die der Gehaltsempfänger mit G und die Aushilfen mit A.

Aufgaben

Übung Januar

Ausgangsdaten:
01 Franconia Textilia
GmbH

Mandanten- und
Personal-Stammdaten
finden Sie ab Seite 233

a) Legen Sie folgende Mitarbeiter entsprechend der Mitarbeiter-Stammdaten an.

   1001 Meier, Gerd
   1002 Zimmermann, Lutz
   1003 Leinweber, Gabriele
   1004 Hauser, Anna Lena

b) Bei den Stundenlöhnern wird in allen Fällen unterstellt, dass sie exakt die Anzahl von Stunden arbeiten, die ihrer Arbeitszeit entsprechen. Geben Sie die abzurechnenden Stunden mit Hilfe des Kalenders ein. Überstunden sind, sofern angefallen, separat angegeben.

c) Erstellen Sie für alle Mitarbeiter die Entgeltabrechnung des Monats Januar.

d) Führen Sie den Monatsabschluss durch und wechseln Sie in den nächsten Monat.

4.1   Erfassen eines Gesellschafter-Geschäftsführers

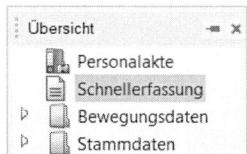

Geschäftsführende Gesellschafter einer GmbH haben aus sv-rechtlicher Sicht meist keinen Arbeitnehmer-Status, d.h. für sie werden keine sv-rechtlichen Daten (z.B. SV-Nummer, Umlagen, Beitragsgruppenschlüssel) erfasst.

In der steuerlichen Behandlung bestehen keine Besonderheiten. Allerdings kann PN 1003 in diesem Beispiel nicht bei ELStAM angemeldet werden, da Ihr Eintrittsdatum in der Vergangenheit liegt. Sie ist also zum 01.01. des aktuellen Jahres bereits angemeldet. Das bedeutet, dass im Dialog Mitarbeiter neu kein Häckchen beim **Abruf der ELStAM** gesetzt werden darf.

Berücksichtigen Sie für PN 1003 in der Schnellerfassung folgende Besonderheiten:

▦   Register: Tätigkeit

Der **Personengruppenschlüssel** ist 900 für nicht meldepflichtige Arbeitnehmer.

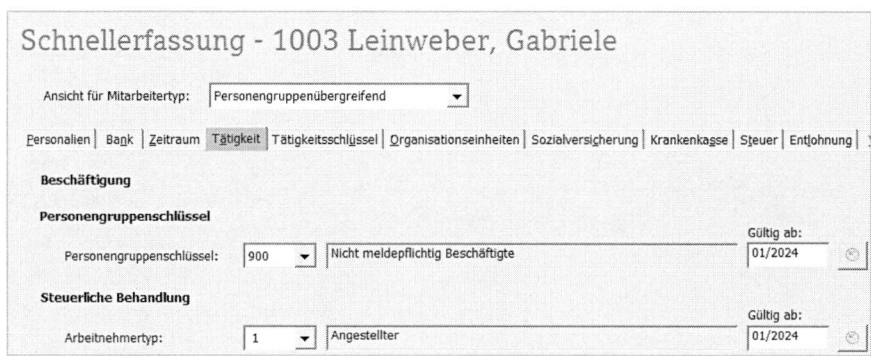

◼ Register: Organisationseinheiten

Die **Mitarbeitergruppe für FiBu** wird über die Historie in Gesellschafter-Geschäftsführer geändert. Damit werden in der FiBu alle Kosten auf ein separates Konto gebucht.

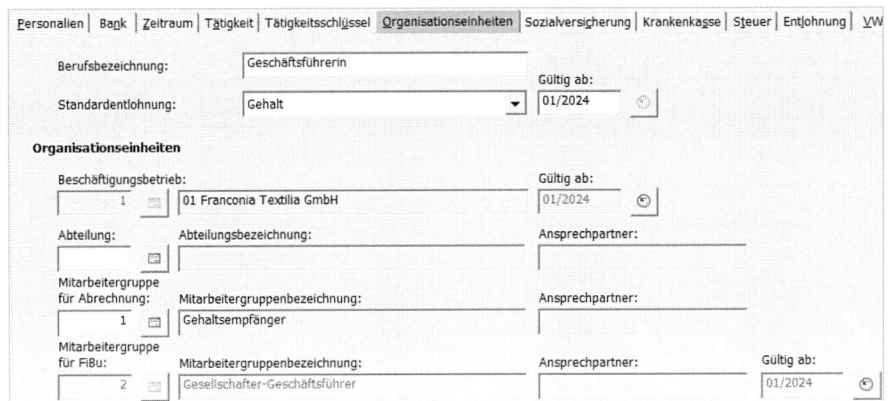

◼ Register: Sozialversicherung

Da keine SV-Beiträge fällig sind, ist der **Beitragsgruppenschlüssel** = 0000. Die **Umlagepflicht** für U1 und U2 wird auf **nein** umgestellt.

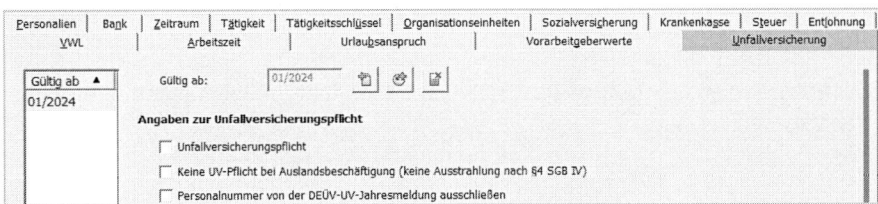

◼ Register: Entlohnung

Verwenden Sie die **Lohnart** 2002 Geschäftsführergehalt.

	Nr.	Lohnart	Lohnartbezeichnung	Betrag (EUR)	Abr.interv.	Kürzung	Kostenstellenvert.	Kostenträgervert.	Gültig ab
●	1	2002	Geschäftsführergehalt	5.100,00 EUR	mtl	k/k			01/2024

Historie des oben gewählten Be-/Abzugs:

◼ Register: Unfallversicherung

Der Mitarbeiter ist unfallversicherungsfrei. **Deaktivieren** Sie die **Unfallversicherungspflicht**.

Personalien | Bank | Zeitraum | Tätigkeit | Tätigkeitsschlüssel | Organisationseinheiten | Sozialversicherung | Krankenkasse | Steuer | Entlohnung |
VWL | Arbeitszeit | Urlaubsanspruch | Vorarbeitgeberwerte | Unfallversicherung

Gültig ab ▲   Gültig ab: 01/2024
01/2024

Angaben zur Unfallversicherungspflicht

☐ Unfallversicherungspflicht

☐ Keine UV-Pflicht bei Auslandsbeschäftigung (keine Ausstrahlung nach §4 SGB IV)

☐ Personalnummer von der DEÜV-UV-Jahresmeldung ausschließen

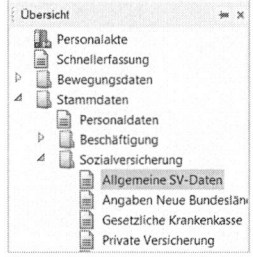

Die weiteren Angaben sind nicht mehr in der Schnellerfassung möglich. Rufen Sie in der Übersicht Stammdaten → Sozialversicherung → Allgemeine SV-Daten auf. Stellen Sie im Register Umlage/Erstattung die **Insolvenzgeldumlage** auf **Nicht berechnen**.

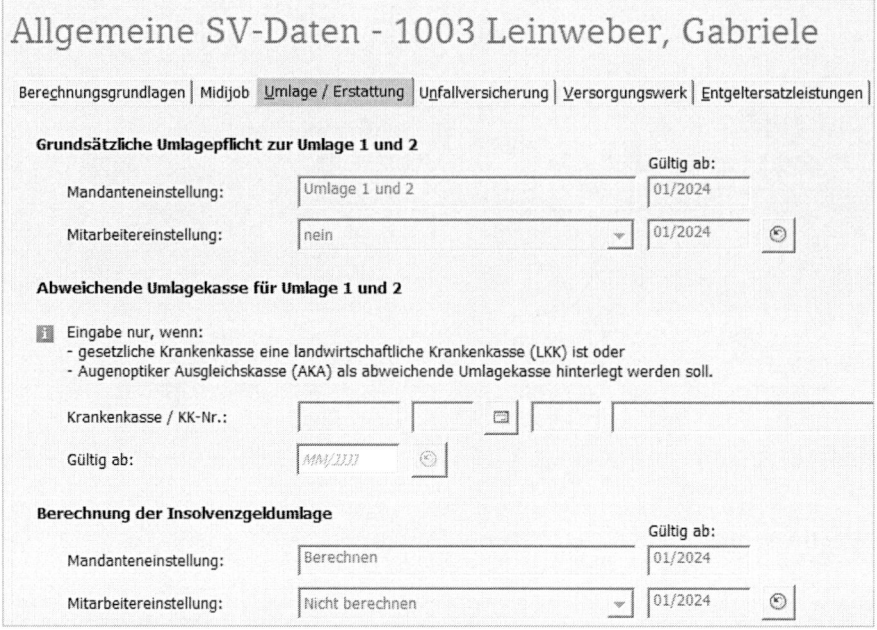

Die **private Kranken- und Pflegeversicherung** aktivieren Sie in der Übersicht Stammdaten → Sozialversicherung → Private Versicherung. Die **automatische Berechnung des AG-Zuschusses** muss für **KV** und **PV** unterdrückt werden.

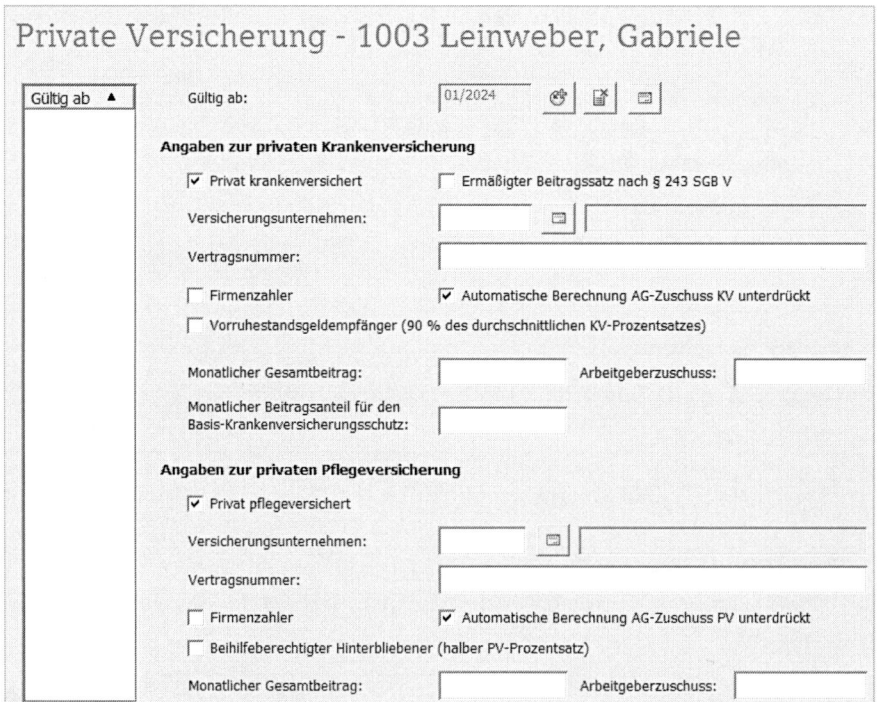

Somit wird das Arbeitsentgelt sozialversicherungsfrei, aber steuerpflichtig laut ELStAM abgerechnet.

4.2   Erfassen einer geringfügigen Beschäftigung

1. Bei der Neuanlage des Mitarbeiters wählen Sie im Feld **Mitarbeitertyp: Geringfügig entlohnt Beschäftigte/r** aus.

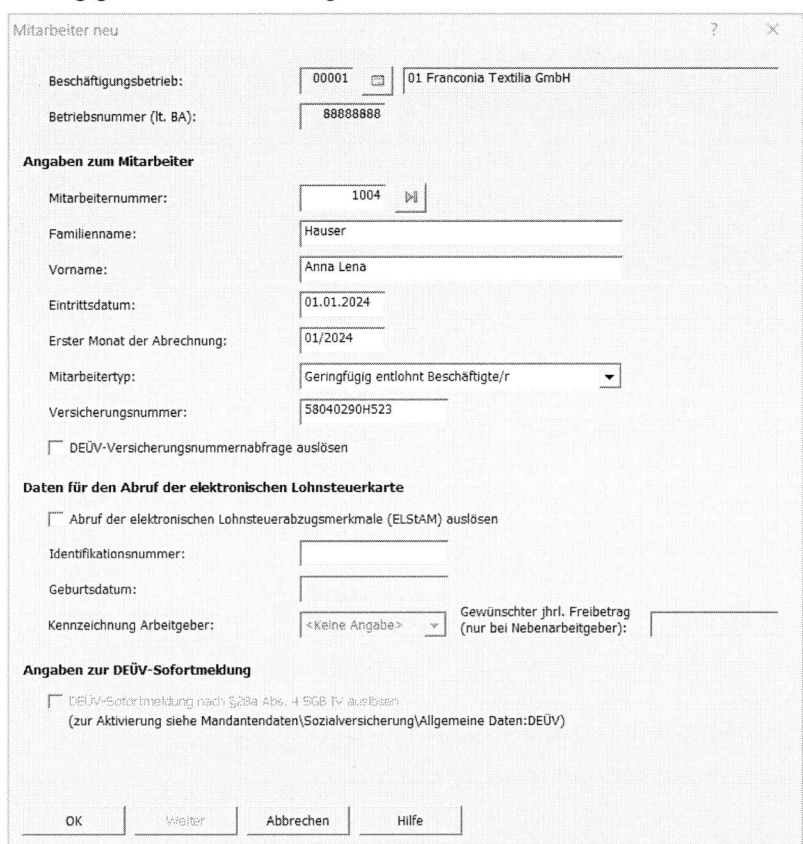

2. Die Mitarbeiterstammdaten werden automatisch mit den wichtigsten steuerlichen und SV-rechtlichen Einstellungen für geringfügig Beschäftigte vorbelegt. Diese Vorbelegung kann in die Mitarbeiterstammdaten übernommen, ergänzt und korrigiert werden.

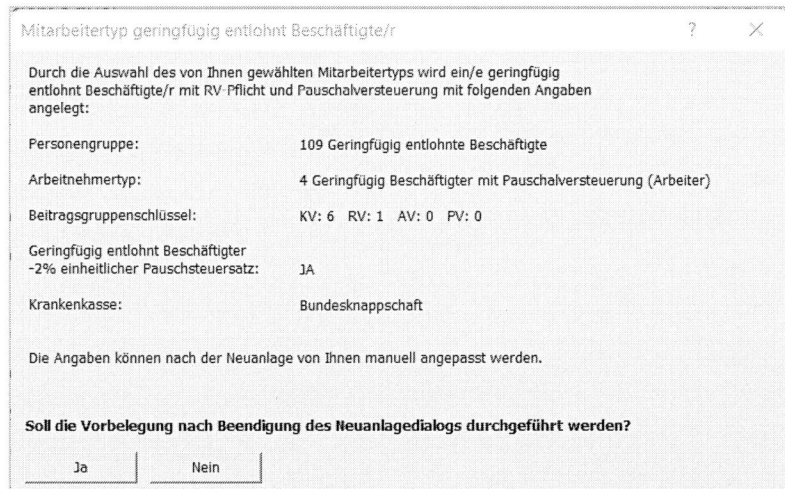

3. Nach erfolgreicher Anlage des Mitarbeiters erscheint folgende Meldung im Verarbeitungsprotokoll.

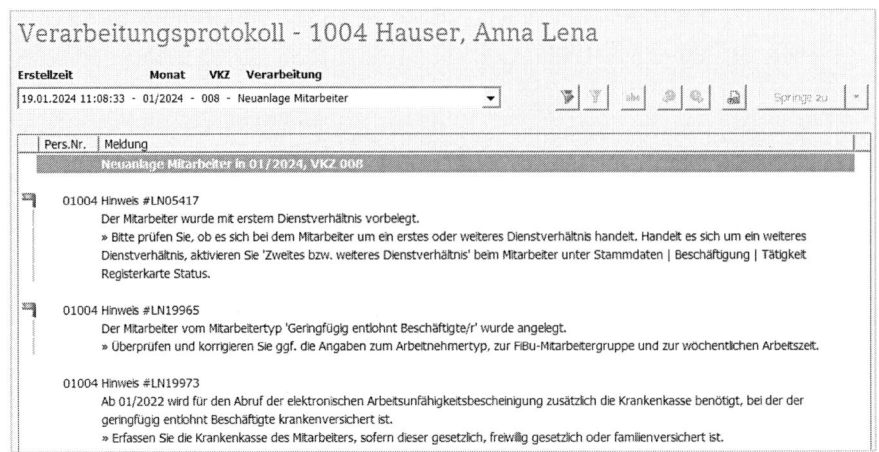

4. Nach erfolgter Übernahme der vorbelegten Mitarbeiterstammdaten werden die Register der Schnellerfassung für diesen Mitarbeitertyp angepasst.
Im neuen Register GFB sind die Angaben für geringfügig Beschäftigte aus den Registern Tätigkeit, Sozialversicherung, Krankenkasse und Steuer zusammengefasst und vorbelegt.

5. Überprüfen Sie die Daten.
Ergänzen Sie, dass der **Antrag auf Befreiung von der RV-Pflicht** nicht vorliegt (inkl. Gültigkeitsmonat). Wählen Sie zusätzlich die tatsächliche **Krankenkasse des Mitarbeiters** aus. Sie wird für die eAU benötigt und erfassen Sie auch die **Steuer-Identifikationsnummer.**

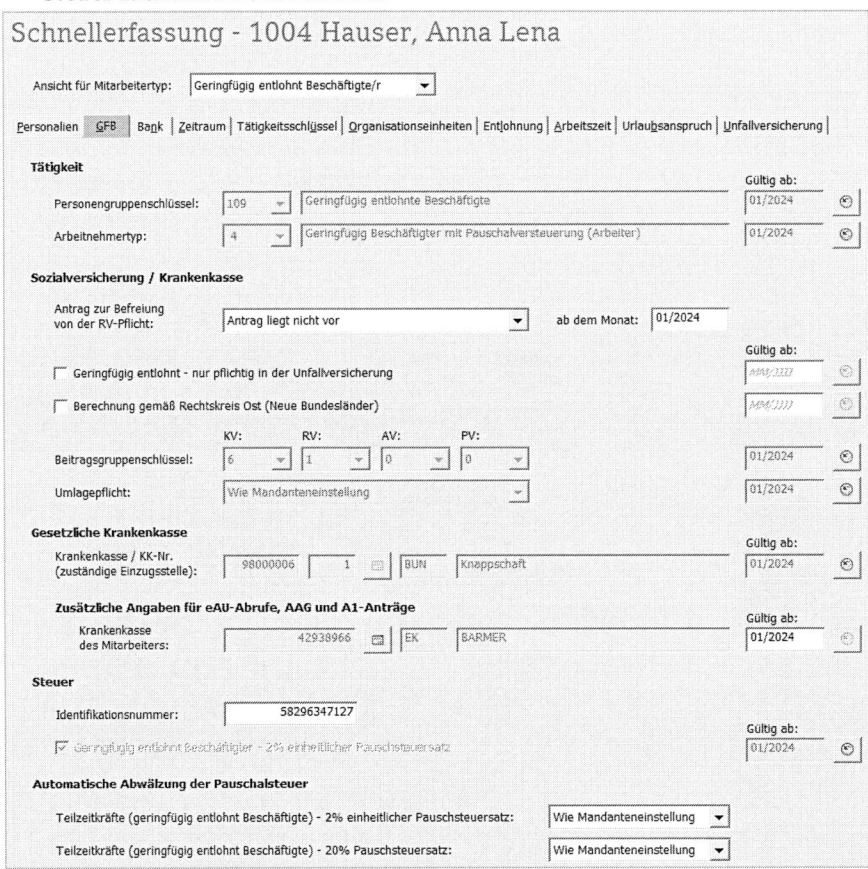

6. Füllen Sie nun die anderen Register der Schnellerfassung und berücksichtigen Sie im Register Organisationseinheiten die **Mitarbeitergruppe für Fibu** (GFB-Minijob).

4.3 Erfassung der Bewegungsdaten

So erfassen Sie den Kalender bei einem Lohnempfänger

Bevor die Lohnabrechnung für einen Stundenlohnempfänger (PN 1002, 1004) durchgeführt werden kann, müssen die Stunden (Bewegungsdaten) des jeweiligen Abrechnungszeitraumes erfasst werden.

Für die Erfassung der zu bezahlenden Stunden gibt es verschiedene Möglichkeiten. Im Musterfall geben Sie die Stunden soweit möglich auf der Mitarbeiterebene unter Bewegungsdaten → Kalender ein (*siehe Kapitel 3.4*).

Voraussetzung: Sie befinden sich auf der Mitarbeiterebene des entsprechenden Arbeitnehmers (PN 1002).

1. Wählen Sie in der Übersicht Bewegungsdaten → Kalender.
2. Klicken Sie auf das Symbol Zeitraum erfassen ▧.
3. Im sich öffnenden Dialogfenster nehmen Sie nachfolgende Eintragung vor:

   ▨ Im Eingabefeld **Datum von** ❶ den ersten Tag des Monats oder den ersten Tag des Arbeitsbeginns.

   ▨ Im Eingabefeld **Datum bis** ❷ den letzten Tag des Monats, d.h. 28, 29, 30 oder 31 oder den letzten Arbeitstag.
   Es genügt jeweils die Eingabe des Tages. Monat und Jahr erkennt DATEV automatisch.

   ▨ Im Eingabefeld **Ausfallschlüssel** ❸ die Ziffer 1 für Zeitlohn.

   ▨ Im Eingabefeld **Lohnart** ❹ eine 1000 für Stundenlohn.

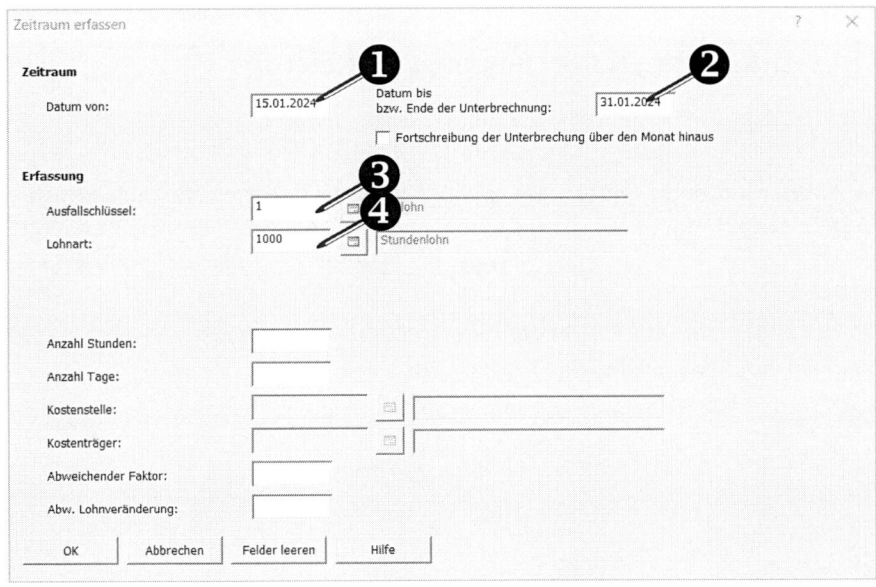

Klicken Sie auf OK.

4. Nun wird Ihnen der Kalender für den Monat Januar angezeigt. Die zu bezahlenden Stunden übernimmt das Programm wie vorbelegt aus den Stammdaten des jeweiligen Arbeitnehmers (Arbeitszeit → Regelmäßige/Feste Arbeitszeit).

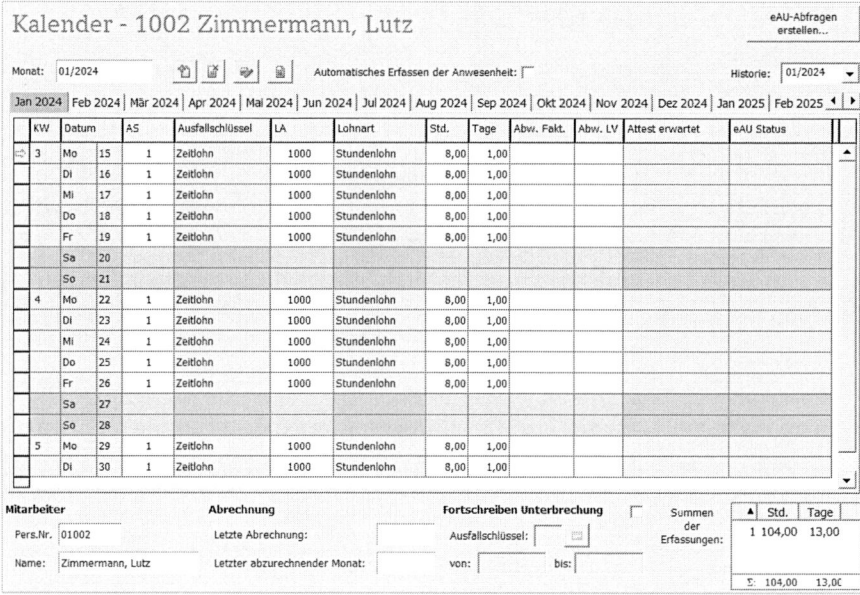

Hinweis: Für geringfügig Beschäftige (PN1004) und Aushilfen sollte im Feld **Lohnart** ❹ anstatt der LA **1000 Stundenlohn** besser die LA **2200 Aushilfslohn** verwendet werden. Damit ist eine differenziertere Auswertung möglich. Es hat keinen Einfluss auf den Auszahlbetrag.

So berücksichtigen Sie Feiertage im Kalender

Befinden sich in einem Monat Feiertage (z.B. 01.01.), weist Sie DATEV beim Zeitraum erfassen darauf hin und trägt automatisch als **Ausfallschlüssel** ein **F** ein.

Bei **Lohnempfängern** müssen Sie noch eine **Lohnart** erfassen ❷. Verwenden Sie **1012 Feiertagslohn**, da der Arbeitnehmer an dem Tag frei hatte und Lohnfortzahlung erhält. (Für Arbeit am Feiertag kann **1013 produktive Feiertagsarbeit** genutzt werden.)

Bei **Gehaltsempfängern** bleibt das Feld **Lohnart** leer, da die Vergütung bereits mit dem Gehalt erfolgt.

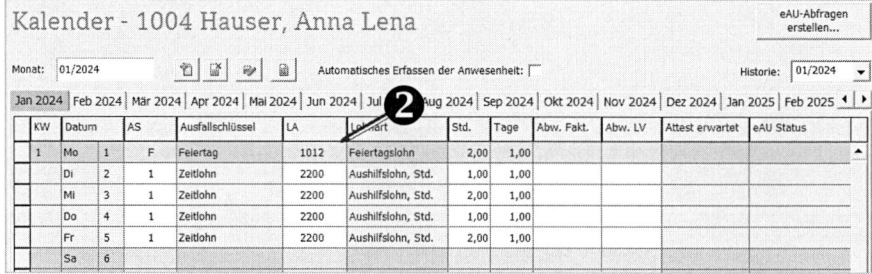

4.4 Lohnabrechnung und Monatsabschluss

Die Probeabrechnung, Lohnabrechnung, das Löschen von Abrechnungen und Wiederholungsabrechnungen sind sowohl auf der Mitarbeiterebene für jeden Arbeitnehmer einzeln oder auf der Mandantenebene für alle Arbeitnehmer gleichzeitig möglich.

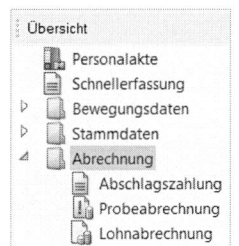

So führen Sie eine Probeabrechnung durch

Für den Funktionsaufruf stehen Ihnen verschiedene Varianten zur Verfügung:

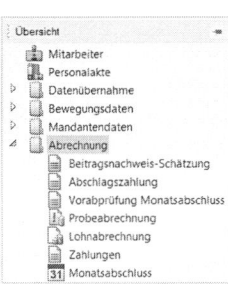

- ▪ Übersicht: Ordner Abrechnung → Probeabrechnung

- ▪ Menü: Abrechnung → Probeabrechnung

- ▪ Symbolleiste: Probeabrechnung öffnen ❶

Das folgende Dialogfenster Probeabrechnung können Sie mit OK bestätigen. Solange keine Lohnabrechnung durchgeführt wurde, können Sie die Probeabrechnung beliebig oft wiederholen und somit die Brutto/Netto-Formulare kontrollieren.

Wenn Sie die Seitenansicht des Brutto-/Netto-Formulares schließen, erhalten Sie ein Verarbeitungsprotokoll. Dieses kann **Hinweise** oder **Fehler** anzeigen. Die Hinweise überprüfen Sie, die Fehler müssen Sie für eine korrekte Abrechnung korrigieren. Über Sprungziele ❷ führt DATEV Sie zu den möglichen Fehlerursachen.

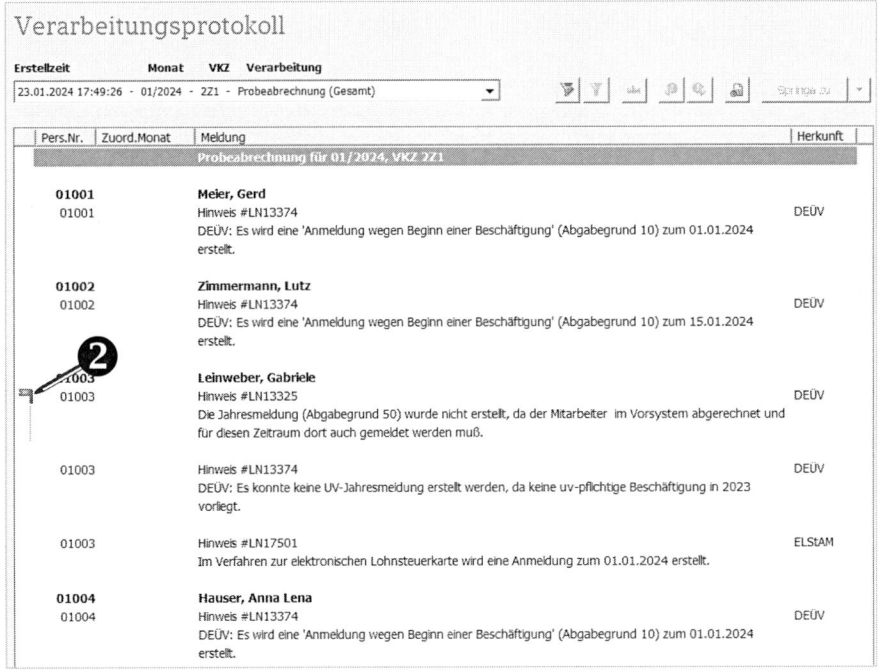

So führen Sie eine Lohnabrechnung durch

Sind alle Stamm- und Bewegungsdaten des abzurechnenden Monats erfasst und die Brutto/Netto-Formulare geprüft, können Sie die Lohnabrechnung durchführen. Analog zur Probeabrechnung stehen Ihnen auch hier verschiedene Varianten für den Funktionsaufruf zur Verfügung:

■ Übersicht: Ordner Abrechnung → Lohnabrechnung

■ Menü: Abrechnung →Lohnabrechnung

■ Symbolleiste: Lohnabrechnung öffnen ❸

❸

1. Beim Abrechnungsumfang ist das Optionsfeld **Alle Mitarbeiter** ❹ bereits vorbelegt. Sie könnten hier auch den Abrechnungsumfang je **Mitarbeitergruppe** (z. B. Lohnempfänger und Gehaltsempfänger) eingrenzen oder die Abrechnung nur für **einzelne Mitarbeiter** durchführen.

2. Der **aktuelle Abrechnungsmonat** ❺ wird vom Programm automatisch eingefügt.

3. Klicken Sie auf OK.

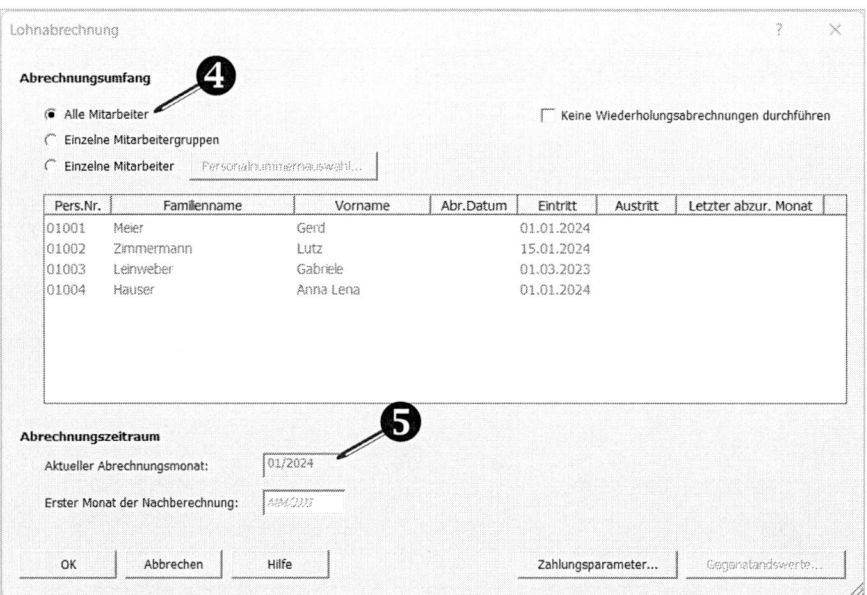

Es werden nun die Abrechnungen aller Mitarbeiter für den Monat Januar erstellt.

Hinweis: Sollten Sie nach der Lohnabrechnung Fehler bemerken, können Sie die Lohnabrechnung löschen oder eine Wiederholungsrechnung durchführen.

So löschen sie eine Abrechnung

Voraussetzung: Der Monatsabschluss wurde noch nicht durchgeführt bzw. wurde zurückgesetzt.

1. Klicken Sie im Menü auf Abrechnung → Löschen Abrechnung

2. Wählen Sie den oder die Mitarbeiter aus, für welche(n) die Abrechnung(en) gelöscht werden soll(en) und klicken Sie danach auf OK.

   Anschließend ist eine Probeabrechnung wieder möglich.

So führen Sie eine Wiederholungsabrechnung durch

Voraussetzung: Sie befinden sich auf der Mandantenebene und es wurde noch kein Monatsabschluss durchgeführt.

1. Starten Sie die Lohnabrechnung erneut für alle Mitarbeiter.

2. Es erscheint folgender Hinweis. Bestätigen Sie mit Ja.

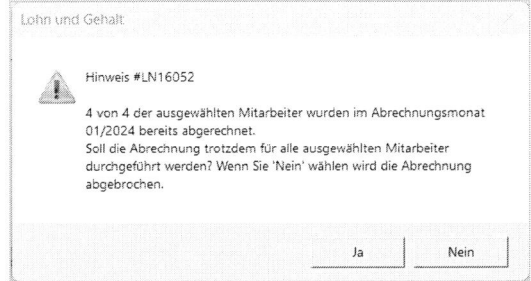

3. Bestätigen Sie den folgenden Hinweis mit Nein.

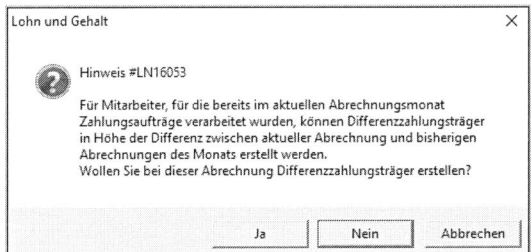

So führen Sie einen Monatsabschluss durch

Vor dem Monatsabschluss besteht die Möglichkeit, eine Vorabprüfung durchzuführen.

- Übersicht: Ordner Abrechnung → Vorabprüfung Monatsabschluss

- Menü: Abrechnung → Vorabprüfung Monatsabschluss

Hierbei werden der Rechtskreis (Ost/West) für die Beitragsnachweise und die Bankverbindungen der Krankenkassen kontrolliert. Im Anschluss erhalten Sie ein Verarbeitungsprotokoll.

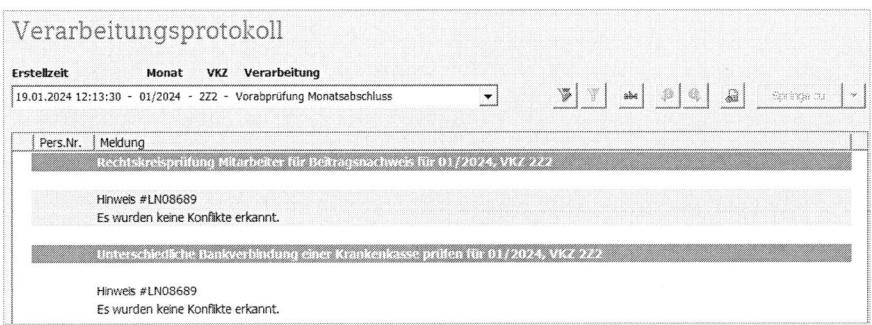

Wenn Ihre Abrechnungen korrekt und keine Änderungen mehr für den laufenden Monat zu erwarten sind, können Sie den Monatsabschluss durchführen. Beim Monatsabschluss werden unter anderem die Lohnsteuer-Anmeldung, die Beitragsnachweise und die Zahlungsträger erstellt.

Voraussetzung: Die Mitarbeiterebene ist geschlossen und für alle Mitarbeiter wurde die Lohnabrechnung durchgeführt.

Starten Sie den Monatsabschluss über

- Übersicht: Ordner Abrechnung → Monatsabschluss
- Menü: Abrechnung → Monatsabschluss
- Symbolleiste: Monatsabschluss

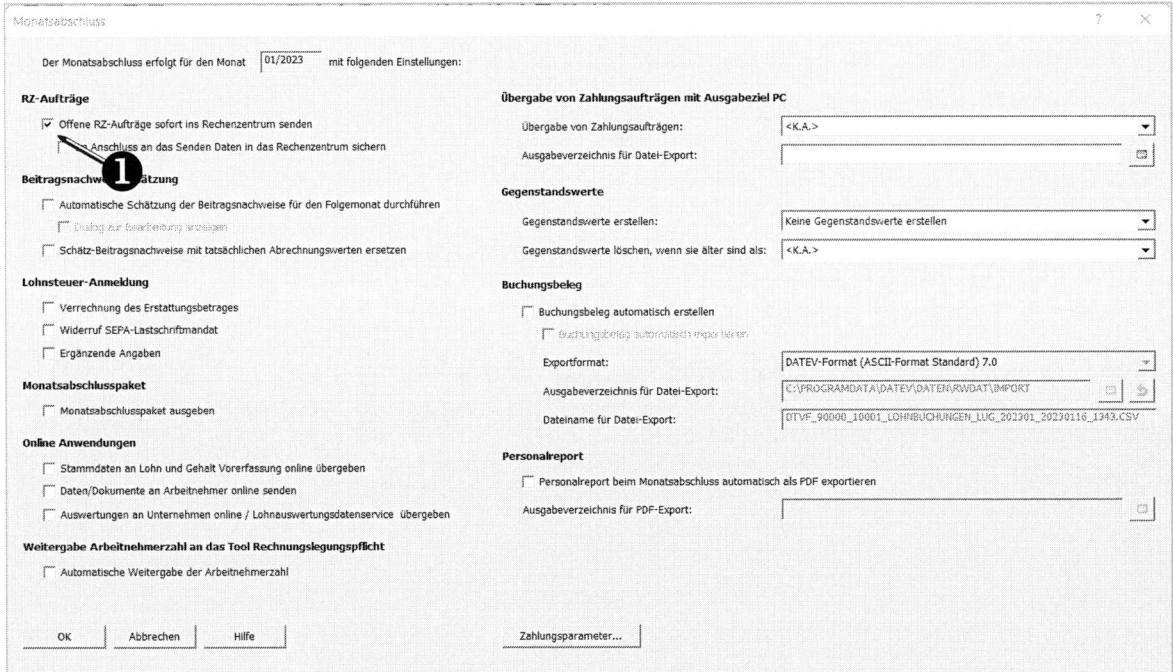

1. Im Dialogfenster **Monatsabschluss** können diverse Folgeaktionen (z.B. die Erstellung und Übergabe des Buchungsbeleges) aktiviert werden. Die Übertragung der Daten an das RZ (Daten senden) ❶ ist bereits aktiviert. Im Übungsfall sollen keine weiteren Funktionen ausgeführt werden.

2. Klicken Sie auf OK.

3. Es erscheint ein Hinweis, dass der Schulungsmodus eingeschaltet ist. Klicken Sie auf Ja.

4. Prüfen Sie im **Verarbeitungsprotokoll** für den Monatsabschluss, ob dieser durchgeführt wurde. Die Meldung erscheint am Ende des Protokolls.

Hinweis: Da zu Schulungszwecken teilweise mit fiktiven Daten gearbeitet wird oder die Abrechnungen für zukünftige Monate erfolgen, können die Verarbeitungsprotokolle diesbezüglich Fehler anzeigen. Im Übungsfall dürfen Sie diese Fehler ignorieren.

Nach einem Monatsabschluss können für diesen Monat keine Abrechnungen mehr wiederholt werden. Sie können jedoch, solange der Folgemonat noch nicht abgerechnet wurde, den Monatsabschluss zurücksetzen über Menü: Abrechnung → Rücksetzen Monatsabschluss und den Monat wiederholt abrechnen. Probeabrechnungen und Abschlagszahlungen für den Folgemonat beeinträchtigen diese Rücksetzungsmöglichkeit nicht. Wurden für Mitarbeiter bereits Abrechnungen des Folgemonats durchgeführt, sind diese erst auf Mitarbeiter- oder Mandantenebene zu löschen, bevor der Monatsabschluss zurückgesetzt werden kann.

Hinweis: Über Menü: Mandant → Ausgeben → Auswertungspaket: Protokolle kann jederzeit wieder auf die Verarbeitungsprotokolle der Lohnabrechnungen zugegriffen werden. Im Bedarfsfall (z.B. bei umfangreichen Programm-Meldungen) kann das entsprechende Protokoll über diesen Menüpunkt auch gedruckt werden.

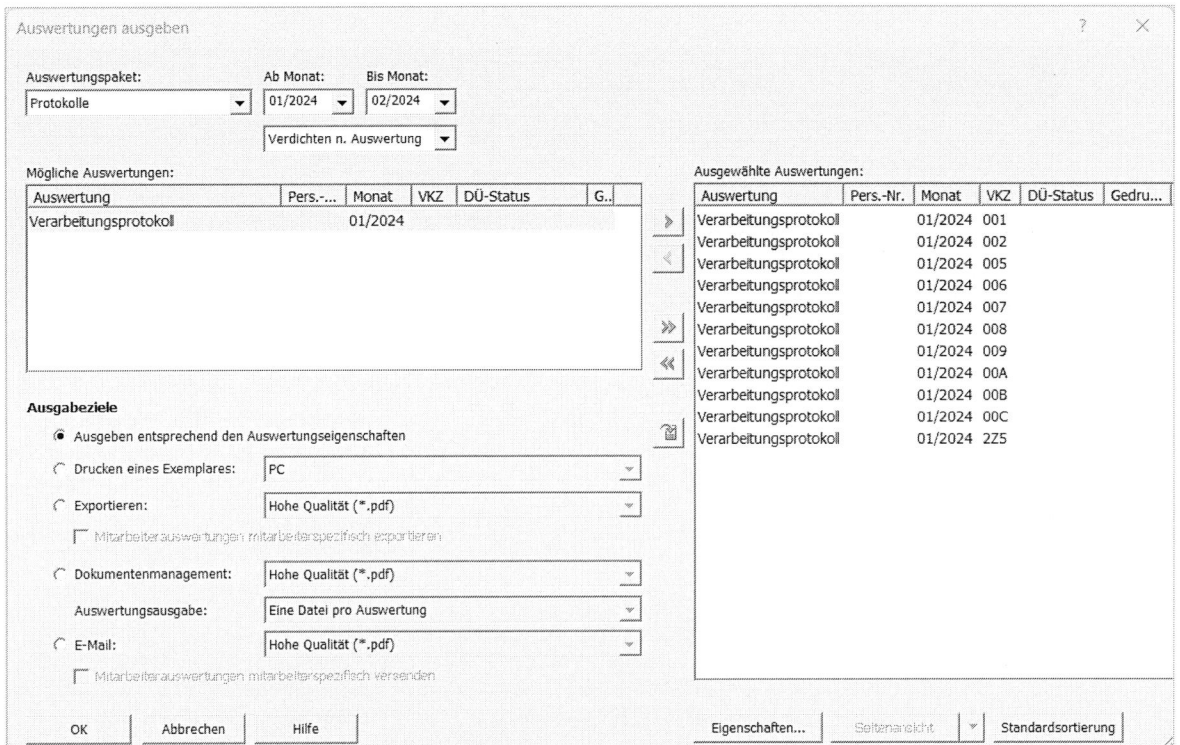

Senden der Daten an das Rechenzentrum

Damit das DATEV-Rechenzentrum die gewünschte Datenübermittlung, z.B. an das Finanzamt und die Sozialversicherungsträger, durchführen kann, müssen die bereitgestellten Lohnabrechnungsdaten an das Rechenzentrum gesendet werden. Erst nachdem die Daten in die RZ-Kommunikation gestellt worden sind, werden Datenübertragungs-Protokolle für Lohnsteuer-Anmeldung, Beitragsnachweise, Zahlungen und SV-Nachweise erstellt.

Zur Übertragung der Daten haben Sie folgende Möglichkeiten:

▦ Übersicht: Ordner Datenweitergabe → Daten senden

▦ Menü: Mandant → Daten senden

▦ Symbolleiste: Daten senden 🗐

Im Dialogfenster werden alle Sendeaufträge angezeigt – bestätigen Sie diese mit Senden. Es erscheint ein Hinweis, dass der Schulungsmodus eingeschaltet ist. Klicken Sie auf Ja, um die Datenübermittlung an das Rechenzentrum zu simulieren.

Standardmäßig wird der Sendevorgang bereits mit dem Monatsabschluss durchgeführt, da dies im Dialogfenster **Monatsabschluss** voreingestellt ist (**Offene RZ-Aufträge sofort ins Rechenzentrum senden**).

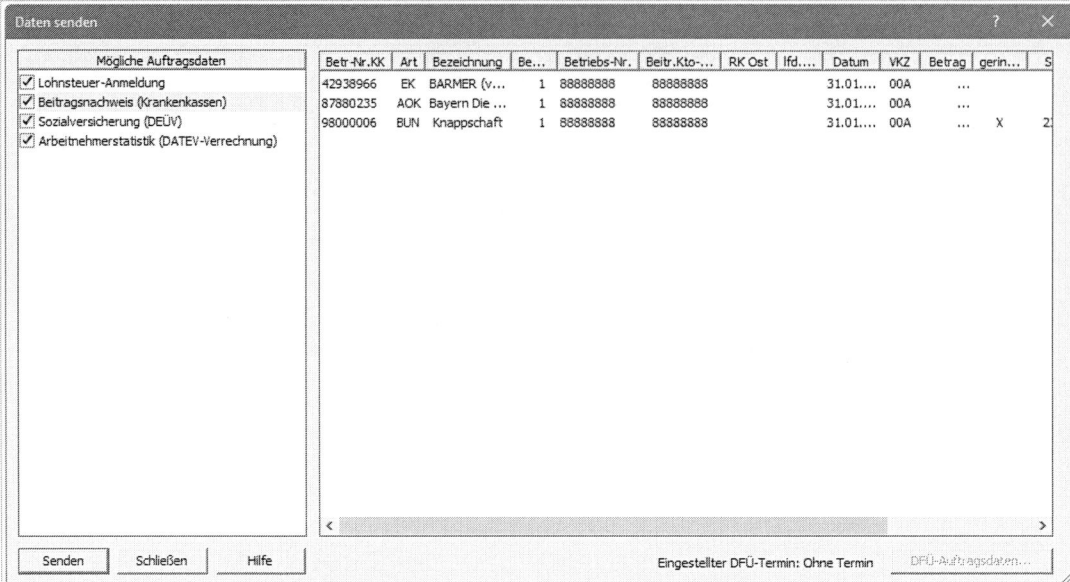

Senden der Daten im Schulungsmodus

Da das Senden der Daten für Schulungszwecke nicht erfolgen darf, jedoch ein weiterer Monatswechsel ohne „gesendete Daten" nicht erfolgen kann, ist das Senden zu simulieren, indem das Programm die Daten als gesendet kennzeichnet. Das ist der so genannte **Schulungsmodus**, der bei Bildungsträgern, Schulen und Hochschulen stets eingeschaltet sein sollte.

4.5 Auswertungen

So kontrollieren Sie die Auswertungen

Voraussetzung: Sie befinden sich auf der Mandantenebene.

Auswertungen können Sie aufrufen über

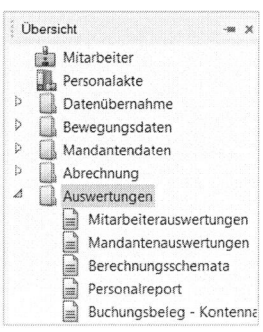

■ Übersicht: Ordner Auswertungen

■ Menü: Auswertungen

Hier finden Sie die **Mitarbeiter-** und die **Mandantenauswertungen**. In beiden Fällen öffnet sich ein Dialogfenster, welches Ihnen verschiedene Ausgabewege (z.B. Anzeigen, Drucken) anbietet. Eine Selektion nach Personalnummer (nur bei Mitarbeiterauswertungen) oder eine zeitliche Eingrenzung sind möglich.

Die Mitarbeiterauswertungen lassen sich auch auf der Mitarbeiterebene öffnen, dann immer für die gerade aktive Personalnummer.

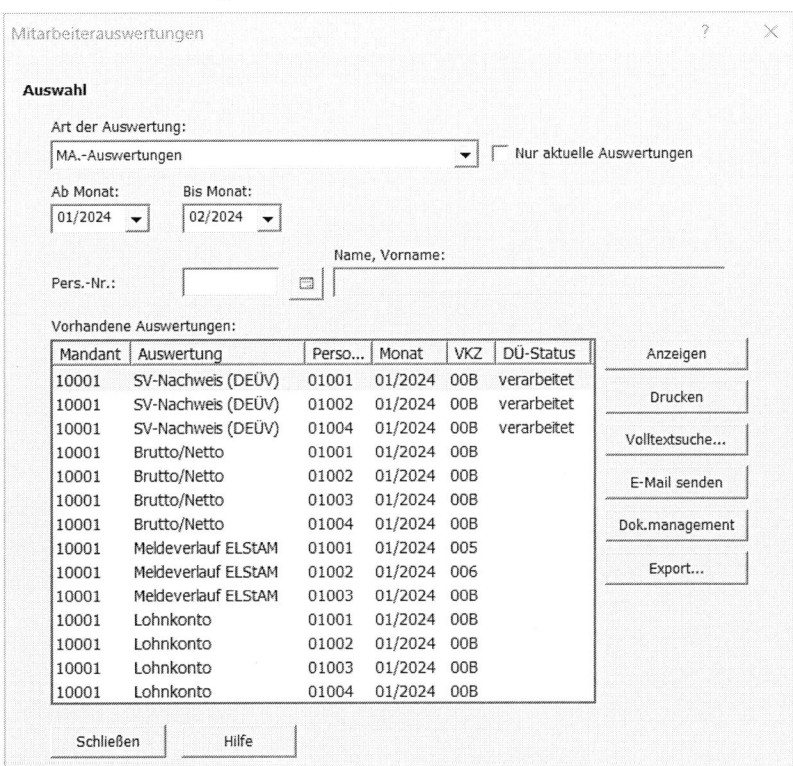

Wollen Sie mehrere verschiedene Auswertungen (z.B. Brutto/Netto-Formulare, Lohnkonten, Zahlungslisten) drucken oder exportieren, nutzen Sie besser die Funktion Auswertungen ausgeben über:

■ Menü: Mandant → Ausgeben

■ Symbol: Auswertungen ausgeben

Die Auswertungen werden in verdichteter Form dargestellt (je Auswertungsart ein Eintrag in der Liste).

1. Durch Doppelklick auf den Eintrag **Brutto/Netto** oder durch Markieren von **Brutto/Netto** und Klick auf die Schaltfläche Auswählen ❶ werden die Lohnabrechnungen aller Mitarbeiter ausgewählt (in das rechte Feld übernommen) und stehen zur Ansicht (Schaltfläche: Seitenansicht ❷) oder zum Ausgeben ❸ bereit. Neben dem **Drucken** können die Auswertungen auch **exportiert** (z.B. als pdf-Datei), per **Mail** versendet oder im **Dokumentenmanagement** bereitgestellt werden.

2. Wollen Sie mehrere Einträge in den Möglichen Auswertungen oder in den Ausgewählten Auswertungen markieren, können Sie dies bei gedrückter Strg-Taste erreichen.

3. Die Möglichen Auswertungen werden verdichtet dargestellt. Dies können Sie umstellen ❹. Damit werden bereits alle mitarbeiterspezifischen Auswertungen einzeln je Personalnummer angezeigt.

4. Der Zeitraum für die angezeigten Auswertungen kann über die Felder **Ab Monat** und **Bis Monat** ❺ bestimmt werden.

5. Im Feld **Auswertungspaket** ❻ steuern Sie, welche Auswertungen angezeigt werden sollen, z.B. Mitarbeiter- oder Mandantenauswertungen, Stammdaten, Protokolle o.ä.

6. Wird das Kontrollkästchen **Nur aktuelle Auswertungen** ❼ deaktiviert, stehen auch bereits gedruckte Auswertungen zur Verfügung.

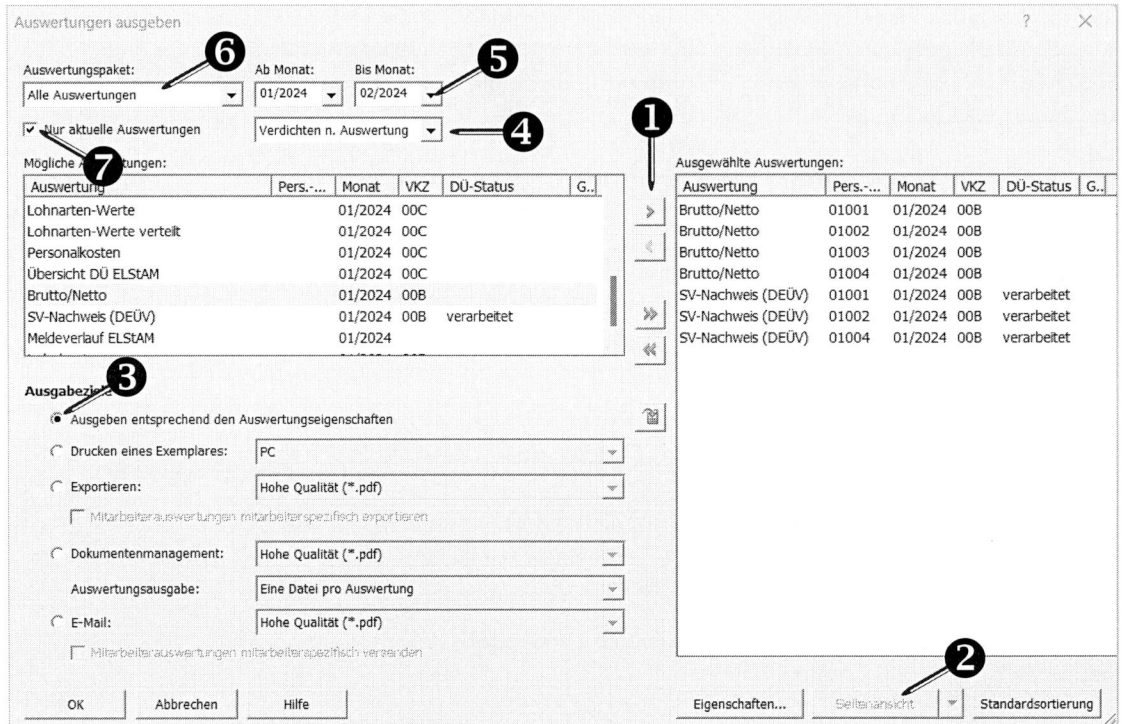

7. Wählen Sie die Brutto/Netto-Formulare aller Mitarbeiter aus und öffnen Sie diese in der Seitenansicht.

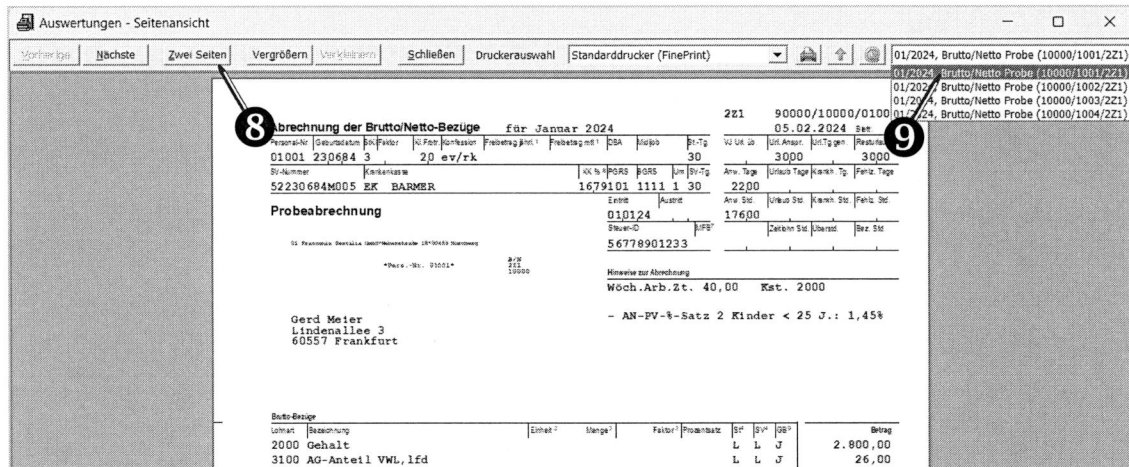

8. Haben Sie mehrere Auswertungen ausgewählt, können Sie über die Schaltflächen Vorherige und Nächste blättern ❽. Sie können über das Auswahlfeld ❾ auch direkt zu einer konkreten Auswertung springen.

9. Schließen Sie die Dialogfenster "Auswertungen - Seitenansicht" und "Auswertungen ausgeben".

4.6   Exkurs: Zahlungsträgererstellung von der Lohnabrechnung abkoppeln

Zu jeder Lohnabrechnung soll nur ein Zahlungsträger erstellt werden. Um zu vermeiden, dass bei jeder Abrechnung erneut ein Zahlungsträger erstellt wird, sollte die Zahlungsträgererstellung von der Lohnabrechnung abgekoppelt werden.

Auch wenn zeitversetzte einzelne Lohnabrechnungen bzw. Wiederholungsabrechnungen durchgeführt wurden, soll nur ein einziger Datenübermittlungsauftrag „Löhne und Gehälter" für alle Mitarbeiter erstellt werden.

1. Wählen Sie auf Mandatenebene Extras → Einstellungen → Zahlungsverkehr.

2. Aktivieren Sie nur das Kontrollkästchen ❶ und schließen Sie das Dialogfenster mit OK.

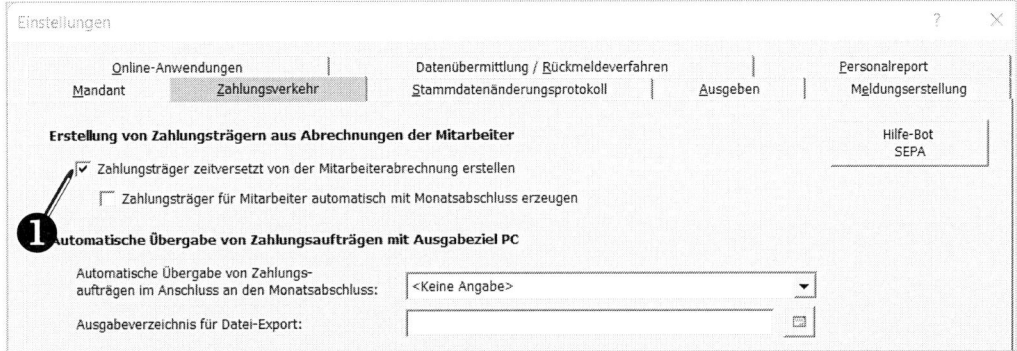

3. Jetzt können Sie mehrere Lohnabrechnungen, Korrektur- oder Wiederholungsabrechnungen durchführen, ohne dass bei jeder Abrechnung ein neuer Zahlungsträger erstellt wird.

4. Wählen Sie in der Menüleiste Abrechnung → Zahlungen. Die Zahlungsdaten der bisherigen Lohnabrechnungen werden in diesem Dialogfenster angezeigt.

5. Klicken Sie zur Erstellung des Datenübermittlungsauftrags auf OK.

Hinweis: Zahlungsträger müssen nicht zwingend an das Rechenzentrum gesendet werden. Es besteht auch die Möglichkeit, die Zahlungsaufträge am PC für ein externes Bankingtool zu erstellen bzw. das Modul Zahlungsverkehr von DATEV zu nutzen, z.B. in der Übersicht über

▧ Datenweitergabe → Zahlungsdaten exportieren

▧ Datenweitergabe → Zahlungsdaten an Zahlungsverkehr übergeben

5

Lohn- und Gehaltsabrechnung (Februar)

In diesem Kapitel lernen Sie die Überstundenabrechnung für gewerbliche Arbeitnehmer anhand des Musterfalls, sowie die Nachberechnung von Bewegungsdaten und das Hinterlegen von Vorarbeitgeberwerten kennen.

Inhalt

- Midijob erfassen
- Vorarbeitgeberwerte eingeben
- Überstunden erfassen
- Nachberechnung von Bewegungsdaten
- Nachtarbeitszuschläge
- Exkurs: So übergeben Sie die Buchungsliste an die FIBU

Aufgaben

Übung Februar

☞ Ausgangsdaten:
02 Franconia Textilia
GmbH

Mandanten- und
Personal-Stammdaten
finden Sie ab Seite 233

a) Legen Sie folgende Mitarbeiter entsprechend den Mitarbeiter-Stammdaten an:

   1005 Sander, Greta
   1006 Novak, Lado

b) Bei den Stundenlohnempfängern wird in allen Fällen unterstellt, dass sie exakt die Anzahl Stunden arbeiten, die ihrer Arbeitszeit entsprechen. Geben Sie die abzurechnenden Stunden mit Hilfe des Kalenders ein. Überstunden sind, sofern angefallen, separat angegeben.

Personal-Nr., Name:	1002 Zimmermann, Lutz
Bezüge 02/2024:	12 Überstunden, davon 10 mit 25% Zuschlag
Bezüge 01/2024:	32 Überstunden mit 25 % Zuschlag

Personal-Nr., Name:	1006 Novak, Lado
Bezüge:	24 Überstunden mit 25 % Zuschlag, davon 20 Nachtstunden mit den max. erlaubten steuerfreien Zuschlägen (gem. §3b EStG)
	4 Stunden (zwischen 20.00 – 24.00 Uhr)
	12 Stunden (zwischen 0.00 – 04.00 Uhr)
	4 Stunden (zwischen 04.00 – 06.00 Uhr)

c) Erstellen Sie für alle Mitarbeiter die Entgeltabrechnungen für den Monat Februar unter Berücksichtigung der o. g. Bewegungsdaten.

d) Führen Sie den Monatsabschluss durch und wechseln Sie in den nächsten Monat.

e) Erstellen Sie den Buchungsbeleg.

5.1 Midijob erfassen

Hinweis: Eine Beschäftigung ist dann ein **Midijob**, wenn sich das regelmäßige Arbeitsentgelt im **Übergangsbereich** zwischen 520,01 € und 2.000,00 € befindet.

Sie befinden sich auf der Mitarbeiterebene (PN 1005).

1. Erfassen Sie in der Schnellerfassung im Register Sozialversicherung die **Angaben zum Midijob**. Durch die Aktivierung **Midijob berechnen** ermittelt DATEV die SV-Beiträge des Arbeitnehmers aus einem reduzierten SV-Brutto nach den aktuellen gesetzlichen Vorschriften.

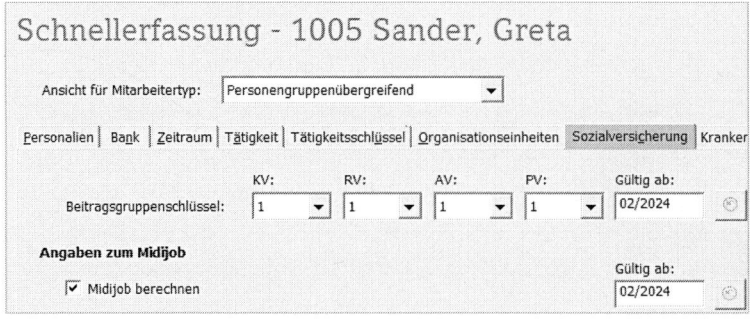

5.2 Vorarbeitgeberwerte eingeben

Sie befinden sich auf der Mitarbeiterebene (PN 1006).

1. Geben Sie unter Übersicht: Schnellerfassung → Register Vorarbeitgeberwerte die Vorarbeitgeberwerte ein. Dies ermöglicht es dem Programm, diese beim Lohnsteuerabzug für sonstige Bezüge zu berücksichtigen.

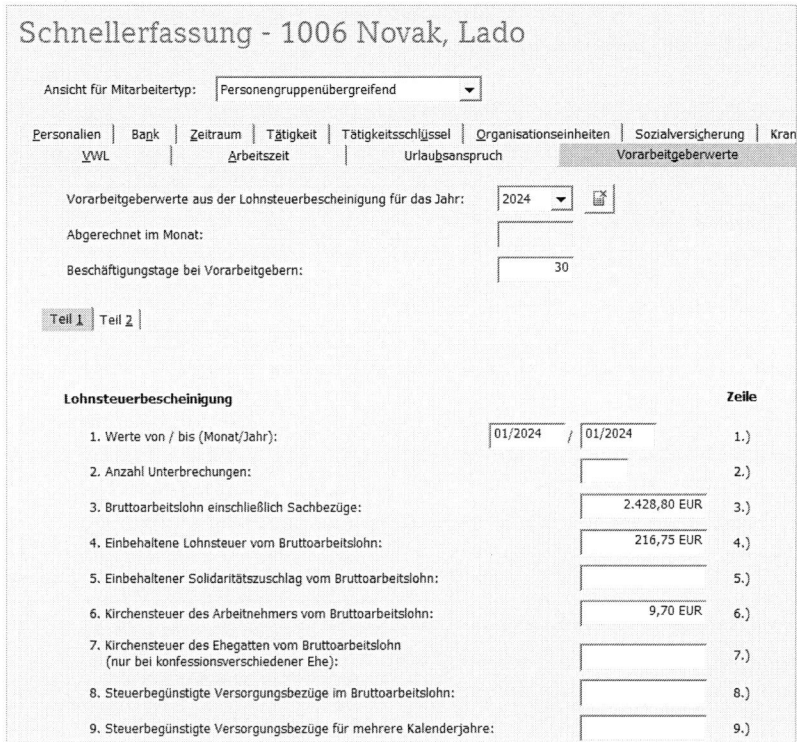

5.3 Überstunden erfassen

Sie befinden sich auf der Mitarbeiterebene (PN 1002).

Überstunden erfassen Sie unter Bewegungsdaten → Monatserfassung.

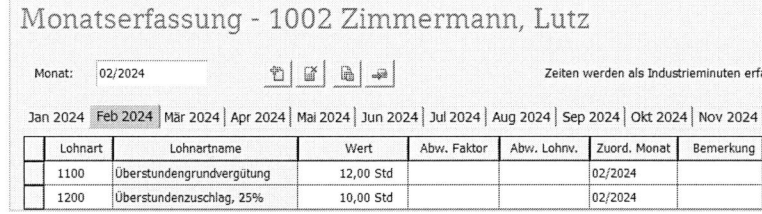

Verwenden Sie dafür folgende Lohnarten:

▪ **LA 1100 Überstundengrundvergütung**
   nur für Überstundengrundvergütung (12 Stunden).

▪ **LA 1200 Überstundenzuschlag 25 %**
   für Überstunden, für die ein Zuschlag von 25 % gezahlt wird (10 Stunden).

▪ Die regulär gearbeiteten Stunden (ohne Überstunden) erfassen Sie mit **LA 1000** im Kalender.

Der evtl. in der Spalte **Bemerkung** eingegebene Text wird nur in der Monatserfassung angezeigt und nicht ausgegeben.

5.4 Nachberechnung von Bewegungsdaten

Sie befinden sich auf der Mitarbeiterebene (PN 1002).

Überstunden für den Vormonat (Nachberechnung) erfassen Sie unter Bewegungs-daten → Monatserfassung.

1. Gehen Sie vor wie in Kapitel 5.3 beschrieben

2. Geben Sie in der Spalte **Zuord. Monat** den Monat an, für den die Nachberech-nung erfolgen soll (hier: 01/2024).

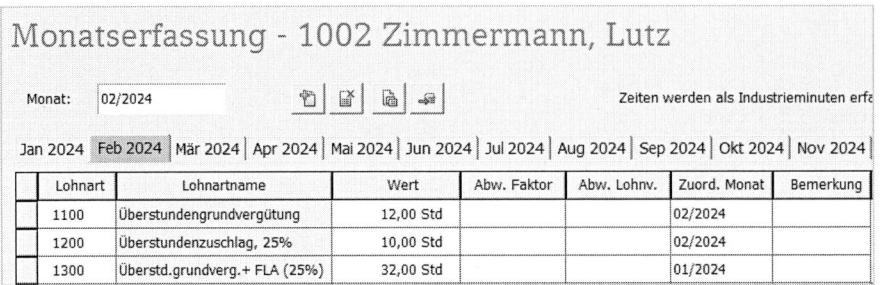

Lohnart	Lohnartname	Wert	Abw. Faktor	Abw. Lohnv.	Zuord. Monat	Bemerkung
1100	Überstundengrundvergütung	12,00 Std			02/2024	
1200	Überstundenzuschlag, 25%	10,00 Std			02/2024	
1300	Überstd.grundverg.+ FLA (25%)	32,00 Std			01/2024	

Hinweis: Anstatt der LA 1100 für die Überstundengrundvergütung und der LA 1200 für den Überstundenzuschlag können Sie auch nur die **LA 1300 Überstun-dengrundvergütung + FLA (25 %)** verwenden (FLA = Folgelohnart). Sie erfassen dann einmal die 32 Überstunden in LA 1300 und auf dem Brutto-Netto-Formular erscheint neben dieser LA für die Überstundengrundvergütung automatisch auch die LA 1200 für den Überstundenzuschlag 25 %. (Dies bezieht sich nur auf die Er-fassung der Überstunden und ist unabhängig von der Nachberechnung.)

Führen Sie eine Probeabrechnung durch.

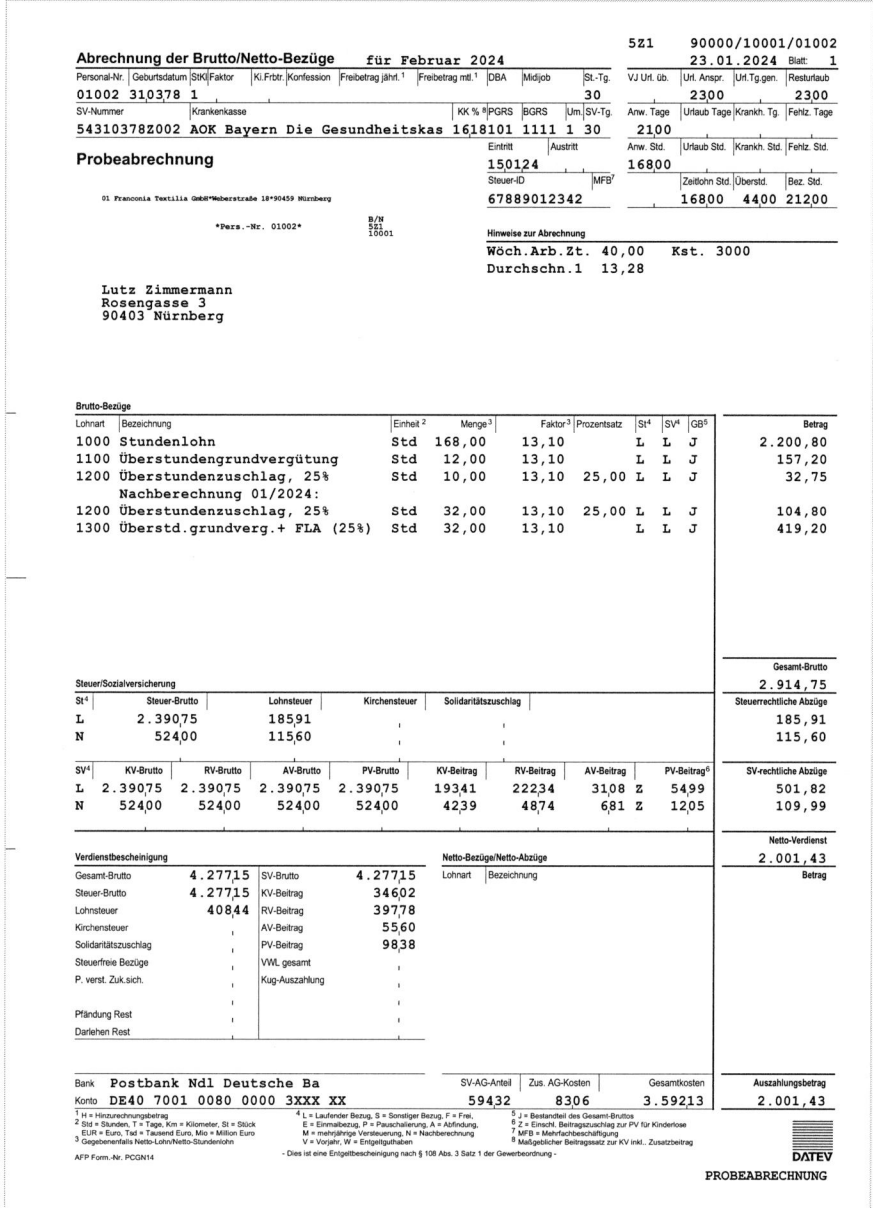

Bei der Durchführung der Probe- und Lohnabrechnung für den laufenden Monat wird automatisch eine Nachberechnung für den Monat Januar angestoßen.

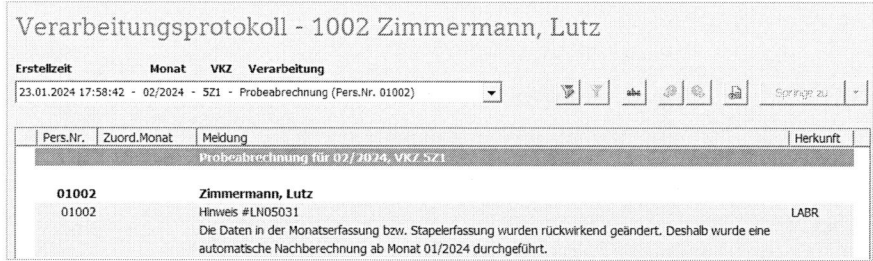

5.5 Nachtarbeitszuschläge

Sie befinden sich auf der Mitarbeiterebene (PN 1006).

Nachtstunden erfassen Sie unter Bewegungsdaten → Monatserfassung.

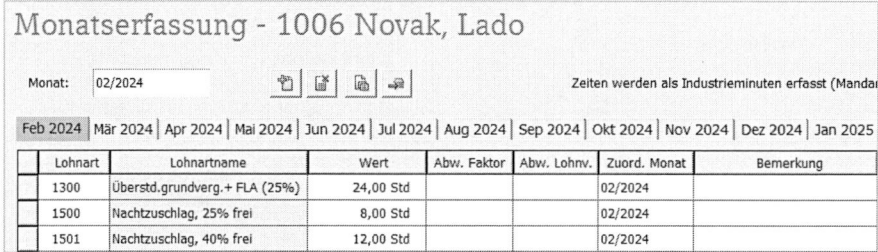

Verwenden Sie dafür die Standard Lohnarten:

- **LA 1500 Nachtzuschlag, 25 % frei**
  steuerfreie Zuschläge für Nachtarbeit zwischen 20:00 Uhr und 24:00 Uhr sowie zwischen 04:00 Uhr und 06:00 Uhr betragen 25 %.

- **LA 1501 Nachtzuschlag, 40 % frei**
  steuerfreie Zuschläge für Nacharbeit zwischen 00:00 Uhr und 04:00 Uhr, sofern die Arbeit vor 0:00 Uhr aufgenommen wurde, betragen 40 %.

Vergessen Sie nicht, für alle Stundenlohnempfänger die Stunden im Kalender zu erfassen. Wechseln Sie auf Mandantenebene, erstellen Sie die Lohnabrechnungen für alle Mitarbeiter und führen Sie den Monatsabschluss inkl. Daten senden durch. Überprüfen Sie die Auswertungen.

5.6 Exkurs: So übergeben Sie die Buchungsliste an die FIBU

Voraussetzung: Bei der Neuanlage des Unternehmens wurde ein Kontenrahmen übernommen. Sie können ihn auch nachträglich in den Mandantendaten → Finanzbuchführung → Kontenverwaltung einspielen.

Sie befinden sich auf der Mandantenebene.

1. Öffnen Sie

   - **Menü:** Mandant → Programmverbindungen → Buchungsbelege erstellen und übergeben

     oder

   - **Übersicht:** Ordner Datenweitergabe → Buchungsbeleg erstellen und übergeben.

2. Klicken Sie auf die Schaltfläche Neu ❶, um die Erstellung einer Buchungsliste auszulösen. Pro Monat wird somit ein Buchungsbeleg erstellt. Dies ist erst nach dem Monatsabschluss möglich.

3. Bestätigen Sie mit der Schaltfläche Übergeben ❷. Dadurch werden die Buchungen automatisch an das Rechnungswesen exportiert und können dort als Buchungsstapel importiert werden.

Übergebene Buchungsbelege erkennen Sie daran, dass die Felder **Exportinformationen** gefüllt sind.

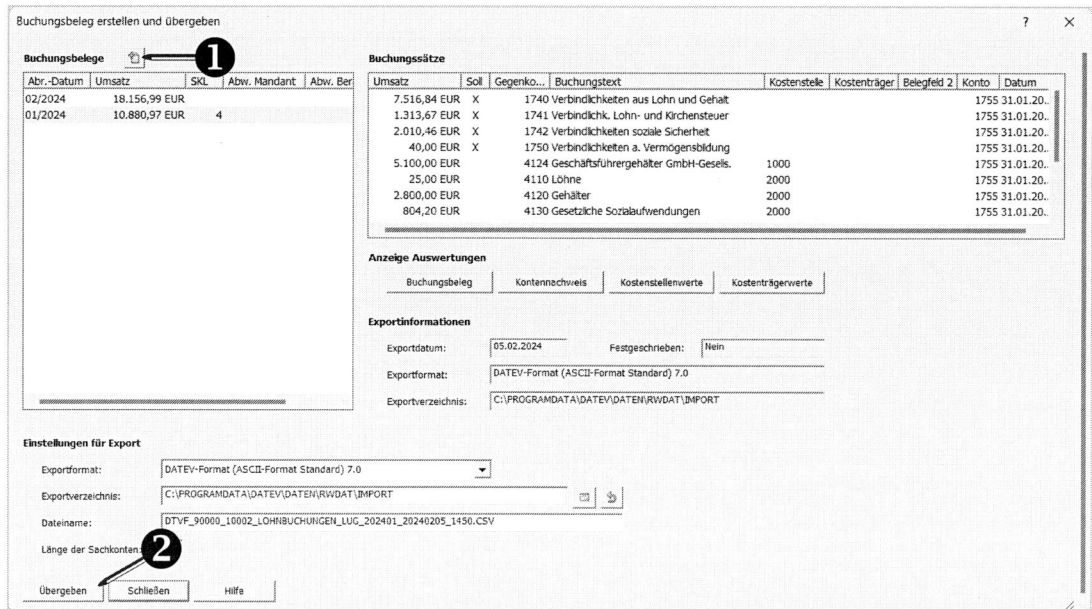

Da die Übergabe der Buchungsdaten an die Finanzbuchhaltung jeden Monat erfolgt, kann die Erstellung und Übergabe des Buchungsbeleges vereinfacht werden, indem eine Aktivierung bereits beim Monatsabschluss erfolgt ❸.

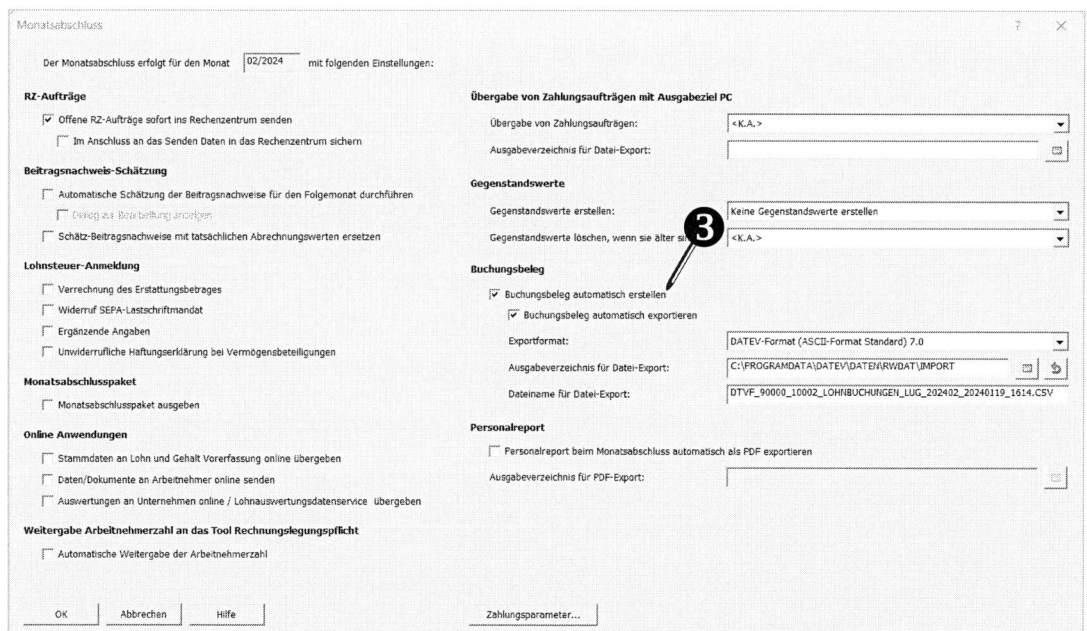

Soll die Erstellung und die Übergabe der Buchungen automatisch mit jedem Monatsabschluss erfolgen, wählen Sie zuerst in der Übersicht Mandantendaten → Finanzbuchführung → Allgemeine Angaben die Registerkarte Buchungsbeleg und aktivieren Sie hier das Kontrollkästchen **Buchungsbeleg beim Monatsabschluss automatisch erstellen** ❹.

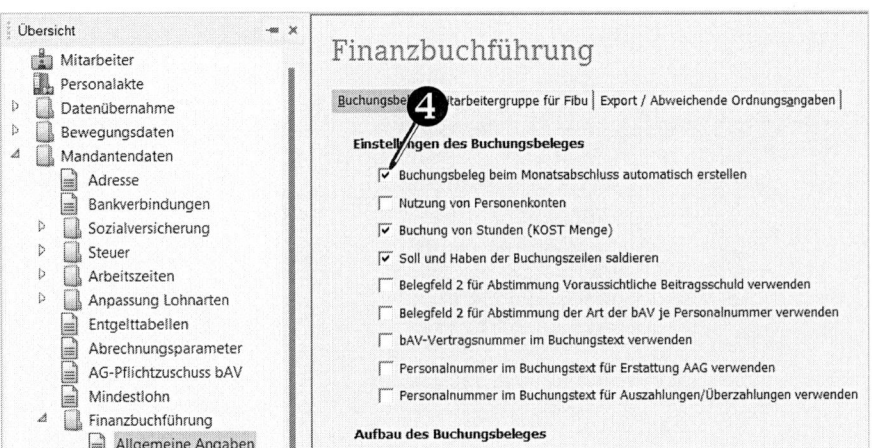

Anschließend wechseln Sie in das Register Export / Abweichende Ordnungsanga-
ben und aktivieren Buchungsbeleg beim Monatsabschluss automatisch exportieren. Weitere Einstellungen sollten erst nach Absprache mit der Buchhaltung statt-
finden.

6

Lohn- und Gehaltsabrechnung (März)

In diesem Kapitel werden Ihnen die Sachbezüge Firmenwagen und Jobticket, sowie die Erstattung der Fahrtkosten zwischen Wohnung und erster Tätigkeitsstätte erläutert.

Inhalt

- Änderung von Stammdaten
- So hinterlegen Sie die Daten für Fahrtkostenzuschüsse
- So hinterlegen Sie die Daten für den Firmenwagen
- So erfassen Sie den abweichenden Stundenfaktor
- So erfassen Sie das Jobticket
- So erfassen Sie die Sammelbeförderung

Aufgaben

Übung März

Ausgangsdaten:
03 Franconia Textilia
GmbH

Mandanten- und
Personal-Stammdaten
finden Sie ab Seite 233

a) Erstellen Sie für alle Mitarbeiter des Musterunternehmens die Entgeltabrechnungen für den Monat März. Berücksichtigen Sie dabei folgende Informationen:

Personal-Nr., Name:	1001 Meier, Gerd
Adressänderung:	Kaiserstr. 3, 91154 Roth
Fahrtkostenzuschuss:	110,00 € für Fahrten zwischen Wohnung und Arbeitsplatz (eigener Pkw) 29 km einfache Strecke, 15 Arbeitstage / Monat pauschalversteuert vom Arbeitgeber

Personal-Nr., Name:	1003 Leinweber, Gabriele
Firmenwagen :	N-MM 555 zur privaten Nutzung (regelmäßig) Nutzungsende beim Mitarbeiter = Nutzungsende des Pkw Entfernung Wohnung - Tätigkeitsstätte 12 km, pauschalversteuert vom Arbeitgeber

Personal-Nr., Name:	1004 Hauser, Anna Lena
Fahrtkostenzuschuss:	50,00 € für Fahrten zwischen Wohnung und erster Tätigkeitsstätte mit öffentlichen Verkehrsmitteln
Stundensatzerhöhung:	Aufgrund einiger Bauarbeiten und den damit verbundenen Verschmutzungen erhält die Arbeitnehmerin in Kalenderwoche 12 einen erhöhten Stundensatz 13,10 €.

Personal-Nr., Name:	1005 Sander, Greta
Jobticket:	Die Arbeitnehmerin erhält monatlich eine Monatskarte im Wert von 37,50 € für die öffentlichen Verkehrsmittel. Die Arbeitnehmerin erhält ansonsten keine Sachbezüge

Personal-Nr., Name:	1002 Zimmermann, Lutz
Personal-Nr., Name:	1006 Novak, Lado
Sammelbeförderung:	Beide Mitarbeiter nutzen die Möglichkeit der Sammelbeförderung Ihres Arbeitgebers.

b) Bei den Stundenlohnempfängern wird in allen Fällen unterstellt, dass sie exakt die Anzahl Stunden arbeiten, die ihrer Arbeitszeit entsprechen. Geben Sie die abzurechnenden Stunden mit Hilfe des Kalenders ein. Überstunden sind, sofern angefallen, separat angegeben.

c) Führen Sie den Monatsabschluss durch und wechseln Sie in den nächsten Monat.

6.1 Änderung von Stammdaten

Bei der Änderung vieler Stammdaten, z. B. Finanzamt, Lohnsteuerklasse, ist eine Änderung erst möglich, wenn Sie vorher auf das Symbol Historie bearbeiten ⊙ geklickt haben. Eine Adressänderung hingegen wirkt sich auf alle Auswertungen aus, auch rückwirkend.

Sie befinden sich auf der Mitarbeiterebene (PN 1001).

1. Öffnen Sie der Schnellerfassung die Personalien und ändern Sie die **Adresse**.

6.2 So hinterlegen Sie die Daten für Fahrtkostenzuschüsse

Fahrtkostenzuschuss für privaten Pkw

Sie befinden sich auf der Mitarbeiterebene (PN 1001).

1. Öffnen Sie in der Übersicht Stammdaten → Besonderheiten → Fahrtkostenzuschuss. Dazu muss der Ordner Besonderheiten geöffnet werden.

2. Erfassen Sie einen neuen Fahrtkostenzuschuss ❶ und geben Sie den **Betrag** ein.

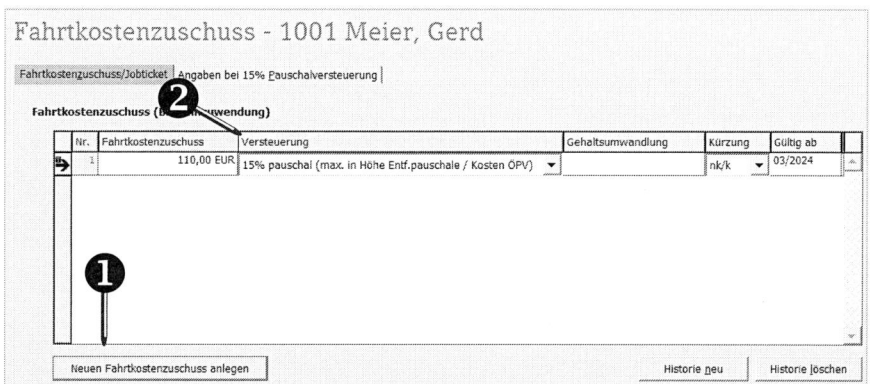

3. Wählen Sie die **Versteuerung** aus ❷ und achten Sie auf das **Gültigkeitsdatum**. Da es sich um einen Zuschuss für den privaten Pkw handelt, ist eine **pauschale Steuer von 15 %** möglich.

4. Lexware weist Sie darauf hin, dass noch die **Angaben bei 15 % Pauschalversteuerung** erfasst werden müssen.

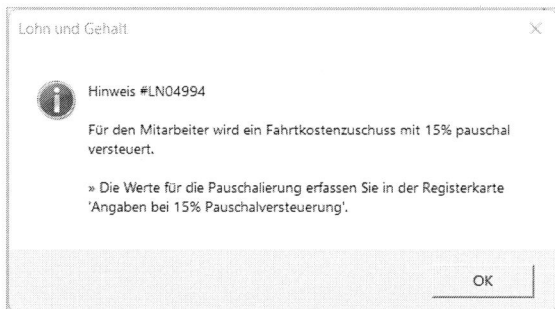

5. Wählen Sie bei der **Ermittlung der Pauschalversteuerung** die **Entfernungspauschale** ❸ aus.

6. Klicken Sie auf Zeile neu ❹.

7. Geben Sie die **einfache Entfernung** zwischen Wohnung und Tätigkeitsstätte als Gesamtstrecke und die Anzahl der durchschnittlichen **Arbeitstage** ein. Das **Verkehrsmittel** ist ein Pkw.

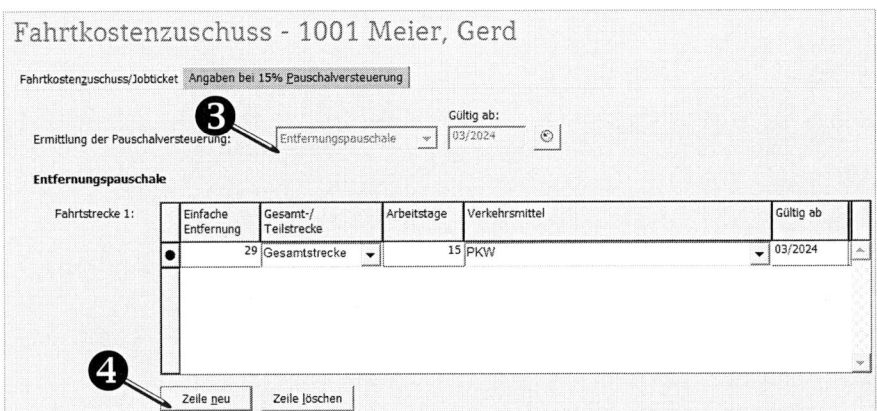

Fahrtkostenzuschuss für öffentliche Verkehrsmittel

Sie befinden sich auf der Mitarbeiterebene (PN 1004).

1. Die Erfassung erfolgt wie bei PN 1001, nur bei der **Versteuerung** wählen Sie **steuerfrei (Fahrten mit öffentlichen Verkehrsmitteln)** aus.

2. Damit sind auch keine Angaben zur Pauschalversteuerung zu erfassen.

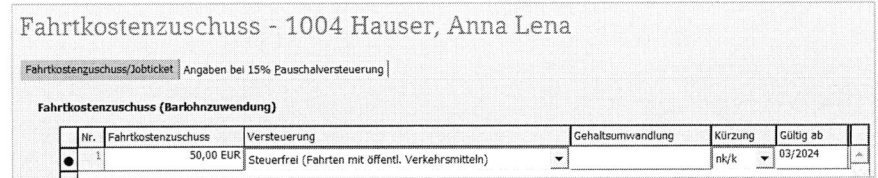

6.3 So hinterlegen Sie die Daten für den Firmenwagen

Überprüfen Sie, ob der Firmenwagen auf Mandantenebene korrekt erfasst wurde.

1. Wechseln Sie auf die Mandantenebene.

2. Wählen Sie in der Übersicht Mandantendaten → Organisationseinheiten → Firmenwagen.

Sollte der Firmenwagen nicht vorhanden sein, legen Sie ihn an.

1. Wählen Sie Datensatz Neu.

2. Erfassen Sie das **Kfz-Kennzeichen**.

3. Geben Sie den **Bruttolistenpreis** am Tag der Erstzulassung und die **Angaben zum Fahrzeugtyp** ein. Das Nutzungsende erfassen Sie nur, wenn der tatsächliche Monat des Nutzungsendes feststeht.

Nun steht das Fahrzeug zur Auswahl beim Mitarbeiter zur Verfügung.

1. Wechseln Sie auf die Mitarbeiterebene (PN 1003), um die Pkw-Nutzung zu erfassen. Wählen Sie in der Übersicht Stammdaten → Besonderheiten → Firmenwagen.

2. Wählen Sie das Fahrzeug über das Auswahlsymbol ❶ aus.

3. Liegt das **Nutzungsende beim Mitarbeiter** vor dem **Nutzungsende** des Fahrzeuges, sollten Sie ein Enddatum eingeben.

4. Geben Sie die **Nutzungshäufigkeit** ein und aktivieren Sie **Abrechnung von Privatfahrten**.

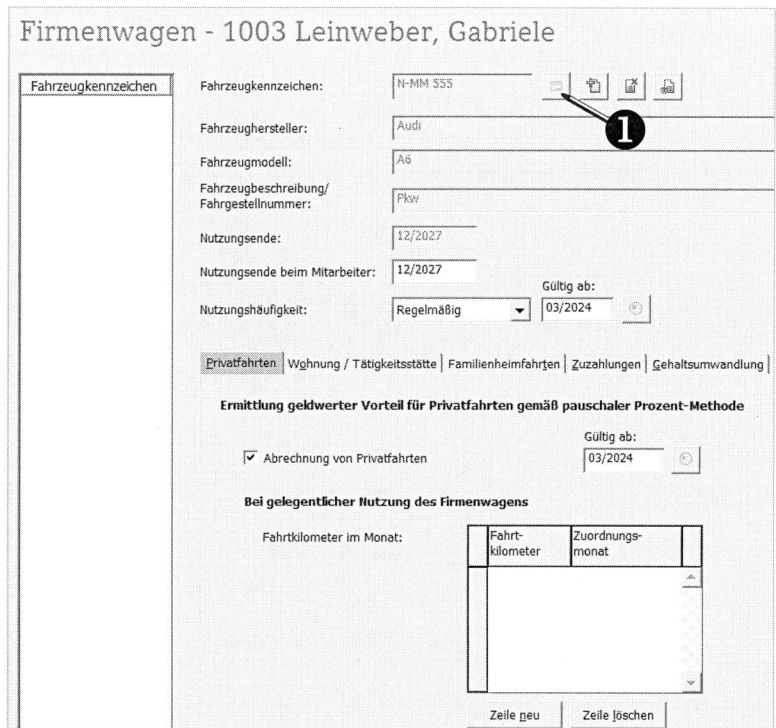

4. Wechseln Sie in das Register Wohnung/Tätigkeitsstätte.

5. Aktivieren Sie die **Abrechnung von Fahrten zwischen Wohnung und erster Tätigkeitsstätte**. Zur Berechnung sind die **Entfernungskilometer** einzugeben.

6. Es soll eine **Pauschalversteuerung** vorgenommen werden. Aktivieren Sie diese.

7. Geben Sie im Feld **Tage** die tatsächlichen Arbeitstage an, an denen Fahrten stattgefunden haben. Soll die Vereinfachung mit 15 Tagen genutzt werden, kann das Feld leer bleiben.

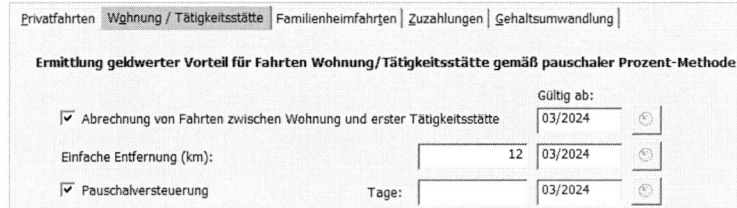

Hinweis: Nutzen Sie zur Erfassung von Firmenwagen und Fahrtkostenzuschüssen immer die Eingabemasken. Erfassen Sie die Werte nicht mit Hilfe der Lohnarten in der Monatserfassung oder der Entlohnung in den Stammdaten.

6.4 So erfassen Sie den abweichenden Stundenfaktor

In den Bewegungsdaten haben Sie die Möglichkeit, einen von den Mitarbeiter-Stammdaten abweichenden Stundenfaktor für die Abrechnung vorzugeben.

Sie befinden sich auf der Mitarbeiterebene (PN 1004).

1. Öffnen Sie den Kalender und füllen Sie den Monat über **Zeitraum erfassen**.

2. Öffnen Sie nochmals das Dialogfenster Zeitraum erfassen und geben Sie den Datumsbereich der 12. Kalenderwoche ein.

3. Erfassen Sie im Feld **Abweichender Faktor** den erhöhten Stundensatz ❶. Die bereits vorhandenen Tagesbuchungen sollen überschrieben werden.

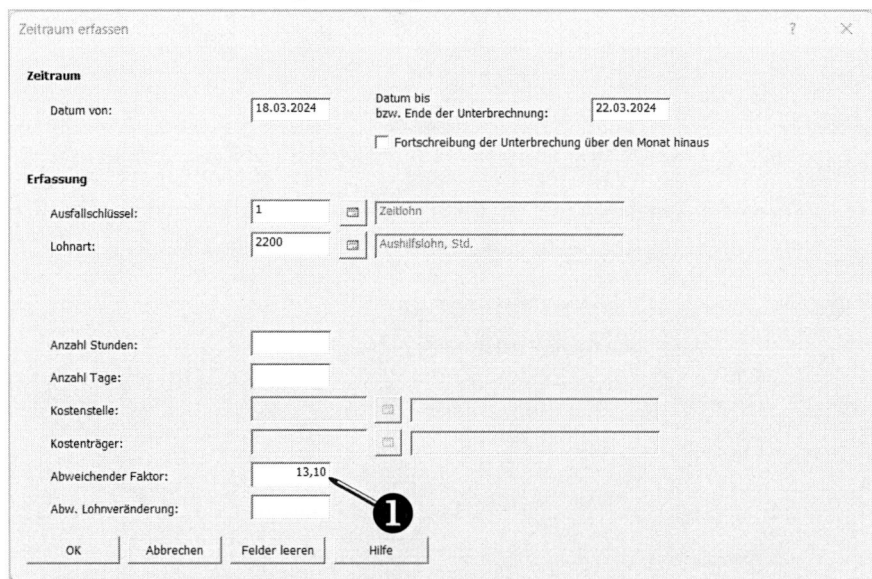

6.5   So erfassen Sie das Jobticket

Sie befinden sich auf der Mitarbeiterebene (PN 1005).

1. Wählen Sie in der Übersicht Stammdaten → Besonderheiten → Fahrtkostenzuschuss.

2. Klicken Sie im Register Fahrtkostenzuschuss/Jobticket auf **Neues Jobticket
   anlegen** und wählen Sie in der **Versteuerung** die **Steuerfreiheit** aus.

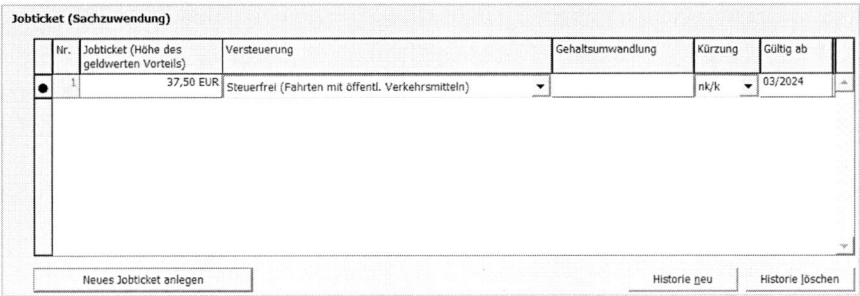

6.6   So erfassen Sie die Sammelbeförderung

Sie befinden sich auf der Mitarbeiterebene (PN 1002, 1006).

1. Wählen Sie in der Übersicht Stammdaten → Steuer → Besonderheiten.

2. Aktivieren Sie die **Steuerfreie Sammelbeförderung - Großbuchstabe F ❶**.

Hinweis: Die Sammelbeförderung sehen Sie nicht auf dem Brutto/Netto-Formular,
sondern nur in der Lohnsteuerbescheinigung am Jahresende oder bei Austritt des
Mitarbeiters.

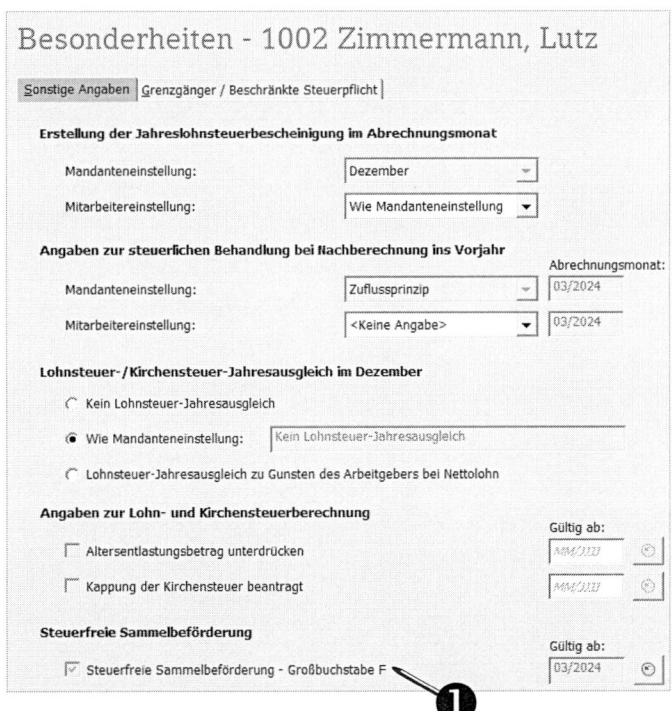

Wechseln Sie auf Mandantenebene, erstellen Sie die Lohnabrechnungen für alle
Mitarbeiter und führen Sie den Monatsabschluss durch.

Gehen Sie auf Daten Senden und überprüfen Sie die Auswertungen.

7

Lohn- und Gehaltsabrechnung (April)

In diesem Kapitel wird auf die Korrektur von Festbezügen aus den Vormonaten und die Berechnung der Lohnfortzahlung im Krankheitsfall eingegangen.

Inhalt

- Rückwirkende Änderung von Festbezügen
- Lohnfortzahlung bei Krankheit, Krankheit am Feiertag
- Prüfen des Antrags auf Erstattung der Arbeitgeberaufwendungen

113

Aufgaben

Übung April

☞ Ausgangsdaten:
04 Franconia Textilia
GmbH

Mandanten- und
Personal-Stammdaten
finden Sie ab Seite 233

a) Erstellen Sie für alle Mitarbeiter des Musterunternehmens die Entgeltabrechnungen für den Monat April. Berücksichtigen Sie dabei folgende Informationen:

Personal-Nr., Name:	1001 Meier, Gerd
Bezüge:	Sie haben vergessen, die Gehaltserhöhung im März zu erfassen. Erhöhen Sie rückwirkend ab März das Gehalt um 200,00 €.

Personal-Nr., Name:	1002 Zimmermann, Lutz
Krank:	arbeitsunfähig wegen Krankheit vom 10. - 30.04. (AU-Bescheinigung liegt vor) Lohnart für Lohnfortzahlung: 1651 (Lohnfortzahl,Std,DU d.l.3 Mon)

Personal-Nr., Name:	1006 Novak, Lado
Bezüge:	16 Überstunden im April mit 25 % Zuschlag

b) Bei den Stundenlohnempfängern wird in allen Fällen unterstellt, dass sie exakt die Anzahl Stunden arbeiten, die ihrer Arbeitszeit entsprechen. Geben Sie die abzurechnenden Stunden mit Hilfe des Kalenders ein. Überstunden sind, sofern angefallen, separat angegeben.

c) Führen Sie den Monatsabschluss durch und wechseln Sie in den nächsten Monat.

7.1 Rückwirkende Änderung von Festbezügen

Sie befinden sich in der Mitarbeiterebene (PN 1001).

1. Wählen Sie in der Übersicht Stammdaten → Entlohnung → Bezüge/Abzüge oder in der Schnellerfassung das Register Entlohnung.

2. Markieren Sie im oberen Feld **Bezüge/Abzüge** die Lohnart 2000 Gehalt ❶.

3. Betätigen Sie die Schaltfläche Zeile Neu ❷.

4. Geben Sie den Betrag in Höhe von 3.000,00 € ein und ändern Sie **Gültig ab** auf 03/2024 ❸.

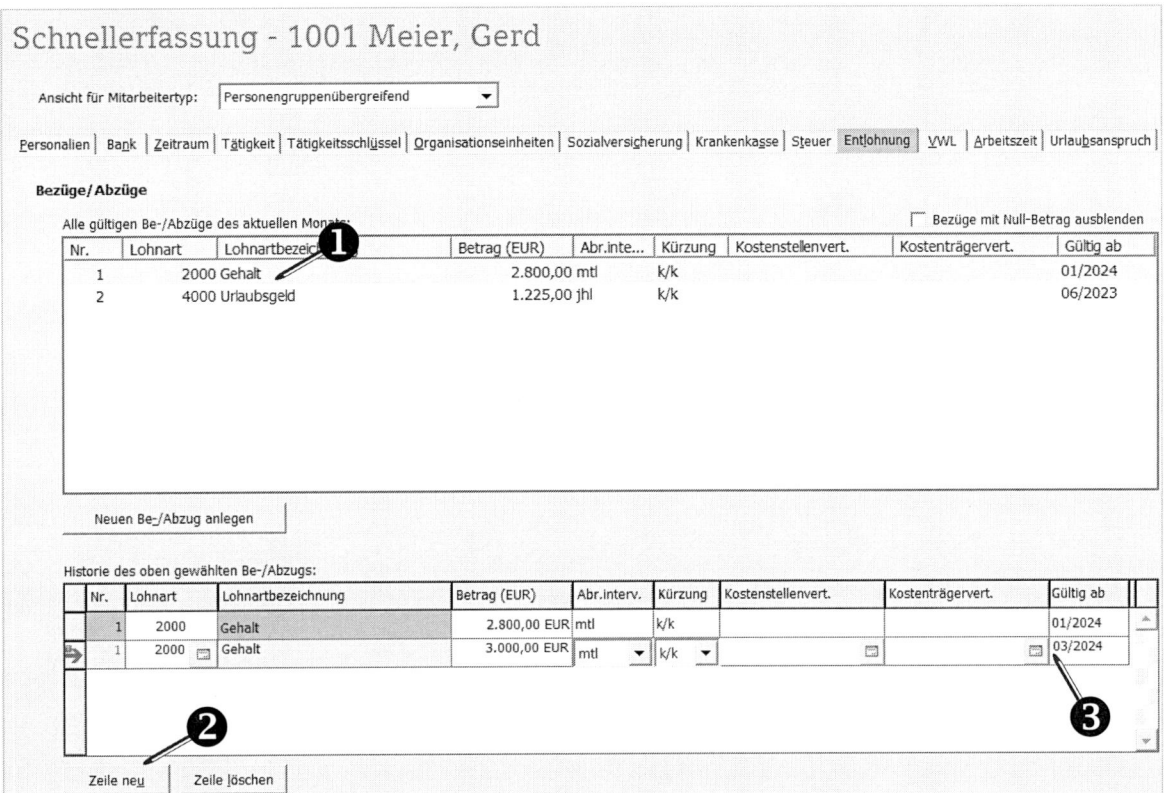

5. Bei der Durchführung der Probe-/Lohnabrechnung wird die rückwirkende Erhöhung des Gehalts automatisch nachberechnet. Sie erhalten auch im Verarbeitungsprotokoll einen Hinweis.

7.2 Lohnfortzahlung bei Krankheit

So erfassen Sie Krankheit bei Lohnempfängern

Sie befinden sich auf der Mitarbeiterebene (PN 1002).

1. Wählen Sie in der Übersicht Bewegungsdaten → Kalender.
2. Betätigen Sie die Schaltfläche Zeitraum erfassen... 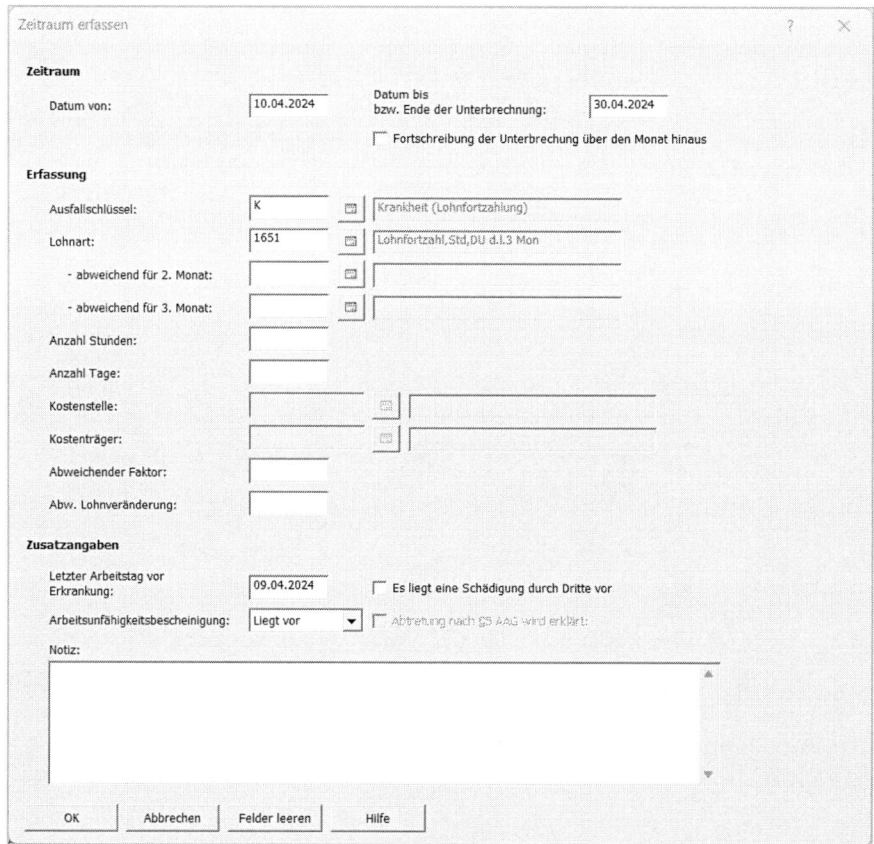.
3. Buchen Sie den **Zeitraum** 01. - 09. mit dem **Ausfallschlüssel 1** und LA 1000. Berücksichtigen Sie den Feiertag (LA 1012).
4. Betätigen Sie noch mal die Schaltfläche Zeitraum erfassen... .
5. Buchen Sie den **Zeitraum** 10. - 30. mit dem **Ausfallschlüssel K** (Krankheit mit Lohnfortzahlung) und der entsprechenden **Lohnart** für die **Lohnfortzahlung** (LA 1651).

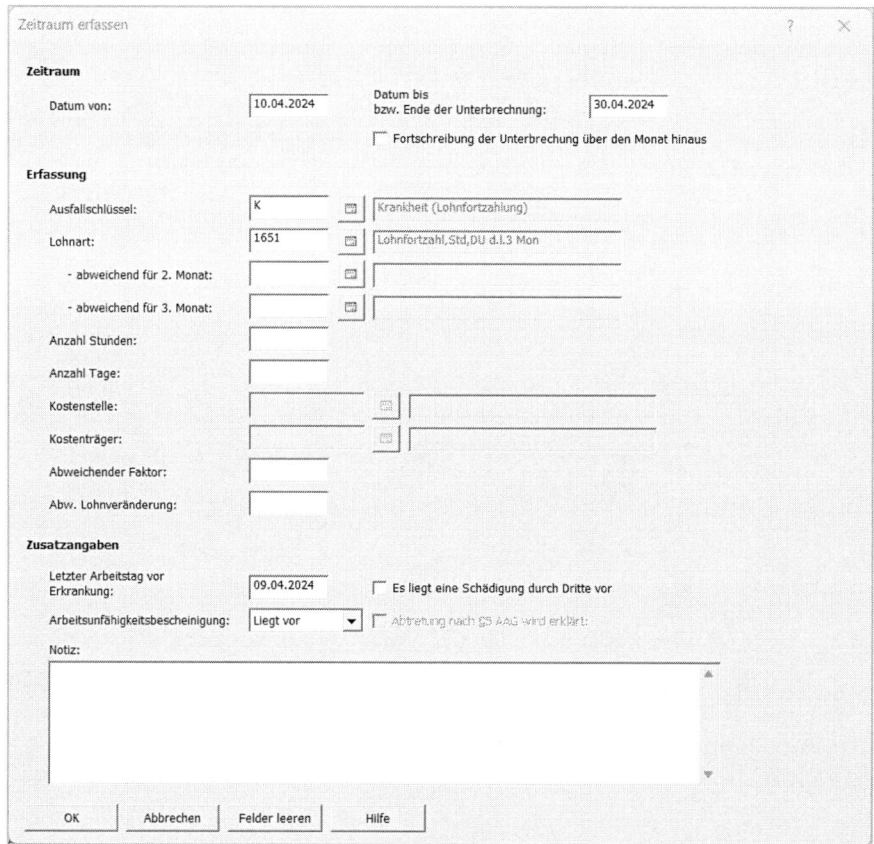

6. Prüfen Sie im Kalender Ihre Eingaben. Im Feld **Summen der Erfassung** sehen Sie die kumulierten Werte je Ausfallschlüssel ❶

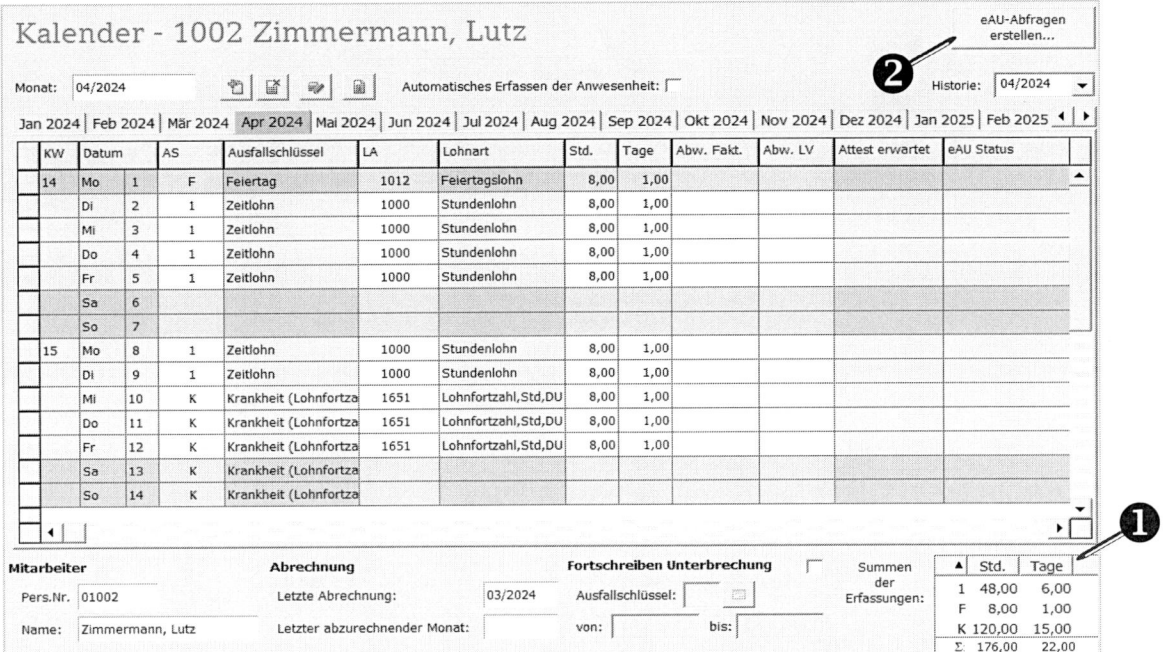

So rufen Sie die eAU ab

Seit 01.01.2023 ist der Arbeitgeber verpflichtet, die elektronische Arbeitsunfähig-keitsbescheinigung (eAU) bei der Krankenkasse abzurufen. Hierfür steht im Kalen-der des Mitarbeiters die Schaltfläche AU-Bescheinigung abfragen... ❷ bereit. Im Dialogfenster Abfrage von elektronischen Bescheinigungen werden der **Beginn der Arbeitsunfähigkeit** und das **voraussichtliche Ende** erfasst. Anschließend wird die AU-Anfrage gesendet.

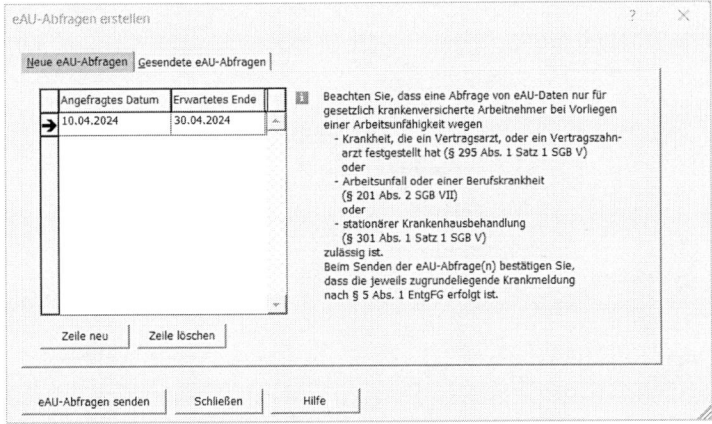

Im Schulungsmodus ist diese Abfrage nicht möglich.

Führen Sie eine Probeabrechnung durch. Sie erhalten als Folgeseiten zum Lohnzettel den **Erstattungsantrag** im Rahmen der U1 und im Verarbeitungsprotokoll einen Hinweis, dass dieser Erstattungsantrag erstellt wurde.

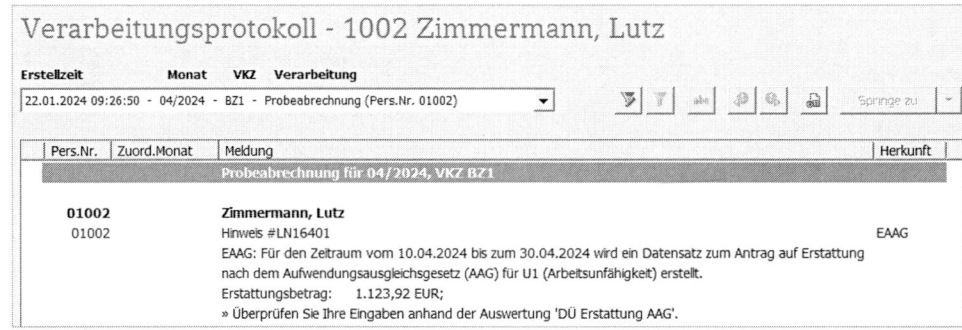

Wechseln Sie auf die Mandantenebene, erstellen Sie die Lohnabrechnungen für alle Mitarbeiter und führen Sie den Monatsabschluss durch.

Gehen Sie auf Daten Senden und überprüfen Sie die Auswertungen.

7.3 Prüfen des Antrags auf Erstattung der Arbeitgeberaufwendungen

1. Öffnen Sie über die Übersicht oder das Menü Auswertungen die Liste der Mitarbeiterauswertungen.
2. Lassen Sie sich das DÜ-Prot. Erstattung AAG anzeigen.
3. Überprüfen Sie die Lohnfortzahlung und den gewählten Erstattungssatz (U1).

DÜ-Protokoll zum Antrag auf Erstattung
für Arbeitgeberaufwendungen bei Arbeitsunfähigkeit - U1

BZ1   90000/10003/01002
Datum: 22.01.2024
Seite: 1
DÜ am:

*** ACHTUNG: Die Daten wurden noch nicht an das RZ gesendet! ***

Angaben zum Arbeitgeber
Betriebsnummer: 88888888   Betriebsnummer des Steuerberaters: 88888888

Angaben zum Empfänger
Betriebsnummer: 87880235 AOK Bayern Die Gesundheitskasse

Angaben zum Arbeitnehmer/zur Arbeitnehmerin
Zimmermann, Lutz
                                          Sozialversicherungsnummer: 54310378Z002

☐ PKV versichert   ☐ LKK versichert   ☐ Geringfügige Beschäftigung (Minijob)

Beschäftigt seit dem: 15.01.2024

Erstattungszeitraum von: 10.04.2024 bis: 30.04.2024

☐ Stornierung

Ist die Arbeitsunfähigkeit auf einen Unfall oder eine Berufskrankheit zurückzuführen?   ☐ ja   ☒ nein
War der Arbeitnehmer wegen Schädigung durch einen Dritten arbeitsunfähig?   ☐ ja   ☒ nein
Abtretung nach § 5 AAG   ☐ ja   ☒ nein

Letzter Arbeitstag/von Bord am: 09.04.2024

Art des Entgelts: Stundenlohn   Entgelt (ohne BAV):   13,38
Art der Ausfallzeit: Arbeitsstunden   Ausfallzeit: 120,00
Arbeitszeit wöchentlich: 40,00
Arbeitszeit täglich: 8,00

Fortgezahltes Bruttoarbeitsentgelt (ohne EBZ, ohne Überstundenvergütung, ohne AG-Anteile):   1.605,60
Sozialversicherungspflichtiges Arbeitsentgelt: 0,00
Erstattungsfähige Arbeitgeberzuwendungen zur betrieblichen Altersvorsorge: 0,00
Fortgezahlte Arbeitgeberanteile (ohne Einmalzahlung):   0,00
Erstattungssatz in vom Hundert: 70,00   Erstattungsbetrag: 1.123,92

Exkurs: Durchschnittslohn

Das Entgeltfortzahlungsgesetz schreibt vor, das ein Arbeitnehmer bei Krankheit die Entlohnung zu erhalten hat, welche er ohne den Arbeitsausfall bekommen hätte. Da aber beispielsweise Zuschläge nur für tatsächlich geleistete Arbeitsstunden gezahlt werden, würden diese bei Krankheit entfallen. Dies wird durch die Verwendung von Durchschnittslöhnen (anstatt des Stundenlohns) umgangen.

DATEV bietet Ihnen dafür verschiedene Lohnarten an. Während die **Lohnarten für die Grundvergütung** (z.B. LA 1000 Stundenlohn und LA 2200 Aushilfslohn) den Stundensatz aus dem Feld **Stundenlohn 1 (ST01)** in den Mitarbeiterstammdaten nutzen, verwenden die **Lohnarten für Lohnfortzahlung** den **Durchschnitt 1 (DU01)** aus dem Durchschnittsspeicher. Die Durchschnittsberechnung wird in den Lohnarten gesteuert.

So steuern Sie die Durchschnittsberechnung

Voraussetzung: Sie befinden sich in der Mandantenebene.

1. Wählen Sie Übersicht: Mandantendaten → Anpassung → Lohnarten → Lohnarten.

Die Verwendung von Durchschnittswerten:

2. Öffnen Sie die **Lohnart 1651 ❶**.

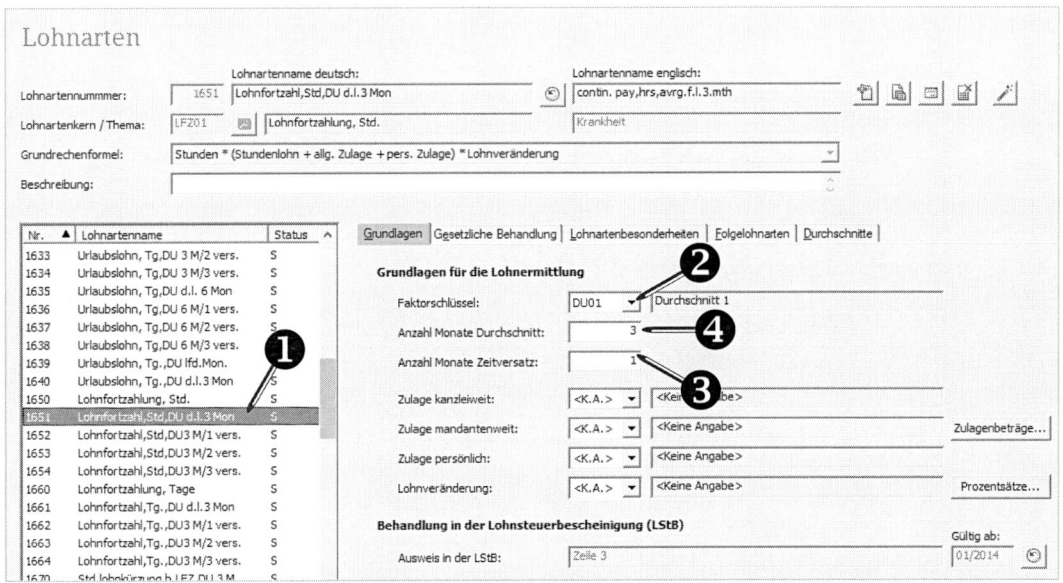

Die Lohnart 1651 rechnet mit dem Durchschnitt 1 ❷ der letzten ❸ drei ❹ Monate.

3. Schauen Sie sich auch die Lohnarten 1652 - 1654 an. Hier ändert sich **Anzahl Monate Zeitversatz**, d.h. das 3-monatige Zeitfenster für die Durchschnittsberechnung wird weiter in die Vergangenheit geschoben.

Die Berechnung von Durchschnittswerten:

4. Öffnen Sie die **Lohnart** 1000.
5. Wählen Sie die Registerkarte Durchschnitte.
6. Hier sehen Sie, dass von der LA 1000 sowohl der Betrag als auch die Stunden in die Berechnung des Durchschnittes 1 einfließen.

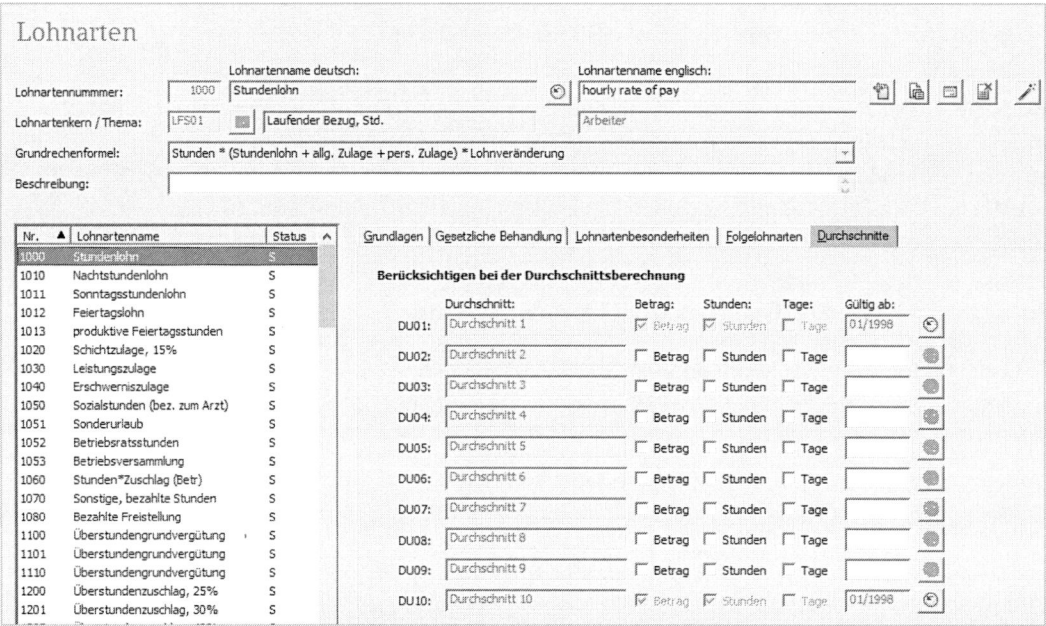

In DATEV stehen Ihnen zur Durchschnittsberechnung 10 Durchschnittsspeicher zur Verfügung, auf welche dann in den Lohnarten im Feld **Faktorschlüssel** zugegriffen werden kann.

So sehen Sie sich die Durchschnitte an

Voraussetzung: Sie befinden sich in der Mandantenebene.

1. Öffnen Sie über das Menü Auswertungen → Durchschnitte... das entsprechende Dialogfenster.
2. Markieren Sie den/die Mitarbeiter für die Sie den Durchschnitt sehen wollen (z.B. PN 1002).
3. Wählen Sie den gewünschten Durchschnitt und Zeitraum aus. Klicken Sie anschließend auf Anzeigen.

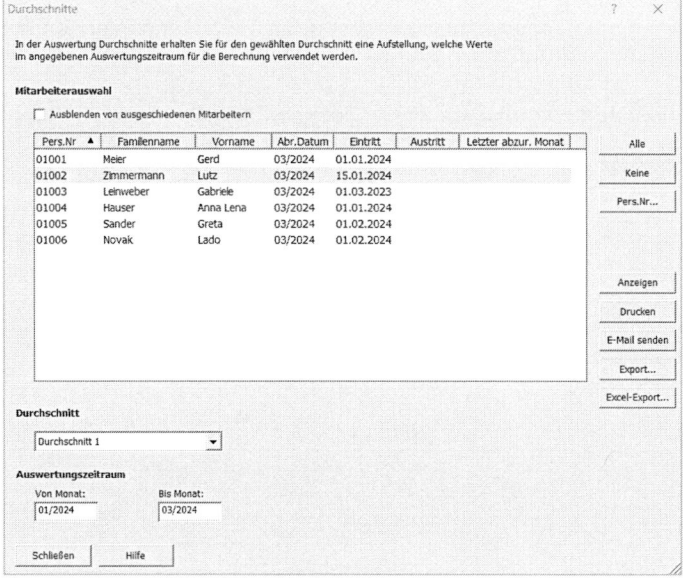

Die Berechnung des Duchschnitts wird Ihnen angezeigt.

```
Berater   Mandant    04 Franconia Textilia GmbH           Datum: 22.01.2024
90000     10003       Weberstraße 18                               Seite 1
                      90459 Nürnberg                               VKZ: 000

Durchschnitt DU01 von  01/2024 bis 03/2024

Mo  NB-Mo  VKZ  Herkunft              Betrag          Stunden       Tage


Zimmermann, Lutz Personalnummer: 01002

01    02   303  LA 1000            1.362,40 EUR        104,00        0,00
01    02   303  LA 1200              104,80 EUR          0,00        0,00
01    02   303  LA 1300              419,20 EUR         32,00        0,00
Summen für Monat 01/2024          1.886,40 EUR        136,00        0,00

02         303  LA 1000            2.200,80 EUR        168,00        0,00
02         303  LA 1100              157,20 EUR         12,00        0,00
02         303  LA 1200               32,75 EUR          0,00        0,00
Summen für Monat 02/2024          2.390,75 EUR        180,00        0,00

03         601  LA 1000            2.096,00 EUR        160,00        0,00
03         601  LA 1012              104,80 EUR          8,00        0,00
Summen für Monat 03/2024          2.200,80 EUR        168,00        0,00

Gesamtsummen für Personalnummer 01002   6.477,95 EUR  484,00        0,00


Durchschnittslohn pro Stunde             13,38 EUR
```

4. Vergleichen Sie den angezeigten Durchschnittslohn mit dem Faktor der LA 1651
   auf dem Brutto/Netto-Formular.

```
                                              BZ1  90000/10003/01002
Abrechnung der Brutto/Netto-Bezüge   für April 2024        22.01.2024  Blatt  1
Personal-Nr. Geburtsdatum StK Faktor  Kl.Fbtr. Konfession  Freibetrag jährl.¹  Freibetrag mtl.¹  DBA  Midjob  St-Tg.  VJ Url. Üb.  Url. Anspr.  Url.Tg.gen.  Resturlaub
01002  310378  1                                                                            30              2300                    2300
SV-Nummer          Krankenkasse                        KK %  PGRS  BGRS  Um  SV-Tg.  Anw. Tage  Urlaub Tage  Krankh. Tg  Fehlz. Tage
54310378Z002  AOK Bayern Die Gesundheitskas  16,18101  1111  1   30           6,00        15,00
                                          Entritt    Austritt   Anw. Std.  Urlaub Std.  Krankh. Std.  Fehlz. Std.
Probeabrechnung                           150124                 48,00                    120,00
                                          Steuer-ID          MFB⁷  Zeitlohn Std  Überstd.  Bez. Std.
01 Franconia Textilia GmbH*Weberstraße 18*90459 Nürnberg   67889012342              48,00              176,00

        *Pers.-Nr. 01002*      B/N
                               BZ1        Hinweise zur Abrechnung
                               10003      Wöch.Arb.Zt. 40,00    Kst. 3000
                                          Durchschn.1  13,29

        Lutz Zimmermann
        Rosengasse 3
        90403 Nürnberg




Brutto-Bezüge
Lohnart  Bezeichnung              Einheit²  Menge³  Faktor³  Prozentsatz  St⁴  SV⁴  GB⁵              Betrag
1000  Stundenlohn                 Std  48,00   13,10              L    L    J                628,80
1012  Feiertagslohn               Std   8,00   13,10              L    L    J                104,80
1651  Lohnfortzahl,Std,DU d.l.3 Mon  Std 120,00  13,38           L    L    J              1.605,60
```

Lohn- und Gehaltsabrechnung (Mai)

In diesem Kapitel werden Ihnen die variablen Entgeltbestandteile anhand von Umsatzprovisionen und Er-
schwerniszulagen erläutert. Des Weiteren stellen wir
Ihnen den Assistenten zur Erfassung des Mutterschut-
zes vor.

Inhalt

- Neue Lohnart: Fix-Gehalt
- Freiwillige gesetzliche KV/PV
- Folgeerkrankung, 6-Wochen-Frist
- Mutterschutz
- Erschwerniszulage
- Kürzungen von Festbeträgen bei Teillohnzahlungs-
  zeiträumen
- Umsatzprovision

Aufgaben

Übung Mai

☞   Ausgangsdaten:
05 Franconia Textilia
GmbH

Mandanten- und
Personal-Stammdaten
finden Sie ab Seite 233

a) Legen Sie den folgenden neuen Mitarbeiter entsprechend der Mitarbeiter-Stammdaten an.

    1007 Deckert, Georg-Peter

b) Bei den Stundenlohnempfängern wird in allen Fällen unterstellt, dass sie exakt die Anzahl Stunden arbeiten, die ihrer Arbeitszeit entsprechen. Geben Sie die abzurechnenden Stunden mit Hilfe des Kalenders ein. Überstunden sind, sofern angefallen, separat angegeben

Personal-Nr., Name:	1002 Zimmermann, Lutz
Krank:	Herr Zimmermann ist auch den kompletten Mai krank und legt Ihnen eine Folgebescheinigung vom 01.-31.05.2024 vom Arzt vor.
Personal-Nr., Name:	1005 Sander, Greta
Mutterschutz:	Frau Sander legt eine Bescheinigung über eine bestehende Schwangerschaft vor. Voraussichtlicher Geburtstermin 24.11.2024
Personal-Nr., Name:	1006 Novak, Lado
Bezüge:	Herr Novak erhält für 7 Stunden eine Erschwerniszulage in Höhe von 1,30 €
Personal-Nr., Name:	1007 Deckert, Georg-Peter
Bezüge:	lfd. Umsatzprovision 536,00 €

c) Erstellen Sie für alle Mitarbeiter die Entgeltabrechnung für den Monat Mai unter Berücksichtigung der o. g. Informationen.

d) Führen Sie den Monatabschluss durch und wechseln Sie in den nächsten Monat.

8.1 Neue Lohnart: Fix-Gehalt

So legen Sie eine neue Lohnart an.

Sie befinden sich auf der Mandantenebene.

1. Öffnen Sie in der Übersicht Mandantendaten → Anpassung Lohnarten → Lohnarten.

2. Markieren Sie eine Lohnart, die der neuanzulegenden Lohnart ähnlich ist (LA 2000).

3. Klicken Sie auf das Symbol Lohnart kopieren ❶.

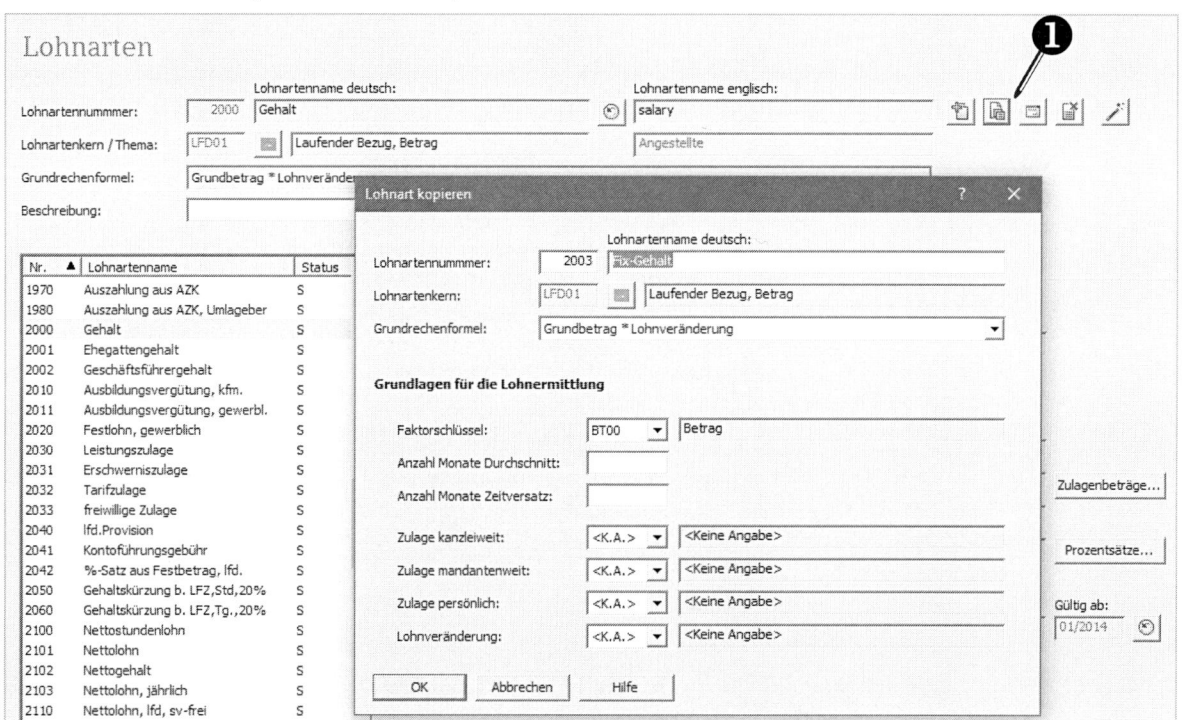

4. Tragen Sie im Dialogfenster Lohnart kopieren eine neue **Lohnartennummer** (z. B. 2003) und einen **Lohnartennamen** (z. B. Fix-Gehalt) ein.

5. Kontrollieren Sie den Lohnarten Kern (LFD01) und bestätigen sie mit OK.

So kontieren Sie eine Lohnart

Sie befinden sich auf der Mandantenebene.

1. Öffnen Sie in der Übersicht: Mandantendaten → Finanzbuchführung → Kontierung Lohnarten.

2. Klicken Sie auf Zeile neu ❶.

3. Geben Sie nun die neue **LA-Nummer** und das zugehörige **Fibu-Konto** an (hier: 4120 Gehälter (SKR 03)).

4. Überprüfen Sie in Abhängigkeit von der Lohnart, ob das Häkchen **Kostenrelevant** gesetzt werden muss.

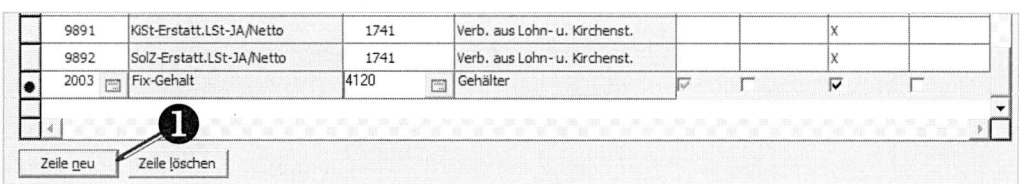

8.2 Freiwillig gesetzliche Kranken-/ Pflegeversicherung

So legen Sie den Beitragsgruppenschlüssel an

Sie befinden sich auf der Mitarbeiterebene (PN 1007).

1. Öffnen Sie in der Schnellerfassung → Register Sozialversicherung.
2. Geben Sie als **Beitragsgruppenschlüssel** 9111 ein.

So legen Sie die freiwillig gesetzliche Kranken- und Pflegeversicherung an

1. Öffnen Sie in der Schnellerfassung → Register Krankenkasse.
2. Wählen Sie die **Krankenkasse** des Mitarbeiters aus.
3. Erfassen Sie zusätzlich die **Angaben bei freiwilliger Kranken- und Pflegeversicherung**. Beginnen Sie mit der Angabe **Gültig ab**.
4. Wenn es keine Besonderheiten gibt, wählen Sie für die **freiwillige Krankenversicherung** im Feld **Höchstbetrag Allgemein** ❶ aus und für die **freiwillige Pflegeversicherung** soll der **Höchstbetrag automatisch berechnet** ❷ werden.

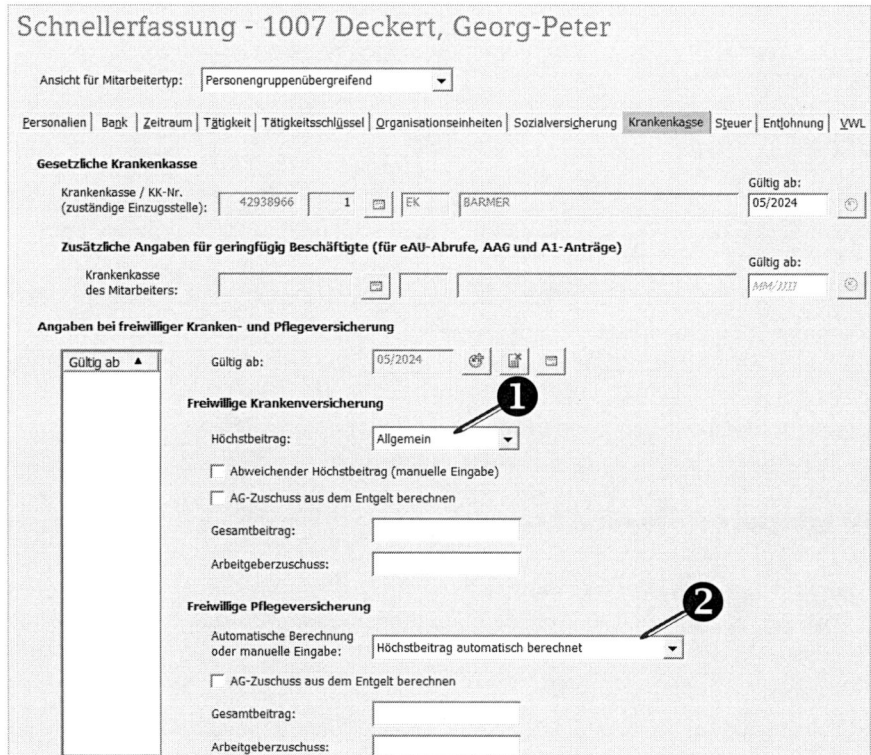

8.3 Folgeerkrankung, 6-Wochen-Frist

So erfassen Sie Folgekrankschreibungen und Krank am Feiertag

Sie befinden sich auf der Mitarbeiterebene (PN 1002).

1. Erfassen Sie im Kalender die Fehlzeit und beachten Sie die Feiertage während der Krankheit.

2. DATEV erkennt, dass sich diese Erkrankung direkt an die Fehlzeit im Vormonat anschließt und weist Sie darauf hin. Beantworten Sie die Meldung mit Ja.

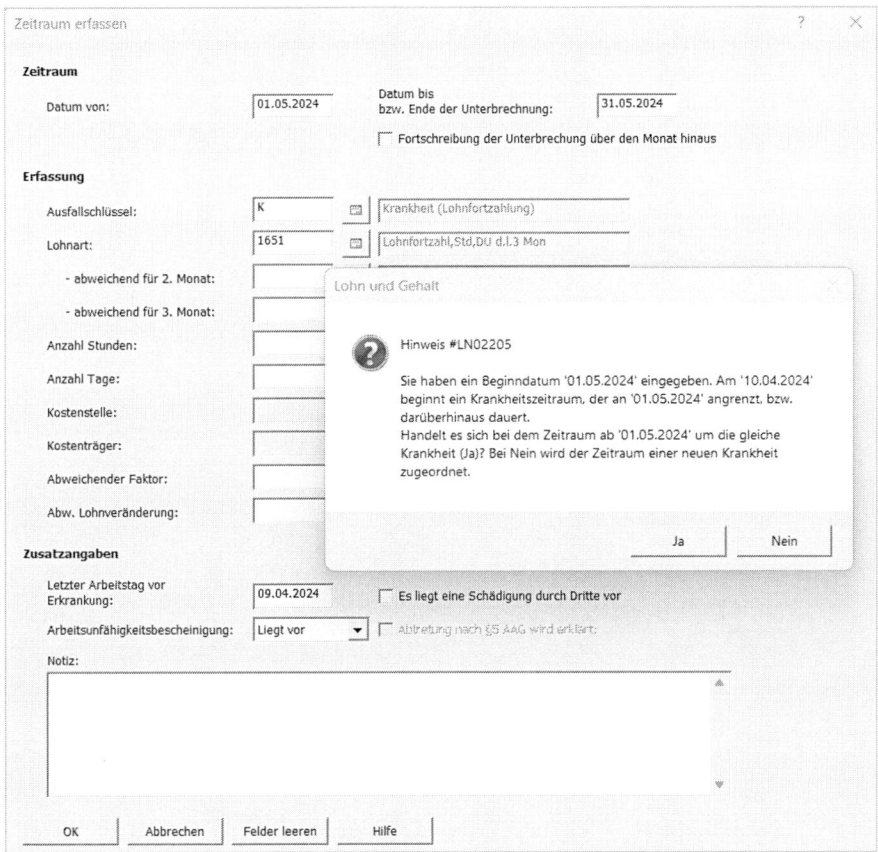

3. Befinden sich Feiertage in der Krankheitszeit ändert DATEV den Ausfallschlüssel von **F** (Feiertag) in **KF** (Krank am Feiertag).

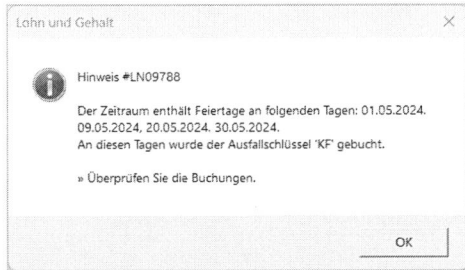

4. Ergänzen Sie an diesen Tagen die **LA 1651 Lohnfortzahlung** (ABER nur an eigentlichen Arbeitstagen und nicht am Wochenende).

5. Führen Sie eine Probeabrechnung durch und sehen Sie sich das Verarbeitungsprotokoll an. Es enthält eine Fehlermeldung für PN 1002. Die 6-Wochen-Frist für die Lohnfortzahlung ist überschritten.

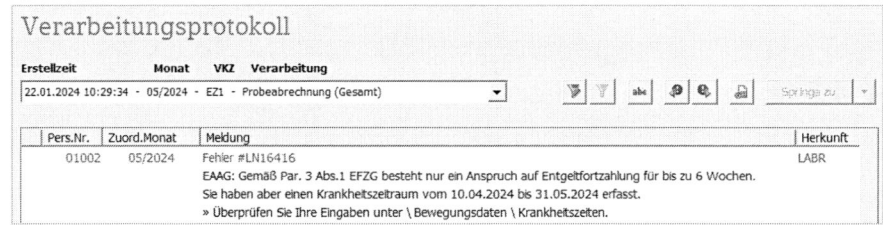

So erfassen Sie die Fehlzeit nach der 6-Wochenfrist

1. Ändern Sie im Kalender vom 22. - 31.05. den Ausfallschlüssel in K6 (Krankheit mit Kranken(tage)geldanspruch). Den Zeitraum müssen Sie selbst ermitteln (6 Wochen = 42 fortlaufende Kalendertage, d. h. inkl. Wochenenden und Feiertage). Eine Lohnart wird bei K6 nicht erfasst, da das Krankengeld von der Krankenkasse gezahlt wird.

2. Führen Sie erneut eine Probeabrechnung durch. Im Lohnzettel sehen Sie im Hinweisfeld die **Unterbrechung vom 22. - 31.05. mit Krankheit ohne Entgeltfortzahlung**. Wenn Sie auf die nächsten Seiten blättern, erhalten Sie den **Erstattungsantrag** und die **Verdienstbescheinigung** für die Krankenkasse zur Krankengeldberechnung.

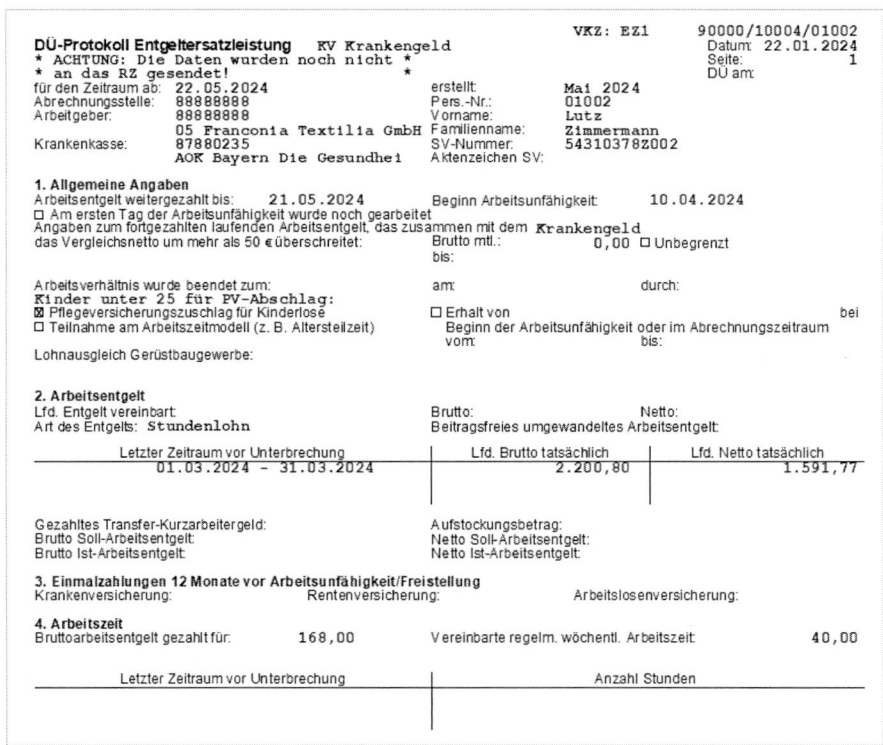

So überprüfen Sie die Krankheitszeiten

1. Öffnen Sie in der Übersicht: Bewegungsdaten → Krankheitszeiten.
   Hier erhalten Sie einen Überblick über die Krankheitsdauer des Mitarbeiters bzw. können nachträglich **Krankheiten aufteilen** (wenn es verschiedene Erkrankungen waren) oder **zusammenfassen** (wenn es sich um ein und dieselbe Krankheit handelt).

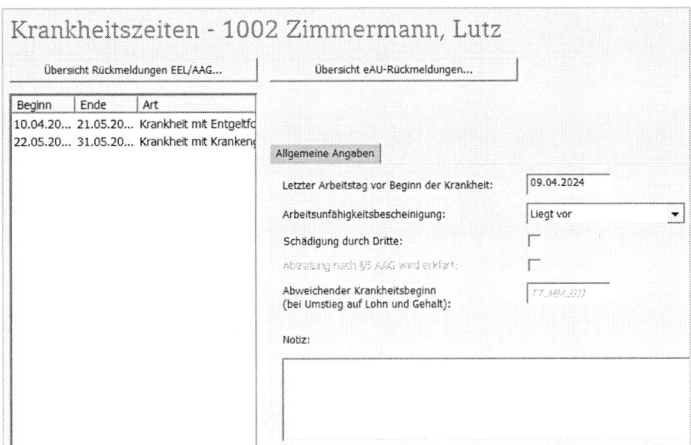

8.4 Mutterschutz

Sie befinden sich auf der Mitarbeiterebene (PN 1005).

1. Den voraussichtlichen Geburtstermin erfassen Sie unter Übersicht: Stammdaten → Besonderheiten → Mutterschutz.

2. Hier geben Sie den **voraussichtlichen Geburtstermin** ❶ ein.

3. Sie können die vom Programm errechnete **Mutterschutzfrist** sofort in den Kalender übernehmen, indem Sie die Schaltfläche Übernahme Kalender ❷ betätigen.

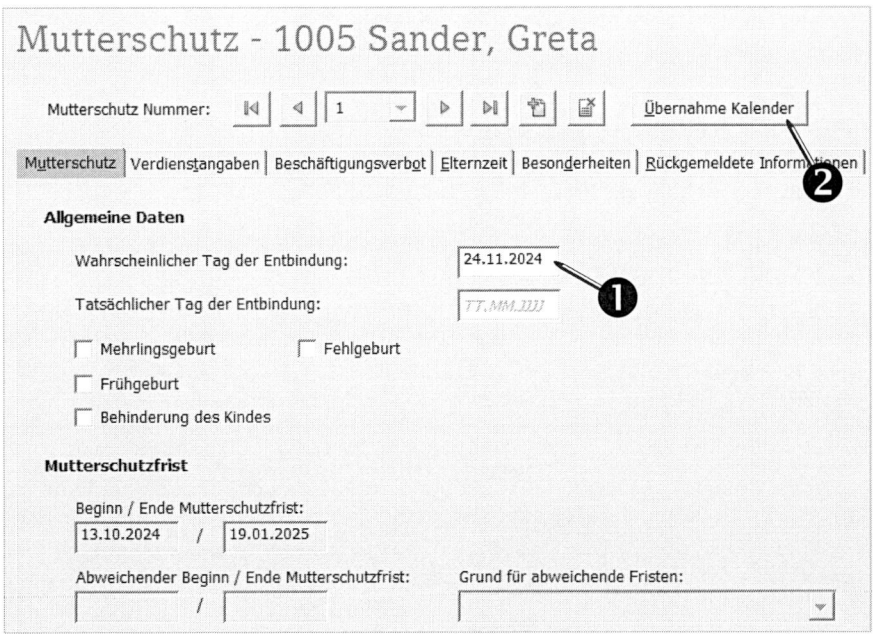

4. Wenn Sie das Fenster Mutterschutz ohne vorherige Übernahme in den Kalender schließen, erhalten Sie einen Hinweis, ob Sie die Mutterschutzfrist in den Kalender übernehmen wollen. Dann klicken Sie auf Ja.

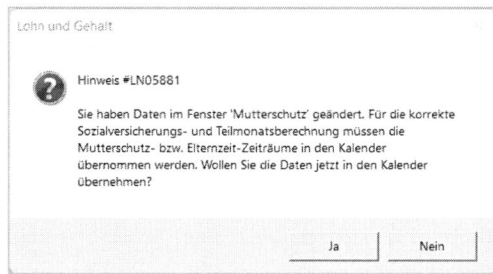

5. Überprüfen Sie im Kalender (Okt 2024 - Jan 2025), ob der Ausfallschlüssel MS eingetragen wurde.

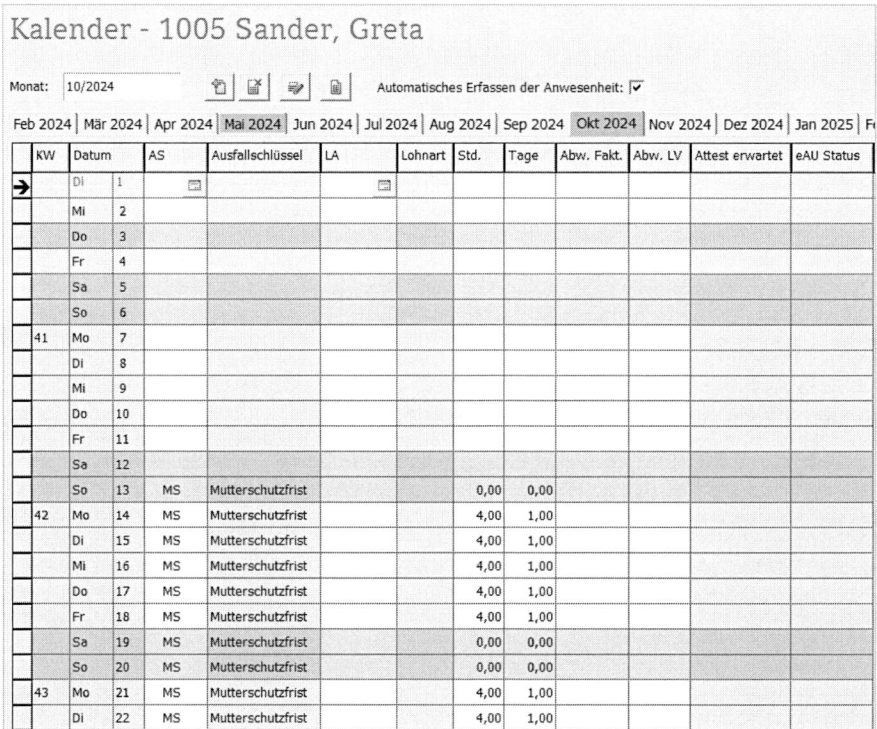

8.5 Erschwerniszulage

Sie befinden sich auf der Mitarbeiterebene (PN 1006).

1. Zulagen erfassen Sie unter Bewegungsdaten → Monatserfassung.
2. Verwenden Sie die **LA 1040 Erschwerniszulage**.
3. Erfassen Sie als **Wert** 7,00 Std. und den Betrag von 1,30 € als **Abw. Faktor** (abweichender Faktor).

Hinweis: Alternativ kann auch **LA 2031 Erschwerniszulage** verwendet werden. Dann muss im Feld Wert der Gesamtbetrag von 9,10 € (= 7,00 Std. x 1,30 €) eingegeben werden.

8.6 Kürzungen von Festbeträgen bei Teillohnzahlungszeiträumen

Mitarbeiter mit Gehalt/Festlohn erhalten nur ein anteiliges Gehalt/Festlohn, wenn Sie nicht den gesamten Monat beschäftigt sind (Teillohnzahlungszeitraum).
Die Umrechnungsformel haben Sie in den Abrechnungsparametern auf Mandantenebene eingestellt.
Damit die Umrechnung erfolgen kann, ist es notwendig, die Anwesenheit des Arbeitnehmers zu buchen.

Sie befinden sich auf der Mitarbeiterebene (PN 1007)

1. Öffnen Sie unter Bewegungsdaten → Kalender → Mai
2. Aktivieren Sie **Automatisches Buchen der Anwesenheit** durch Anklicken des Häkchens ❶.

Wird das Häkchen vergessen, erhalten Sie im Verarbeitungsprotokoll eine Fehlermeldung und es wird kein Gehalt berechnet. Wurde alles korrekt erfasst, finden Sie im Verarbeitungsprotokoll die Berechnung des gekürzten Gehalts.

8.7 Umsatzprovision

Sie befinden sich auf der Mitarbeiterebene (PN 1007).
Die Provision erfassen Sie unter Bewegungsdaten → Monatserfassung. Verwenden Sie für die Umsatzprovision die LA 2250.

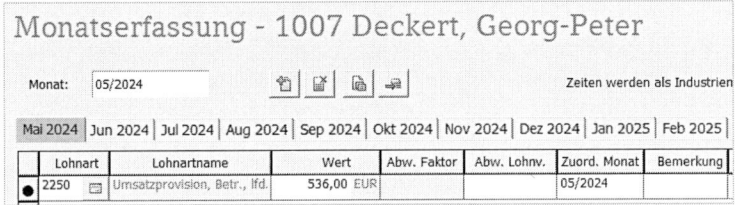

Wechseln Sie auf die Mandantenebene, erstellen Sie die Lohnabrechnungen für alle Mitarbeiter und führen Sie den Monatsabschluss durch.

Gehen Sie auf Daten Senden und überprüfen Sie die Auswertungen.

Lohn- und Gehaltsabrechnung (Juni)

In diesem Kapitel lernen Sie das Abrechnen von sonstigen Bezügen und Einmalzahlungen anhand von Urlaubsgeld kennen.

Inhalt

▦ Neue Lohnart: Urlaubsgeld Geschäftsführer

▦ Urlaub erfassen

▦ Einmalzahlungen am Beispiel Urlaubsgeld

Aufgaben

Übung Juni

☞ Ausgangsdaten:
06 Franconia Textilia
GmbH

Mandanten- und
Personal-Stammdaten
finden Sie ab Seite 233

a) Erstellen Sie für alle Mitarbeiter des Musterunternehmens die Entgeltabrechnung für den Monat Juni. Berücksichtigen Sie dabei folgende Informationen.
Die Gehaltsempfänger erhalten als Urlaubsgeld 50 % Ihres Gehaltes, bei den Lohnempfängern sind es 50 % des gezahlten Urlaubslohnes.

Personal-Nr., Name:	1001 Meier, Gerd
Bezüge:	Urlaub vom 03. - 14.06.
	Urlaubsgeld erhöhen von 1.225,00 €
	auf 1.500,00 €.

Personal-Nr., Name:	1002 Zimmermann, Lutz
Bezüge:	Urlaub vom 10. - 21.06.
	Urlaubsgeld in Höhe von 50 % des Stundenlohnes je Urlaubsstunde (LA 4020).

Personal-Nr., Name:	1003 Leinweber, Gabriele
Bezüge:	Urlaubsgeld in Höhe von 2.550,00 €.
	Legen Sie hierfür die Lohnart 4002 Urlaubsgeld GF an.

Personal-Nr., Name:	1004 Hauser, Anna Lena
Bezüge:	Urlaub vom 17. - 25.06.
	Urlaubsgeld in Höhe von 50 % des Stundenlohnes je Urlaubsstunde (LA 4020).

Personal-Nr., Name:	1005 Sander, Greta
Bezüge:	Urlaubsgeld in Höhe von 750,00 €.

Personal-Nr., Name:	1006 Novak, Lado
Bezüge:	Urlaub vom 17. - 28.06.
	Urlaubsgeld in Höhe von 50 % des Stundenlohnes je Urlaubsstunde (LA 4020).

Personal-Nr., Name:	1007 Deckert, Georg-Peter
Bezüge:	lfd. Umsatzprovision: 985,00 €.

b) Bei den Stundenlohnempfängern wird in allen Fällen unterstellt, dass sie exakt die Anzahl Stunden arbeiten, die ihrer Arbeitszeit entsprechen. Geben Sie die abzurechnenden Stunden mit Hilfe des Kalenders ein. Überstunden sind, sofern angefallen, separat angegeben.

c) Führen Sie den Monatsabschluss durch und wechseln Sie in den nächsten Monat.

9.1 Neue Lohnart: Urlaubsgeld Geschäftsführer

Für die Geschäftsführerin soll eine eigene Lohnart für das Urlaubsgeld angelegt werden.Verfahren Sie bei der Anlage der neuen Lohnart **4002 Urlaubsgeld GF** wie in Kapitel 8.1 beschrieben.

Verwenden Sie als Kopiervorlage die **LA 4000 Urlaubsgeld.**

Für die Kontierung der Lohnart tragen Sie das FiBu-Konto **4124 (SKR 03) Geschäftsführergehälter GmbH-Gesell.** ein. Achten Sie darauf, die Kontierung in der Fibu-Mitarbeitergruppe **2 Gesellschafter-Geschäftsführer** vorzunehmen, wenn Sie PN 1003 dieser Fibu-Mitarbeitergruppe zugewiesen haben.

9.2 Urlaub erfassen

Sie befinden sich auf der Mitarbeiterebene (z. B. PN 1001, 1002).

1. Erfassen Sie den Urlaub in der Übersicht Bewegungsdaten → Kalender.

2. Klicken Sie auf die Schaltfläche Zeitraum buchen.

3. Geben Sie den **Zeitraum von - bis** ein.

4. Verwenden Sie den **Ausfallschlüssel U.**

5. Bei Festlohn/Gehaltsempfängern (PN 1001) muss das Feld **LA** frei bleiben.

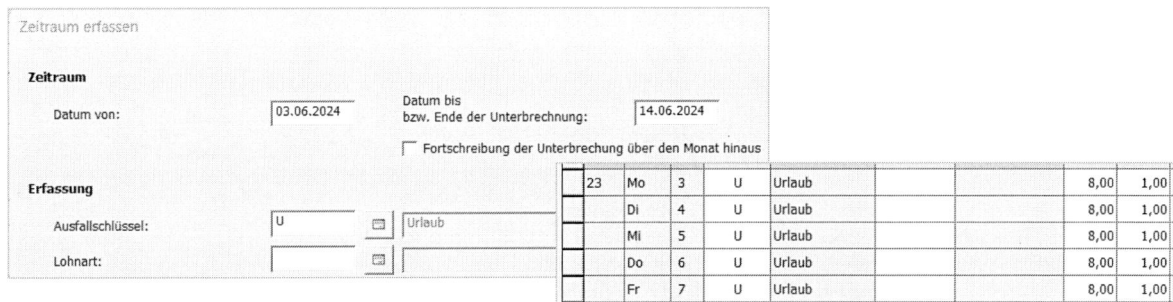

6. Bei Stundenlohnempfängern (PN 1002) verwenden Sie zur Vereinfachung die **LA 1600 Urlaubslohn, Std.** Für die Verwendung der LA 1601 ff. wäre zuerst eine Prüfung und evtl. Anpassung der Durchschnittsberechnung erforderlich. Darauf wird im Übungsfall verzichtet.

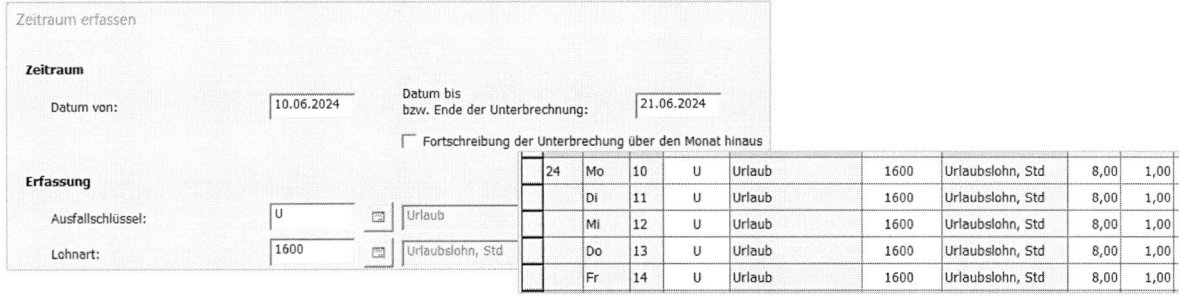

7. Befinden sich Feiertage im Urlaubszeitraum, trägt DATEV automatisch ein F im Kalender ein. Bei Lohnempfängern müssen Sie noch die **LA 1012 Feiertagslohn** ergänzen. Bei Gehaltsempfängern bleibt die Lohnart **leer.**

9.3 Einmalzahlungen am Beispiel Urlaubsgeld

So erfassen Sie die Einmalzahlungen

Das Urlaubsgeld kann in den Mitarbeiterstammdaten in der Entlohnung hinterlegt werden (PN 1001). Dann wird es automatisch jährlich berechnet. Ist es ein jährlich variabler Betrag, kann es auch in der Monatserfassung eingetragen werden, muss dann aber jedes Jahr neu erfasst werden.

So ändern Sie das Urlaubsgeld in den Stammdaten

Sie befinden sich auf der Mitarbeiterebene (PN 1001).

1. Wählen Sie in der Übersicht Stammdaten → Entlohnung → Bezüge/Abzüge oder in der Schnellerfassung → Entlohnung.
2. Markieren Sie den Bezug Urlaubsgeld ❶ und ändern Sie in der **Historie** den Betrag von 1.225,00 EUR auf 1.500,00 EUR ❷.

   Hinweis: Es darf KEIN **neuer Be-/Abzug** angelegt werden und in der Historie darf auch KEINE **Zeile neu** erfasst werden. Es wird nur der bereits erfasste Betrag aktualisiert.

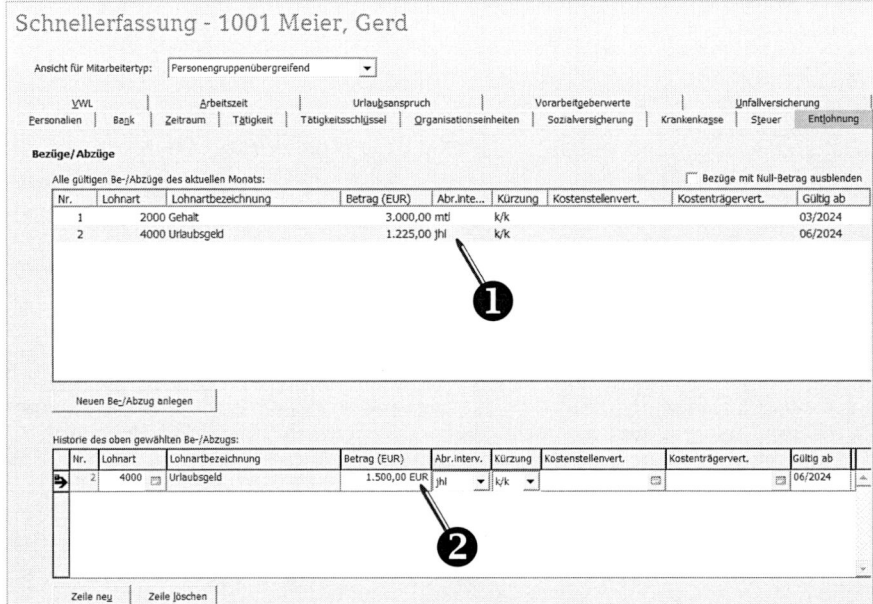

So erfassen Sie das Urlaubsgeld in der Monatserfassung

Für die Abrechnung von Urlaubsgeld stehen Ihnen in DATEV verschiedene Lohnarten zur Verfügung. Hier werden nur 2 Lohnarten exemplarisch erklärt. Die Erfassung des Urlaubsgeldes als Festbetrag kann in den Stammdaten der Mitarbeiter erfolgen (PN 1001) oder in der Monatserfassung. Bei jährlich konstantem Urlaubsgeld ist die Erfassung in den Stammdaten die bessere Variante. Stundenlohnabhängiges Urlaubsgeld muss immer in der Monatserfassung eingetragen werden.

Sie befinden sich auf der Mitarbeiterebene (PN 1002, 1003, 1005, 1006, 1007).

1. Ist das Urlaubsgeld **stundenlohnabhängig** (PN 1002, 1006), verwenden Sie z. B. die **LA 4020 Urlaubsgeld, Std.** und erfassen die **Urlaubsstunden** und evtl. eine abweichende Lohnveränderung (hier: **Abw. Lohnv. = 50 %**).

Die Summe der Urlaubsstunden können Sie zuvor im Kalender❶ ablesen. DATEV greift zur Berechnung auf den Stundenlohn 1 aus den Stammdaten zu.

2. Ist das Urlaubsgeld ein **Festbetrag** (PN 1005, 1007), verwenden Sie die **LA 4000 Urlaubsgeld** und im Falle der Geschäftsführerin (PN 1003) die neu angelegte **LA 4002 Urlaubsgeld GF**. Hier wird der Gesamtbetrag erfasst.

So beeinflussen die Vorarbeitgeberwerte die Besteuerung von Einmalzahlungen

Führen Sie nach Erfassung der Daten eine Probeabrechnung durch und überprüfen Sie das Verarbeitungsprotokoll.
Für Arbeitnehmer ohne Vorarbeitgeberwerte (PN 1002, 1005) erhalten Sie folgende Meldung:

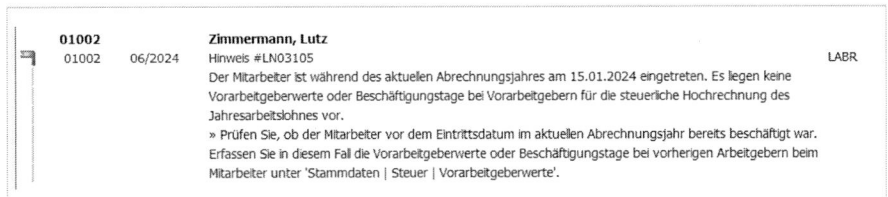

Für die Versteuerung der Einmalzahlung wird das Jahressteuerbrutto nur für die Monate beim aktuellen Arbeitgeber ermittelt.

Haben Sie Vorarbeitgeberwerte eingetragen, werden diese bei der Berechnung des Jahressteuerbruttos berücksichtigt.

Sollte nur bekannt sein, für welchen Zeitraum ein vorheriges Arbeitsverhältnis bestand ohne das Verdienstangaben vorliegen, werden in den Vorarbeitgeberwerten nur die Beschäftigungstage eingetragen. Damit wird für den Vorbeschäftigungszeitraum ein fiktives Steuerbrutto ermittelt und auf der Lohnsteuerbescheinigung wird automatisch der Großbuchstabe "S" eingetragen.

So sehen Sie sich die Berechnung der Steuern und SV-Beiträge der Einmalzahlungen an

Voraussetzung: Die Lohnabrechnung wurde durchgeführt.

Sie befinden sich auf Mitarbeiter- oder Mandantenebene.

1. Öffnen Sie im Menü: Auswertungen → Berechnungsschemata oder in der Übersicht: Auswertungen → Berechnungsschemata.

2. Wählen Sie auf der Mandantenebene eine Mitarbeiternummer aus.

3. Aktivieren Sie die steuerliche und die sv-rechtliche Behandlung.

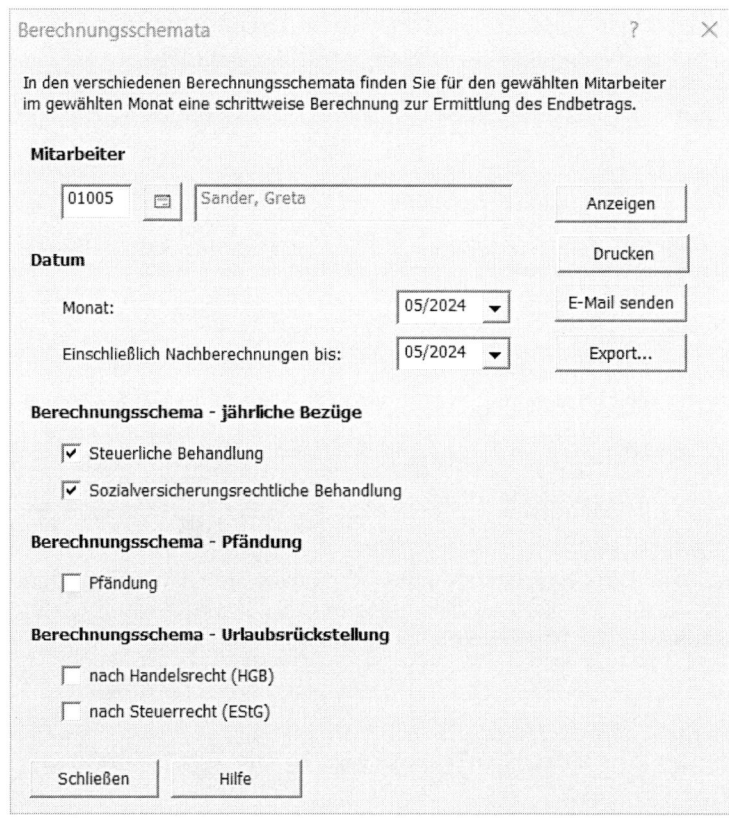

4. Klicken Sie auf Anzeigen und sehen Sie sich die Berechnungen kann.

Wechseln Sie auf die Mandantenebene, erstellen Sie die Lohnabrechnungen für alle Mitarbeiter und führen Sie den Monatsabschluss durch.

Gehen Sie auf Daten Senden und überprüfen Sie die Auswertungen.

10

Lohn- und Gehaltsabrechnung (Juli)

In diesem Kapitel lernen Sie, wie der Austritt eines Arbeitnehmers erfasst wird und welche Angaben für die Abrechnung eines Werkstudenten im Übergangsbereich relevant sind.

Inhalt

- Werkstudenten
- Midijob
- Geringfügig Beschäftigte
- Kurzfristige Beschäftigung
- Austritt
- Angaben der Arbeitsbescheinigung

Aufgaben

Übung Juli

Ausgangsdaten:
07 Franconia Textilia
GmbH

Mandanten- und
Personal-Stammdaten
finden Sie ab Seite 233

a) Legen Sie die folgenden Mitarbeiter entsprechend den Mitarbeiter-Stammdaten an

1008 Krause, Anja Laura
1009 Pfeifer, Gisa
1010 Hempel, Leon

b) Bei den Stundenlohnempfängern wird in allen Fällen unterstellt, dass sie exakt die Anzahl Stunden arbeiten, die ihrer Arbeitszeit entsprechen. Geben Sie die abzurechnenden Stunden mit Hilfe des Kalenders ein. Überstunden sind, sofern angefallen, separat angegeben.

Personalnummer:	1003 Leinweber, Gabriele
Urlaub:	01. – 19.07.

Personal-Nr., Name:	1007 Deckert, Georg-Peter
Bezüge:	Umsatzprovision 636,00 €
Austritt:	31.07.2024
Arbeitsbescheinigung:	Die Kündigung erfolgte am 15.07.2024 durch den Arbeitgeber. Sie wurde persönlich zugestellt. In der Probezeit beträgt die Kündigungsfrist 2 Wochen ab dem Kündigungstag (ohne festes Ende). Die Kündigung erfolgte schriftlich. Es wurde keine Kündigungsschutzklage erhoben und keine Sozialauswahl vorgenommen. Ein Anspruch auf Zahlungen nach dem Austritt besteht nicht.
Urlaub:	Die Wartezeit von 6 Monaten wurde nicht erfüllt, somit ist der anteilig erworbene Urlaubsanspruch entweder abzugelten oder zu gewähren. Im Musterfall wird der anteilige Resturlaub zum Ende des Beschäftigungsverhältnisses gewährt.

Personal-Nr., Name:	1010 Hempel, Leon
Bezüge:	Für Juli 59,0 Stunden

c) Erstellen Sie für alle Mitarbeiter die Entgeltabrechnung für den Monat Juli unter Berücksichtigung der o. g. Informationen.

d) Führen Sie den Monatsabschluss durch und wechseln in den nächsten Monat.

10.1 Werkstudenten

1. Beim Anlegen von Anja Laura Krause (PN 1008) wählen Sie den Mitarbeitertyp
Werkstudent/in aus ❶.

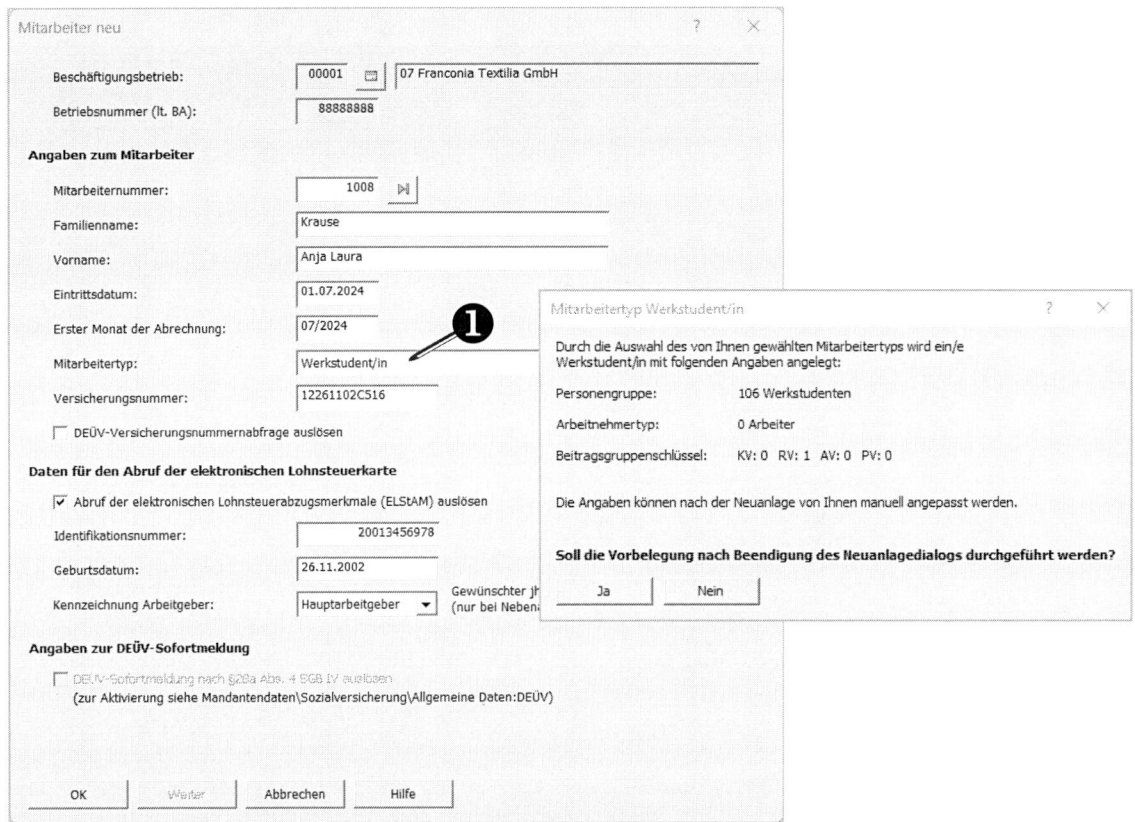

2. Damit werden die Stammdaten für den Personengruppenschlüssel **Werkstu-
dent** vorbelegt und die Register der Schnellerfassung entsprechend angepasst.
Ergänzen Sie die restlichen Stammdaten.

   Das Gültigkeitsdatum für die **Studienbescheinigung** finden Sie in der Schnellerfassung im Register Personalien oder in den Stammdaten → Personaldaten
im Register Persönliche Angaben.

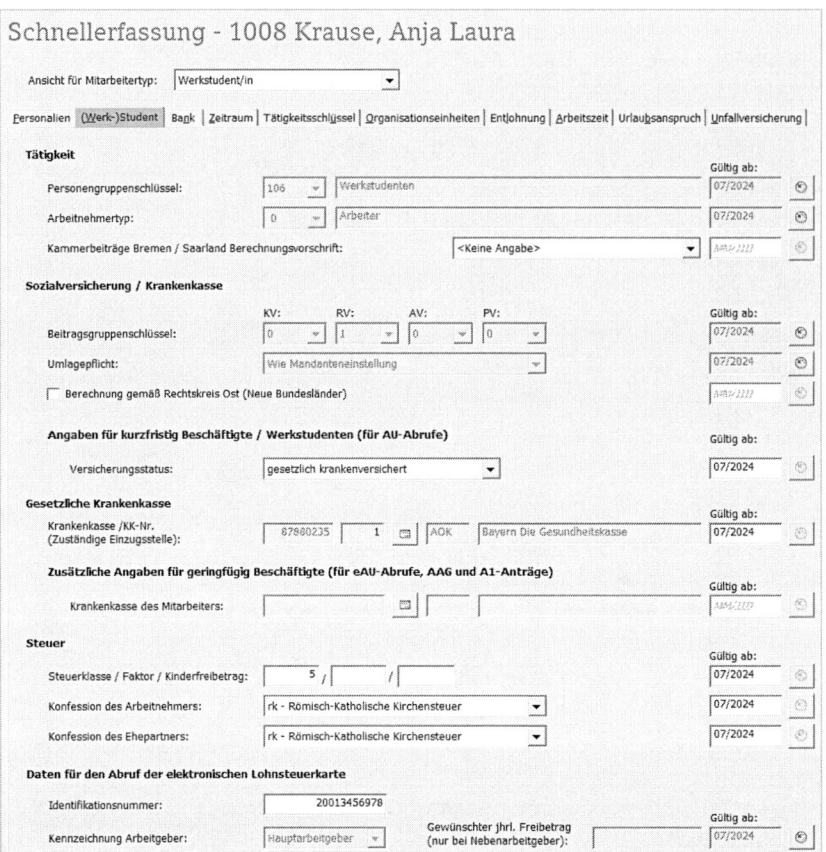

3. Beachten Sie, dass Sie den Urlaubsanspruch kürzen müssen, da die 25 Tage Urlaub für eine 5-Tage-Woche gelten. Frau Krause arbeitet nur 3 Tage/Woche. Das Programm kürzt den Urlaub nur für anteilige Monate.

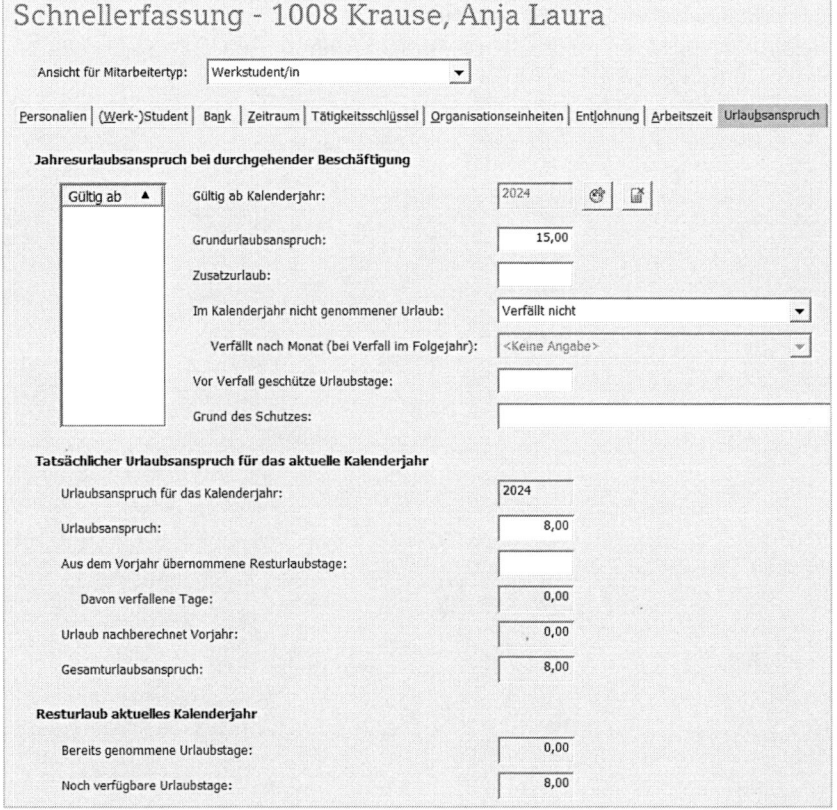

10.2 Midijob

Sie befinden sich auf der Mitarbeiterebene (PN 1008).

1. Öffnen Sie in der Übersicht Stammdaten → Sozialversicherung → Allgemeine SV-Daten.
2. Gehen Sie hier auf die Registerkarte Midijob.
3. Aktivieren Sie das Kontrollkästchen Midijob berechnen ❶.

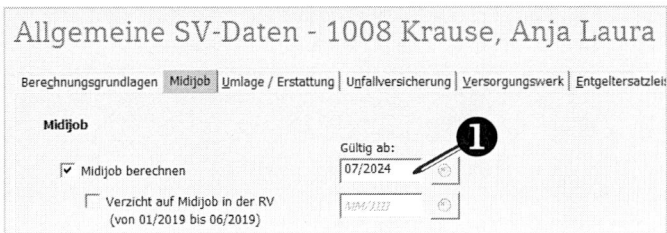

10.3 Geringfügig Beschäftigte

1. Stellen Sie bei der Anlage der Mitarbeiterin (PN 1009) den Mitarbeitertyp auf **geringfügig entlohnt Beschäftigte/r.**
2. Ändern Sie in der Schnellerfassung → GFB den **Arbeitnehmertyp** auf **5 Geringfügig Beschäftigter mit Pauschalversteuerung (Angestellter).**

   Erfassen Sie zusätzlich zur Knappschaft noch die **tatsächliche Krankenkasse des Mitarbeiters** sowie im Bereich **Steuer** die **Identifikationsnummer.**
3. Stellen Sie im Register Organisationseinheiten die **Mitarbeitergruppe für FiBu** auf **1 GFB-Minijob** um.
4. Legen Sie in der Schnellerfassung →Entlohnung die **LA 2201 Aushilfslohn, Betr.** als **neuen Be-/Abzug** an.
5. Geben Sie den gekürzten **Urlaubsanspruch** ein (25 Arb.-Tage/Jahr : 5-Arb.-Tage/Woche x 2 Arb.-Tage/Woche).

10.4 Kurzfristige Beschäftigung

Bei kurzfristig Beschäftigten (PN 1010) sind folgende Angaben erforderlich:

1. Für das befristete Arbeitsverhältnis wird das **Austrittsdatum** gleich erfasst ❶.
   Schnellerfassung → Register: Zeitraum

2. Es handelt sich hier um eine **Zweckbefristung** ❷, da die Beschäftigung nur für einen Messeeinsatz erfolgt.

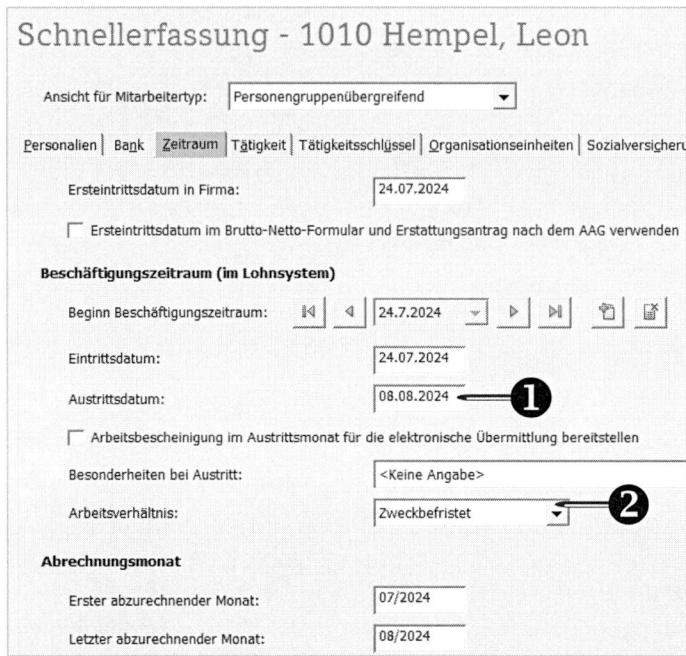

3. Im Register Tätigkeit wählen Sie den **Personengruppenschlüssel** für kurzfristig Beschäftigte aus ❸.

4. Ist eine **Pauschalversteuerung** möglich, wird dies über das Feld **Arbeitnehmertyp** ❹ eingestellt. Dann sind im Register **Steuer** keine weiteren Angaben notwendig.

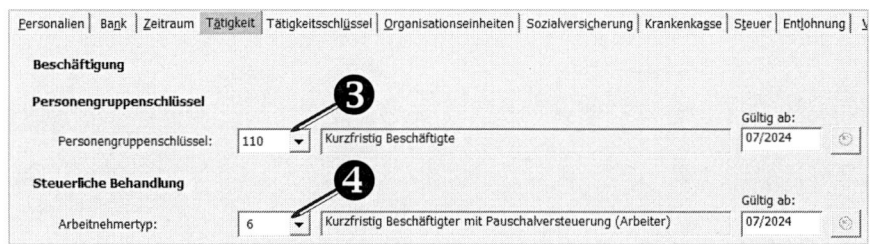

5. Die Beitragsfreiheit wird im Register Sozialversicherung im **Beitragsgruppenschlüssel** (0000) eingetragen.

6. Beträgt die Beschäftigungsdauer weniger als 4 Wochen, sind keine Abgaben zur Umlage 1 fällig, da noch kein Anspruch auf Lohnfortzahlung besteht. Stellen sie die **Umlagepflicht** über die Schaltfläche **Historie** um auf Umlage 2 ❺.

7. Erfassen Sie den **Versicherungsstatus**. Dieser ist für die eAU notwendig. ❻

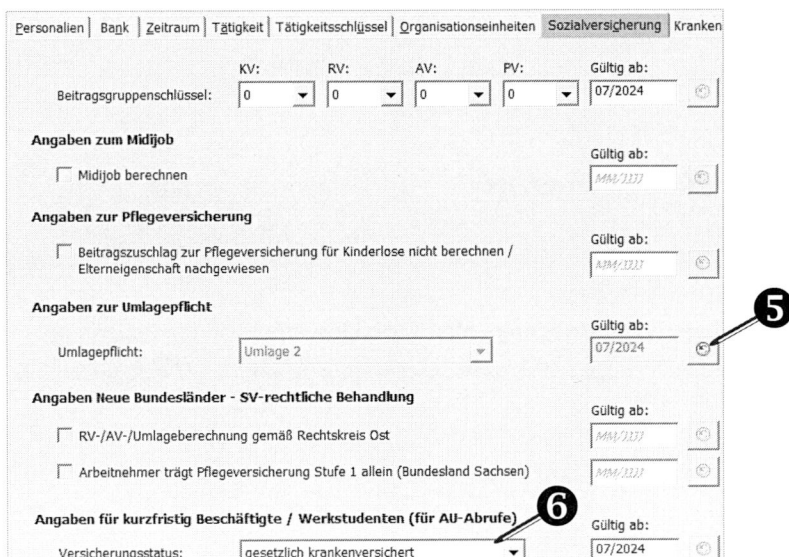

8. Kurzfristig Beschäftigte werden trotz Beitragsfreiheit unabhängig von ihrer Krankenkasse bei der Knappschaft gemeldet. Wählen Sie diese im Register Krankenkasse aus und erfassen Sie zusätzlich die tatsächliche **Krankenkasse des Mitarbeiters**.

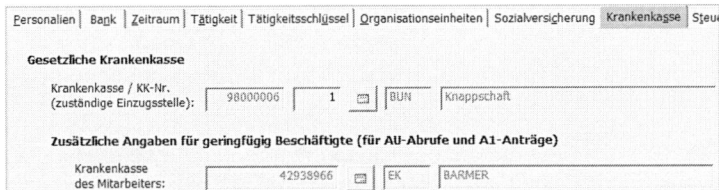

9. Da für den Mitarbeiter keine festen Arbeitszeiten vereinbart wurden, erfassen Sie die geleisteten Stunden in der Monatserfassung (LA 1000) und **nicht** im Kalender.

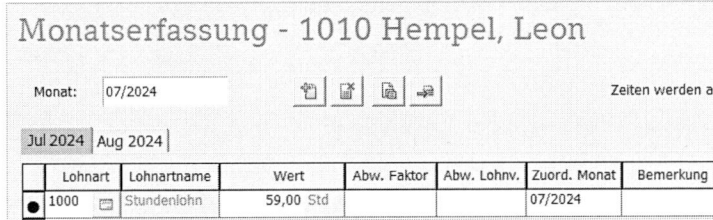

10.5 Austritt

Sie befinden sich auf der Mitarbeiterebene (PN 1007).

So erfassen Sie den Austritt

1. Öffnen Sie die Übersicht: Stammdaten → Beschäftigung → Zeitraum.
2. Geben Sie das **Austrittsdatum** ein.
3. Der **letzte abzurechnende Monat** wird automatisch ermittelt.
4. Wenn Sie die Erstellung einer **Arbeitsbescheinigung** aktivieren❶, sind weitere Angaben auf der Seite Kündigung/Entlassung vorzunehmen.

So berücksichtigen Sie den Resturlaub

1. Im Musterbeispiel wird der Urlaub für das aktuelle Kalenderjahr anteilig am Monatsende gewährt. Korrigieren Sie den **Urlaubsanspruch für das aktuelle Kalenderjahr** unter Übersicht: Mitarbeiter → Stammdaten → Arbeitszeiten → Urlaubsanspruch oder über die Schnellerfassung → Register Urlaubsanspruch im Feld **Urlaubsanspruch** (nicht Grundurlaubsanspruch).
   (30 Tage/Jahr : 12 Monate/Jahr x 2 volle Arbeitsmonate = 5 Tage)
2. Erfassen Sie den Resturlaub im Kalender an den letzten Beschäftigungstagen.

10.6 Angaben der Arbeitsbescheinigung

Diese Angaben sind nicht für die eigentliche Lohnabrechnung notwendig. Sie werden für die Erstellung der Arbeitsbescheinigung gemäß § 312 SGB III verwendet und können bereits in den Mitarbeiterstammdaten eingegeben werden.

Die Daten für die Arbeitsbescheinigung können auch losgelöst vom Lohnprogramm mit dem Programm Bescheinigungen eingetragen bzw. ergänzt werden, da der Lohnabrechner nicht zwingend dafür verantwortlich ist oder die Kündigungsmodalitäten der Arbeitnehmer kennt.

So geben Sie die Daten für die Arbeitsbescheinigung ein

Sie befinden sich auf der Mitarbeiterebene (PN 1007).

1. Öffnen Sie die Übersicht: Stammdaten → Beschäftigung → Kündigung/Entlassung.
2. Geben Sie im Register Kündigung das **Datum** der Kündigung, die **Art der Zustellung**, die maßgebliche **Kündigungsfrist** und welche Partei gekündigt hat an (**Kündigung/Entlassung durch**).

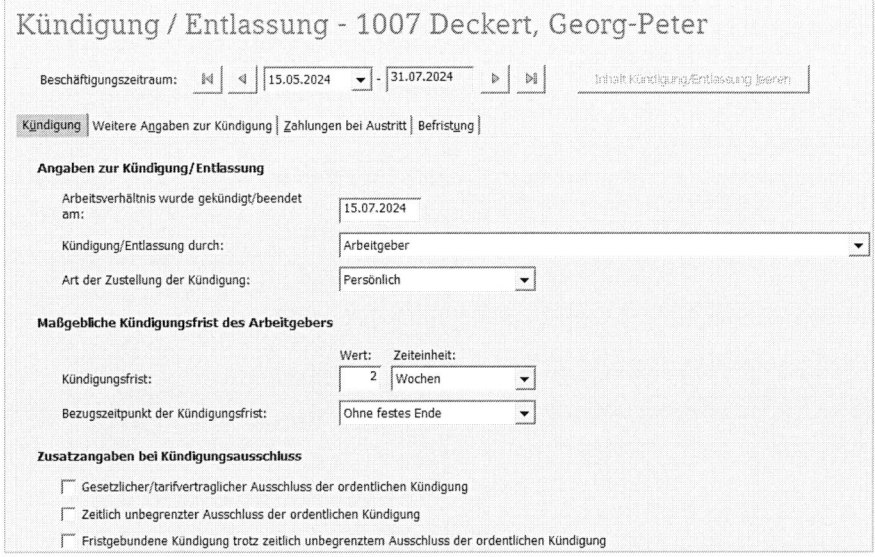

3. In den nächsten beiden Registern wählen Sie aus, ob eine **Kündigungsschutzklage** erhoben wurde, eine **Sozialauswahl** getroffen wurde und ob nach dem Austritt noch Anspruch auf diverse **Leistungen** wie Abfindungen besteht.

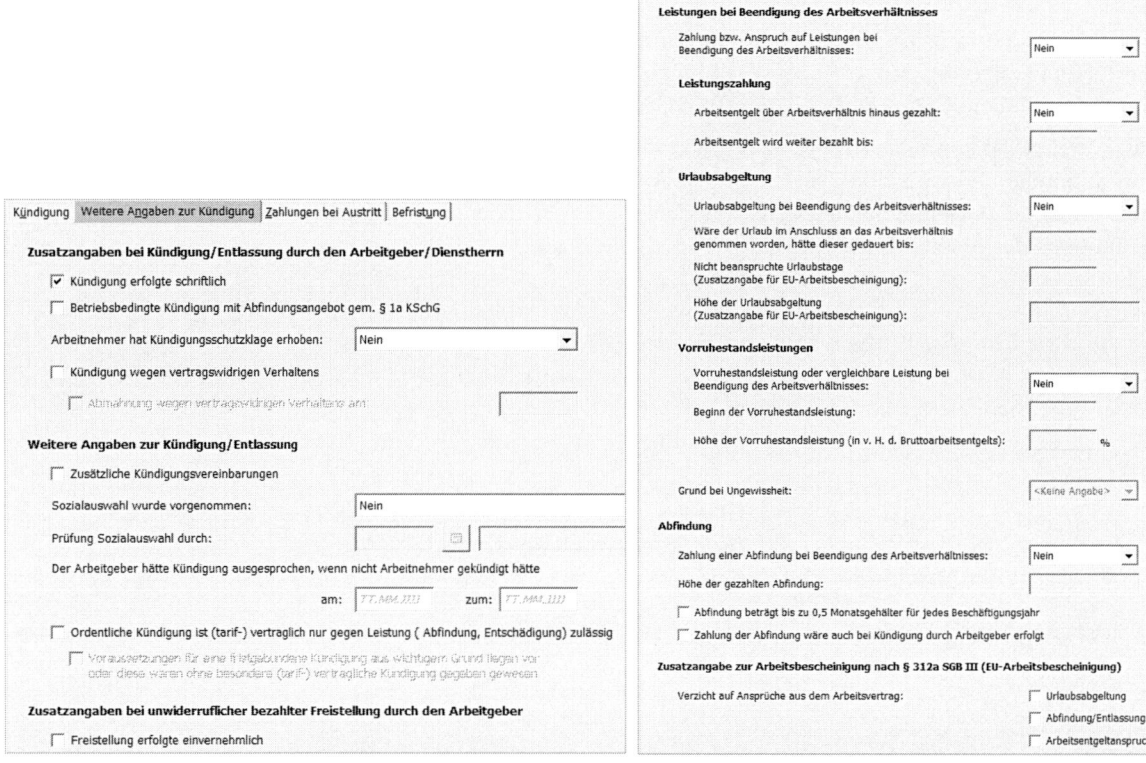

4. Führen Sie eine Probeabrechnung durch. Auf den nächsten Seiten nach dem Brutto/Netto-Formular sehen Sie die Arbeitsbescheinigung.

So erstellen Sie die Arbeitsbescheinigung

Voraussetzung: Sie haben den Monatabschluss durchgeführt.

Sie können das Programm Bescheinigungen z. B. auf Mitarbeiter- oder auch auf Mandantenebene in der Übersicht Bescheinigung oder über die Symbolleiste starten.

Sie befinden sich auf der Mitarbeiterebene (PN 1007).

1. Starten Sie das Programm Bescheinigungen.

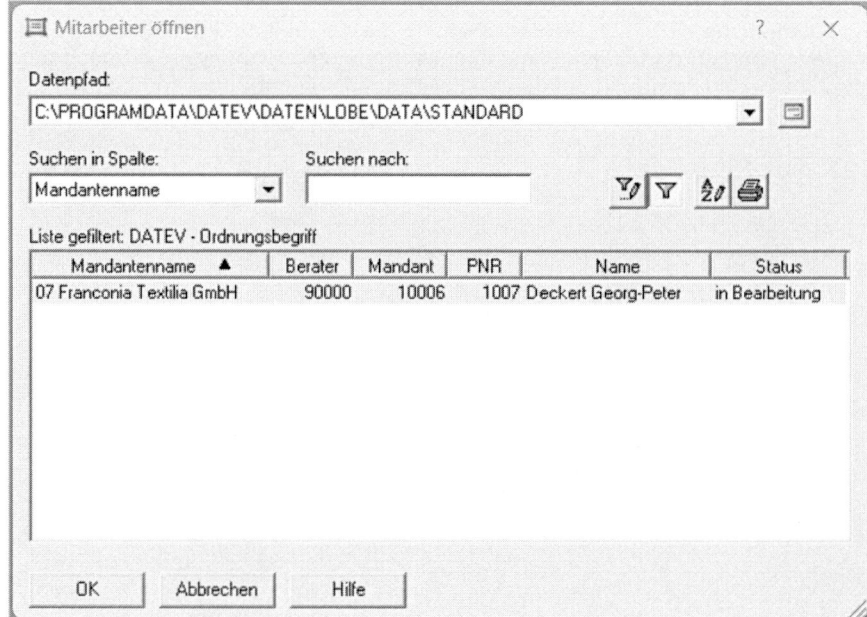

2. Wählen Sie die zu erstellende **Bescheinigung** des Mitarbeiters aus und klicken Sie auf OK. Die Bescheinigung wird nun angelegt.

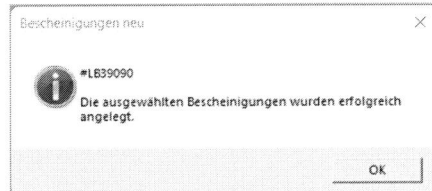

3. Bereits vorhandene Daten werden automatisch aus dem Lohnprogramm übernommen. Kontrollieren Sie die Angaben und ergänzen ggf.

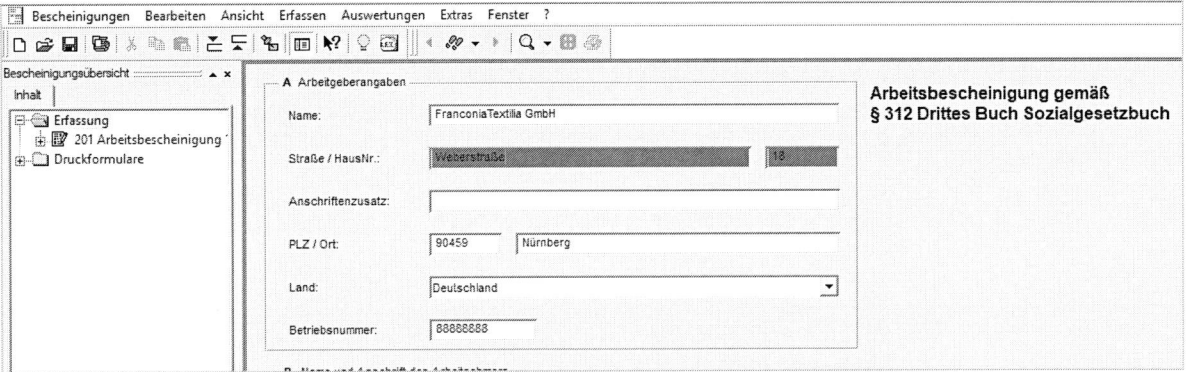

4. Unter Bescheinigungen → Ausgeben wählen Sie die **Bescheinigung** Arbeitsbescheinigung aus.

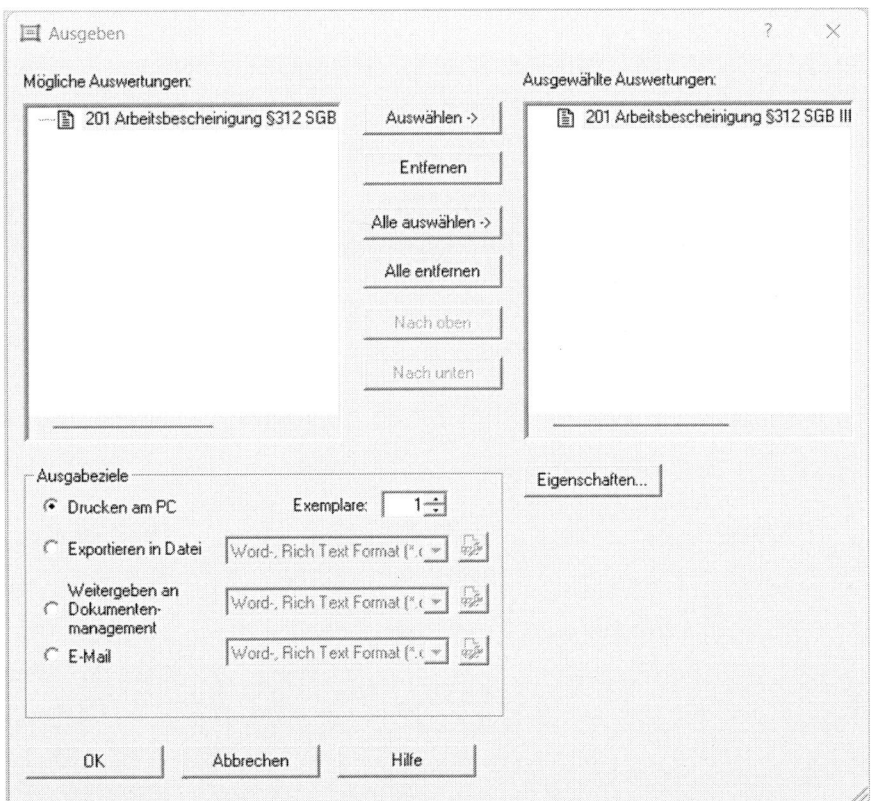

5. Die Bescheinigung kann nun ausgedruckt oder als PDF exportiert werden.
6. Sie können das Programm Bescheinigungen wieder schließen.

11

Lohn- und Gehaltsabrechnung (August)

In diesem Kapitel erläutern wir Ihnen die Erfassung der Mehrfachbeschäftigung unter Berücksichtigung des Übergangsbereiches, sowie die Erstattung der Reisekosten über die Lohn- und Gehaltsabrechnung.

Inhalt

- Reisekosten erfassen
- Steuerklassenänderung mit Nachberechnung
- Abschlagszahlungen und Vorschüsse
- Statuswechsel
- Mehrfachbeschäftigung mit Midijob

Aufgaben

Übung August

Ausgangsdaten:
08 Franconia Textilia
GmbH

Mandanten- und
Personal-Stammdaten
finden Sie ab Seite 233

a) Erstellen Sie für alle Mitarbeiter die Entgeltabrechnung für den Monat August unter Berücksichtigung der u. g. Stamm- und Bewegungsdaten.

Personal-Nr., Name: 1001 Meier, Gerd

Vom 24.07. - 07.08.2024 ist Messe in Frankfurt, auf der Herr Meier die Produkte der GmbH vorstellt. Für diese Dienstreise reicht er eine Reisekostenabrechnung ein. Bitte berücksichtigen Sie diese in der Entgeltabrechnung für den Monat August in der Monatserfassung. Die Hotelrechnung (Übernachtung ohne Frühstück) wurde bereits vom Arbeitgeber bezahlt. Die pauschalversteuerten Fahrtkosten Wohnung - Tätigkeitsstätte werden **nicht** gekürzt.

Reisekostenabrechnung:

Fahrtkostenerstattung:	285,60 € (z. B. LA 9610)
	für Fahrten mit dem eigenen Pkw
Verpflegungsmehraufwand:	392,00 € (z. B. LA 9650)
Sonstige Reisekosten:	176,85 € (z. B. LA 9030)

Personal-Nr., Name: 1003 Leinweber, Gabriele

Steuerklasse: Frau Leinweber hat am 08.05. geheiratet; ihren Namen behält sie weiter. Ab Juni hat sie die Steuerklasse auf III geändert. Dies wurde jedoch nicht in den Stammdaten geändert. Führen Sie mit den geänderten Stammdaten eine Nachberechnung durch.

Personal-Nr., Name: 1004 Hauser, Anna Lena

Urlaub: vom 01. - 16.08. (LA 1600)

Urlaubsgeld lt. Regelung vom Juni

Personal-Nr., Name: 1005 Sander, Greta

Urlaub: vom 05. - 16.08. (ohne LA)

Vorschuss: Frau Sander erhielt am 02.08. für Ihre Urlaubsreise einen Vorschuss[a] von 100,00 € in bar. Dieser wird ihr mit der Abrechnung am 31.08. wieder abgezogen.

Personal-Nr., Name: 1006 Novak, Lado

Abschlag: Herr Novak hatte für August seine Stundenabrechnung nicht pünktlich abgegeben und erhielt deshalb eine einmalige Abschlagszahlung[b] von 700,00 € auf seinen August-Verdienst in bar. Dieser Abschlag wird mit der endgültigen Augustabrechnung wieder verrechnet. Die Abschlagszahlung wird am 31.08. erfasst.

Personal-Nr., Name: 1009 Pfeifer, Gisa

Mehrfach-
beschäftigung: Frau Pfeifer nimmt am 01.08. zusätzlich eine geringfügige Beschäftigung mit einer monatlichen Vergütung von 290,00 € bei einem anderen Arbeitgeber auf.

ELStAM: St.Kl. V, kein Kinderfreibetrag, keine Konfession. Die Elterneigenschaft ist nicht nachgewiesen.

a. Vorschuss ist eine Vorauszahlung auf noch nicht erbrachte Arbeitsleistung und damit noch nicht verdienter Lohn. Es besteht kein Rechtsanspruch.

b. Abschlagszahlung ist eine Vorauszahlung auf bereits erbrachte Arbeitsleistung, wenn die Vergütung fällig aber noch nicht abgerechnet ist, z.B. wenn stark schwankende Bezüge erfasst werden müssen und somit die Abrechnung und Zahlung nicht zum Monatsende möglich ist.

Personal-Nr., Name: 1010 Hempel, Leon
Bezüge: Für August 30 Stunden
Herr Hempel unterstützt Herrn Meier auf der Messe in Frankfurt Er reicht auch
eine Reisekostenabrechnung ein. Bitte berücksichtigen Sie die in der Lohn-
und Gehaltsabrechnung für August (Monatserfassung).
Reisekostenabrechnung:
Fahrtkostenerstattung: 152,00 € (z. B. LA 9610) für IC-Ticket
Verpflegungsmehraufwand: 392,00 € (z. B. LA 9650)
Übernachtungspauschale: 260,00 € (13 x 20,00 €) (z. B. LA 9680)

b) Bei den Stundenlohnempfängern wird in allen Fällen unterstellt, dass sie
exakt die Anzahl Stunden arbeiten, die ihrer Arbeitszeit entsprechen.
Geben Sie die abzurechnenden Stunden mit Hilfe des Kalenders ein. Überstunden sind, sofern angefallen, separat angegeben

c) Führen Sie den Monatsabschluss durch und wechseln Sie in den nächsten
Monat.

11.1 Reisekosten erfassen

Eine Auswärtstätigkeit liegt vor, wenn ein Arbeitnehmer, der eine erste Tätigkeitsstätte hat, aus überwiegend beruflichen Gründen vorübergehend außerhalb dieser
Tätigkeitsstätte und außerhalb seiner Wohnung tätig ist. Der Kostenersatz durch
den Arbeitgeber ist steuerfrei, soweit die Ausgaben als Werbungskosten abziehbar
sind. Reisekosten sind alle durch die Dienstreise unmittelbar verursachten Kosten
z. B. Fahrt-, Übernachtungs- und Verpflegungskosten.
Die Entgeltbescheinigungsverordnung (EBV) legt u.a. fest, welche Angaben auf dem
Lohnzettel auszugeben sind. § 1 Abs. 3 Nr. 1b der EBV bestimmt, welche Werte
nicht in das Gesamtbrutto eingerechnet werden dürfen und daher als Nettobezug
erfasst werden müssen. Der Auszahlbetrag wird somit erhöht.

Für die Abrechnung der steuer- und sv-freien Reisekosten stehen Ihnen folgende
Lohnarten zur Verfügung:

Lohnarten	Netto-Bezüge
9600	Fahrk.Auswärtstätigkeit
9610	Fahrtkosten
9620	Kilometergeld
9630	Doppelte Haushaltsführung
9650	Verpflegungszuschuss
9640	Reisek., Dopp. Haushaltsf
9660	Reisek. Verpfleg. mehrauf.
9680	Übernacht-mehrauf, k.LStB
9670	Verpflegungszusch., k.LStB

Weiterführende Informationen zu den Lohnarten der Reisekosten finden Sie in den
Dokumenten 1005132, 5303224.

Sie befinden sich auf der Mitarbeiterebene (PN 1001, 1010).

1. Öffnen Sie in der Übersicht: Bewegungsdaten → Monatserfassung.

2. Erfassen Sie die jeweiligen Lohnarten bei PN 1001 und 1010.

11.2 Steuerklassenänderung mit Nachberechnung

Sie befinden sich auf der Mitarbeiterebene (PN 1003).

1. Wählen Sie in der Übersicht Schnellerfassung und wechseln Sie dort auf das Register Steuer.

2. Klicken Sie in der Zeile Steuerklasse/Faktor / Kinderfreibetrag auf das Symbol Historie bearbeiten ❶.

3. Erfassen Sie die geänderte **Steuerklasse** mit dem Datum, ab dem sie gültig ist. Durch die Eingabe 06/2024 im Feld **Gültig ab** ❷ wird bei der Monatsabrechnung 08/2024 automatisch eine Korrekturabrechnung ab 06/2024 durchgeführt.

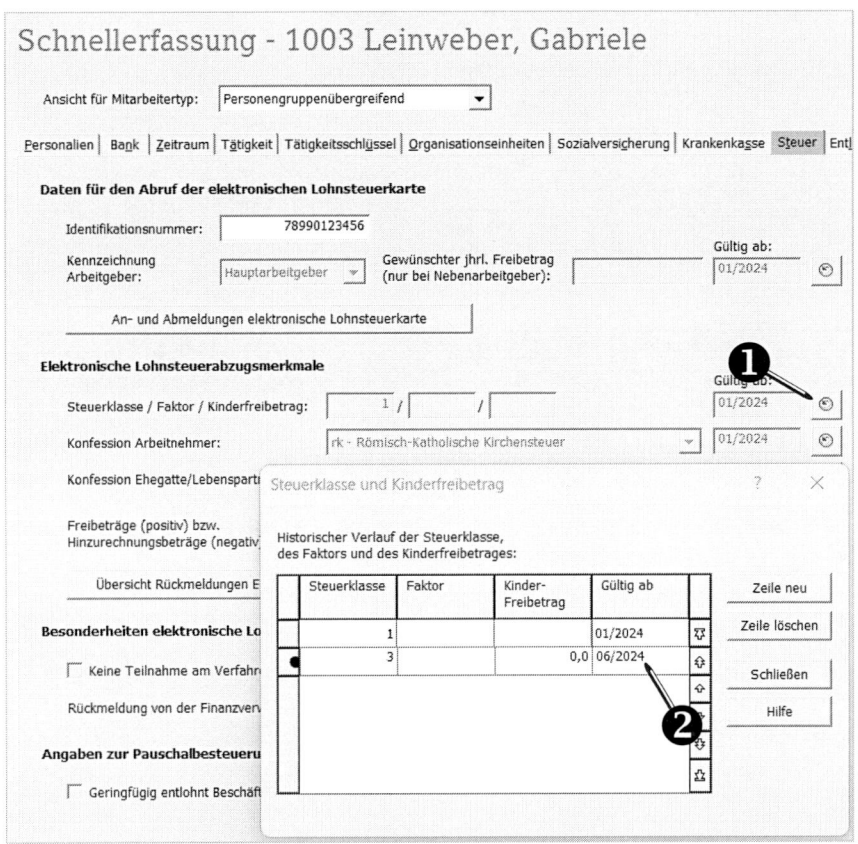

Bei der Lohnabrechnung werden Sie im Protokoll auf die automatische Nachberechnung hingewiesen. Im Brutto/Netto-Formular können Sie die Nachberechnung bei den Steuerabzügen in der 2. Zeile erkennen (N = Nachberechnung).

4. Ändern Sie den Familienstand in **verheiratet** über Schnellerfassung → Personalien.

Hinweis: Rückwirkende Änderungen von Bewegungsdaten (Kalendererfassung oder Monatserfassung) führen auch zu einer automatischen Nachberechnung. Bei der Monatsabrechnung muss der erste nachzuberechnende Monat für rückwirkende Änderungen nicht angegeben werden.

11.3 Abschlagszahlungen und Vorschüsse

So erfassen Sie einen Vorschuss

Sie befinden sich auf der Mitarbeiterebene (PN 1005).

1. Erfassen Sie die Verrechnung des Vorschusses in der Monatserfassung mit der **LA 9000 Vorschuss**.
   Achtung: Sie müssen den Betrag mit Minus erfassen.

So erfassen Sie eine Abschlagszahlung

Sie befinden sich auf der Mitarbeiterebene (PN 1006).

1. Wählen Sie in der Übersicht Stammdaten → Abschlagszahlungen und klicken Sie auf das Symbol **Neu** ❶.

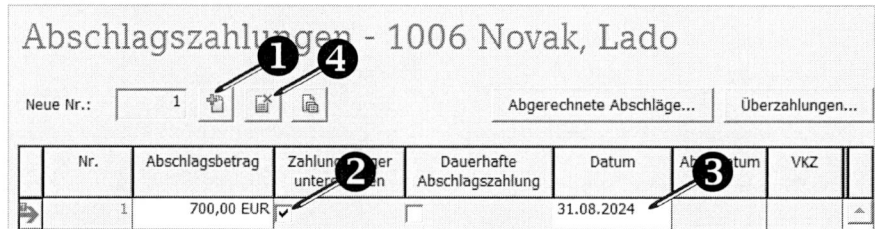

2. Geben Sie die Höhe der Abschlagszahlung ein.

3. Aktivieren Sie das Kontrollkästchen **Zahlungsträger unterdrücken** ❷.

4. Da es sich um eine einmalige Abschlagszahlung handelt, geben Sie das **Datum** ❸ an, wann die Abschlagszahlung erfasst wurde.

5. Falsch erfasste Abschlagszahlungen lassen sich über das Symbol **Abschlagszahlung löschen** wieder entfernen ❹.

So führen Sie eine Abschlagszahlung durch

Sie befinden sich auf der Mandanten- oder Mitarbeiterebene.

1. Wählen Sie den Menüpunkt Abrechnung → Abschlagszahlung.

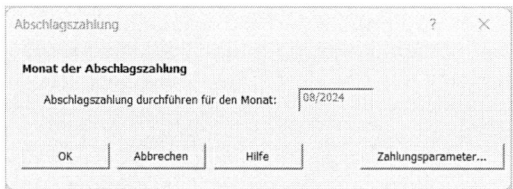

2. Sie erhalten ein **Verarbeitungsprotokoll**.

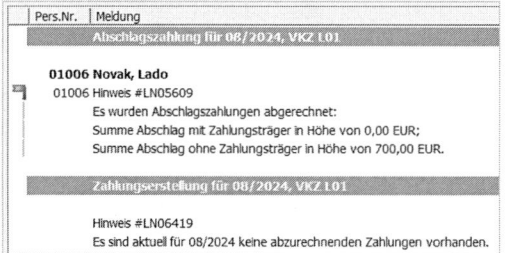

3. Der **Abrechnungsmonat** und das **Verarbeitungskennzeichen (VKZ)** werden nun im Dialog **Abschlagszahlung** angezeigt ❺.

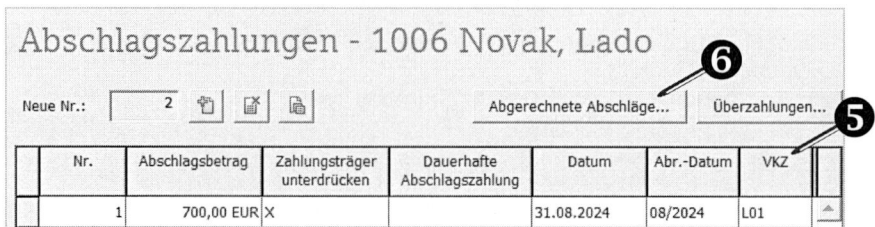

4. Auf dem Brutto/Netto-Formular wird der Abschlag automatisch mit LA 9860 als Nettoabzug abgerechnet.

5. Über die Schaltfläche **Abgerechnete Abschläge...** ❻ erhalten Sie eine Übersicht aller bisherigen Abschlagszahlungen.

11.4 Statuswechsel

Auf Grund der Mehrfachbeschäftigung bei PN 1009 übersteigt der Verdienst aus beiden Arbeitsverhältnissen die Geringfügigkeitsgrenze. Es liegt keine geringfügige Beschäftigung mehr vor. Die Stammdaten müssen angepasst werden.

Sie befinden sich auf der Mitarbeiterebene (PN 1009).

1. Ändern Sie in der Schnellerfassung die Ansicht für den Mitarbeitertyp in **Personengruppenübergreifend** und passen Sie die Stammdaten an die neue Situation an.
   Für die Änderungen muss in den jeweiligen Feldern immer eine neue Historie gültig ab 08/2024 angelegt werden.
   Achtung: Der vorherige Eintrag darf nicht gelöscht oder überschrieben werden.

2. Ändern Sie in der Schnellerfassung im Register Tätigkeit den **Personengruppenschlüssel** (101) und den **Arbeitnehmertyp** (1 - Angestellter).

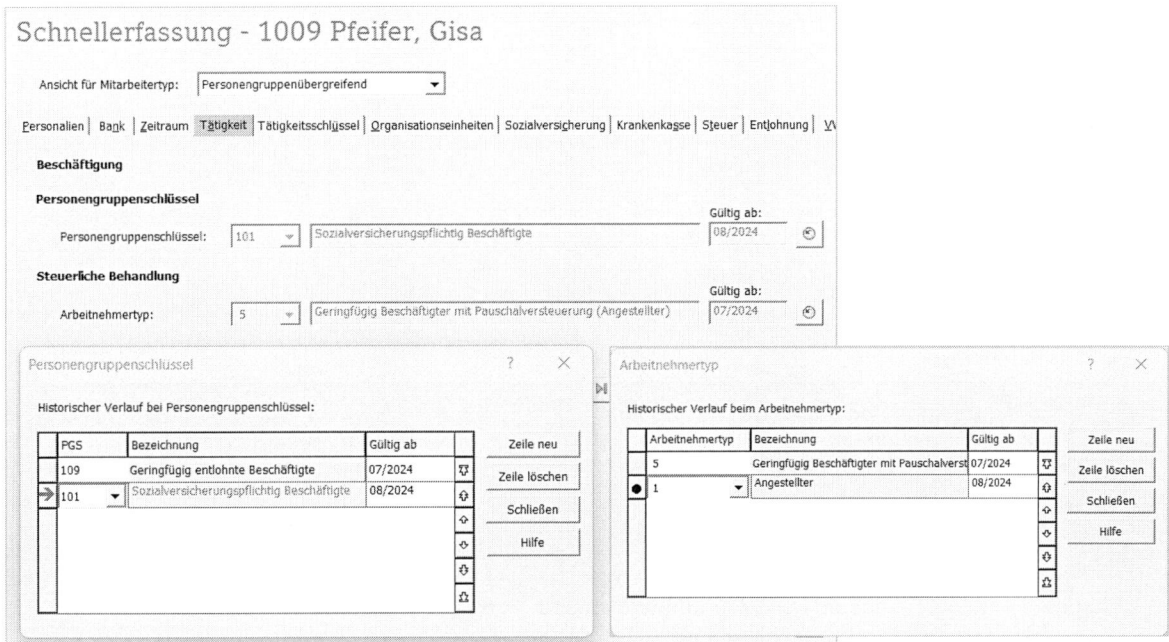

3. Im Register Sozialversicherung ändern Sie den **Beitragsgruppenschlüssel** (1111). Die **Elterneigenschaft** war nicht nachgewiesen.

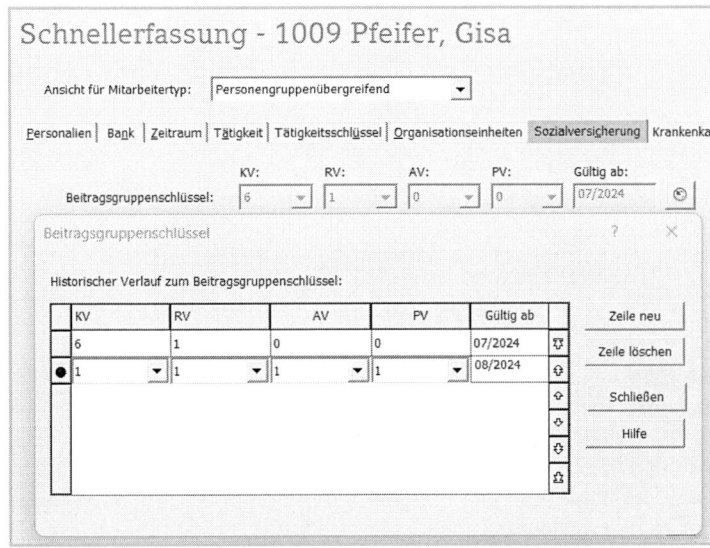

4. Die Krankenkasse muss ebenfalls korrigiert werden.

Ändern Sie zuerst die **Krankenkasse des Mitarbeiters** in den **zusätzlichen Angaben für geringfügig Beschäftigte** (nur **Gültig ab** erfassen) und danach erst die **gesetzliche Krankenkasse**.

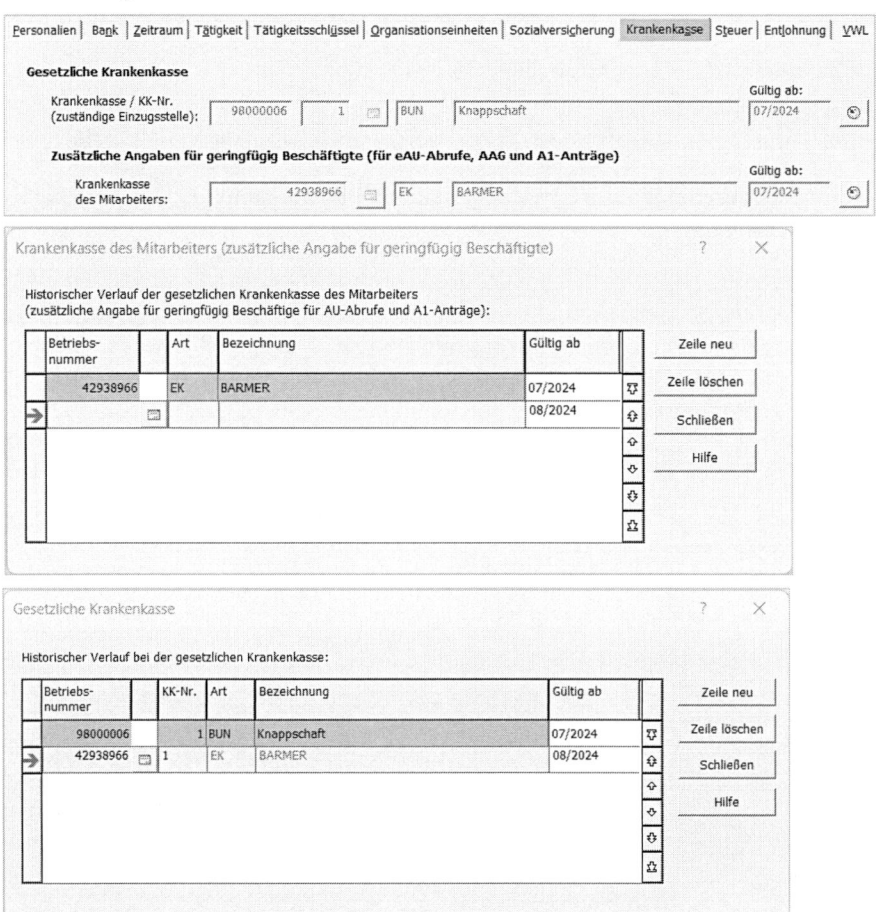

5. Im Register Steuer tragen Sie die **Steuerabzugsmerkmale** (Haupt-AG und Steuerklasse) ein und **deaktivieren** die **Pauschalversteuerung** 2 %.

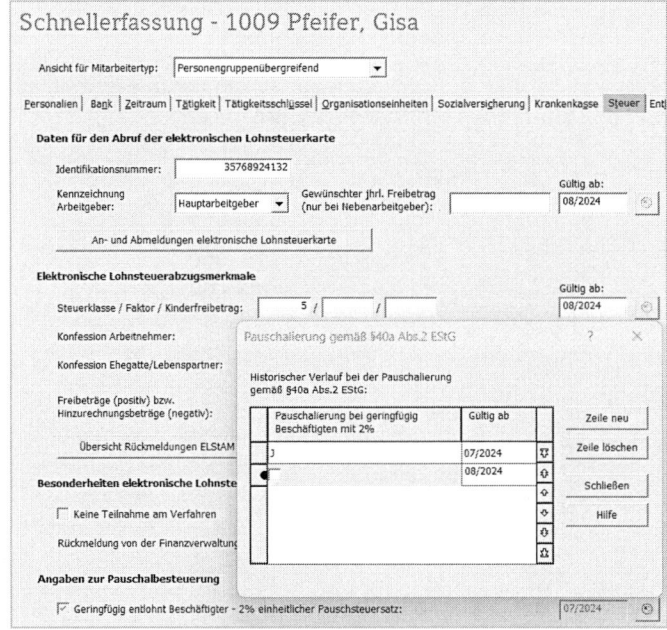

6. Im Register Organisationseinheiten sollte die **Mitarbeitergruppe für FiBu** über die Historie von 1 auf 0 geändert werden.

7. Führen Sie nun eine Probeabrechnung durch. Im Verarbeitungsprotokoll sollte u.a. auch die Anmeldung bei ELStAM zu sehen sein.
   Bei Abrechnungen in die Zukunft, erhalten Sie Fehler für DEÜV-Meldungen. Diese können Sie ignorieren. In der Praxis würden Sie nicht in die Zukunft abrechnen.

11.5 Mehrfachbeschäftigung mit Midijob

Sie befinden sich auf der Mitarbeiterebene (PN 1009).

1. Öffnen Sie in der Übersicht Stammdaten → Sozialversicherung → Mehrfachbeschäftigung.

2. Im Register Allgemein geben Sie das **Gültigkeitsdatum** ein und setzen das Häkchen für **Mehrfachbeschäftigung** ❶.

3. Geben Sie den **Verdienst aus dem anderen Beschäftigungsverhältnis** ein ❷.

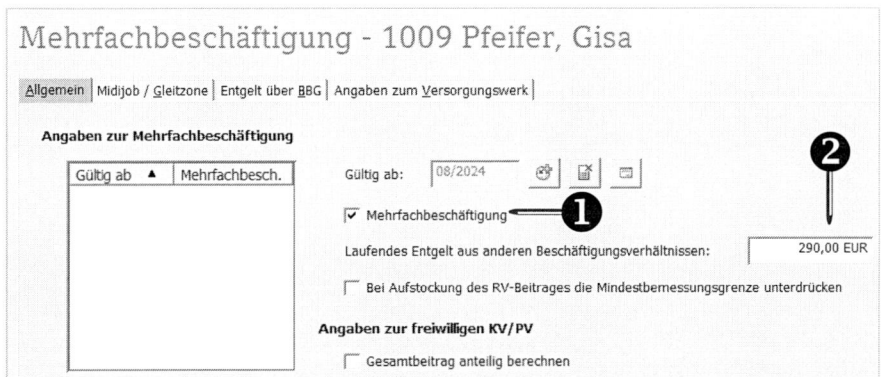

Hinweis: Eine GKV-Meldung erfolgt nur auf Anforderung der Krankenkasse.

4. Wechseln Sie in das Register Midijob. Tragen sie für die Berechnungsgrundlage das **Gültigkeitsdatum**, die **SV-Tage** und das **SV-Brutto vom anderen Arbeitgeber**.

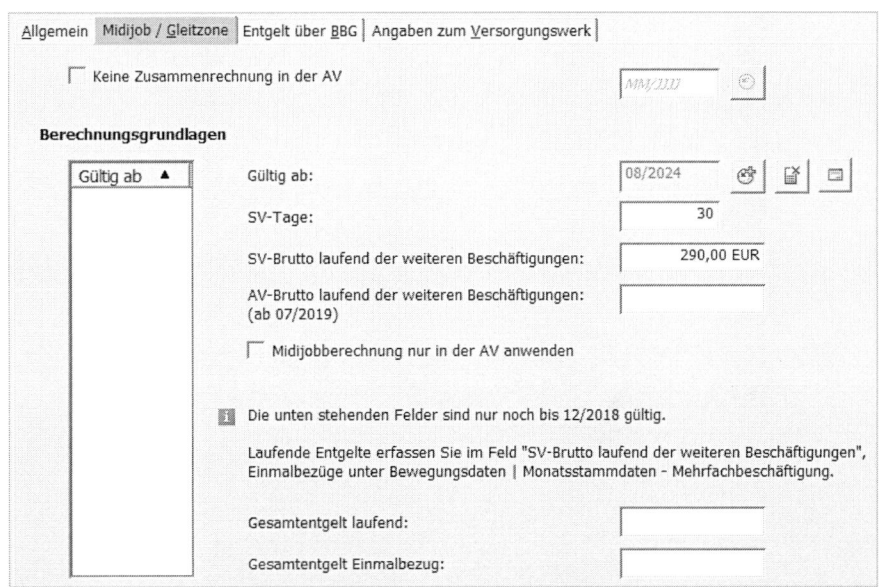

Hinweis: Damit ist die Berechnung als Midijob noch nicht aktiviert. Es ist lediglich der Gesamtverdienst aus anderen Arbeitsverhältnissen eingegeben worden, der im Übergangsbereich berücksichtigt werden muss.

11.6 Midijob

Sie befinden sich auf der Mitarbeiterebene (PN 1009).

1. Öffnen Sie Stammdaten → Sozialversicherung → Allgemeine SV-Daten.
2. Gehen Sie hier auf die Registerkarte Midijob.
3. Aktivieren Sie das Kästchen **Midijob berechnen.**

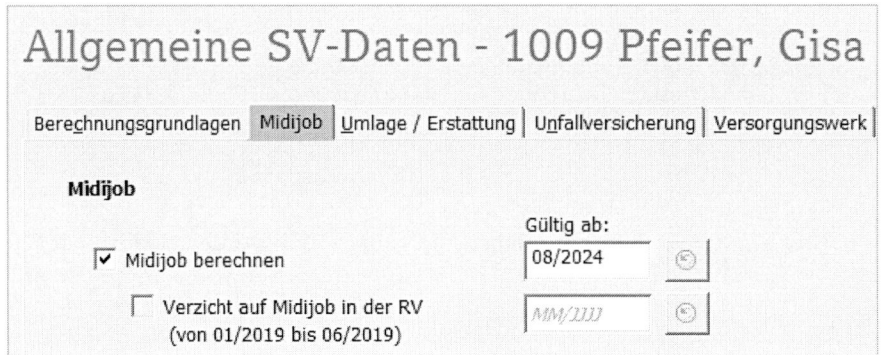

12

Lohn- und Gehaltsabrechnung (September)

In diesem Kapitel lernen Sie, wie Arbeitnehmer mit Privater Krankenversicherung abgerechnet werden. Darüber hinaus wird gezeigt, wie ein geldwerter Vorteil abrechnet wird.

Inhalt

- Private Kranken-/Pflegeversicherung
- Erfassen eines Auszubildenden
- Lohnarten mit Folgelohnarten anlegen
- Erfassen der Werkswohnung
- Fahrtkostenzuschuss ändern
- Jobticket ändern

Aufgaben

Übung September

☞ Ausgangsdaten:
09 Franconia Textilia
GmbH

Mandanten- und
Personal-Stammdaten
finden Sie ab Seite 233

a) Legen Sie die folgenden Mitarbeiter entsprechend den Mitarbeiter-Stammdaten an.
1011 Wieland, Gunder
1012 Mahler, Adrian

b) Bei den Stundenlohnempfängern wird in allen Fällen unterstellt, dass sie
exakt die Anzahl Stunden arbeiten, die ihrer Arbeitszeit entsprechen.
Geben Sie die abzurechnenden Stunden mit Hilfe des Kalenders ein. Überstunden sind, sofern angefallen, separat angegeben

Personal-Nr., Name:	1001 Meier, Gerd
Adresse:	Herr Meier zieht in eine Werkswohnung in die Erlenstraße 3 in 90479 Nürnberg um.
Bezüge:	Die Werkswohnung bekommt er kostenfrei zur Verfü-gung gestellt. Als geldwerter Vorteil werden ihm monat-lich 580,00 € berechnet. Dieser Bezug wird nicht gekürzt. Mit dem Umzug entfällt der Fahrtkostenzuschuss.

Personal-Nr., Name:	1005 Sander, Greta
Bezüge:	Das Jobticket kostet ab September 48,50 €.

Personal-Nr., Name:	1008 Krause, Anja Laura
Hinweistext:	Erinnern Sie Frau Krause daran, dass ihre Studienbeschei-nigung zum 30.09. abläuft. Fügen Sie im September ei-nen Hinweistext (Bitte geben Sie Ihre Studienbescheini-gung bis 20.10. ab) für Frau Krause ein.

c) Erstellen Sie für alle Mitarbeiter des Musterunternehmens die Entgeltabrechnungen für den Monat September. Berücksichtigen Sie dabei obige
Informationen.

d) Führen Sie den Monatsabschluss durch und wechseln Sie in den nächsten
Monat.

12.1 Private Kranken-/Pflegeversicherung

So legen Sie den Beitragsgruppenschlüssel an

Sie befinden sich auf der Mitarbeiterebene (PN 1011).

1. Öffnen Sie in der Schnellerfassung → Register Sozialversicherung.

2. Geben Sie als **Beitragsgruppenschlüssel** 0110 ein.

3. Für die Abführung der RV- und AV-Beiträge müssen Sie im Register Kankenkasse eine gesetzliche Krankenkasse (hier: BARMER) hinterlegen.

So legen Sie die private Kranken- und Pflegeversicherung an

1. Öffnen Sie in der Übersicht: Stammdaten → Sozialversicherung → Private Versicherung.

2. Geben Sie einen neuen Datensatz **Gültig ab** ein.

3. Aktivieren Sie **Privat krankenversichert** ❶ und **Privat pflegeversichert** ❷.

4. Erfassen Sie den **monatlichen Gesamtbeitrag** jeweils für **KV** ❸ und **PV** ❹ und den **Basisanteil zur KV** ❺.

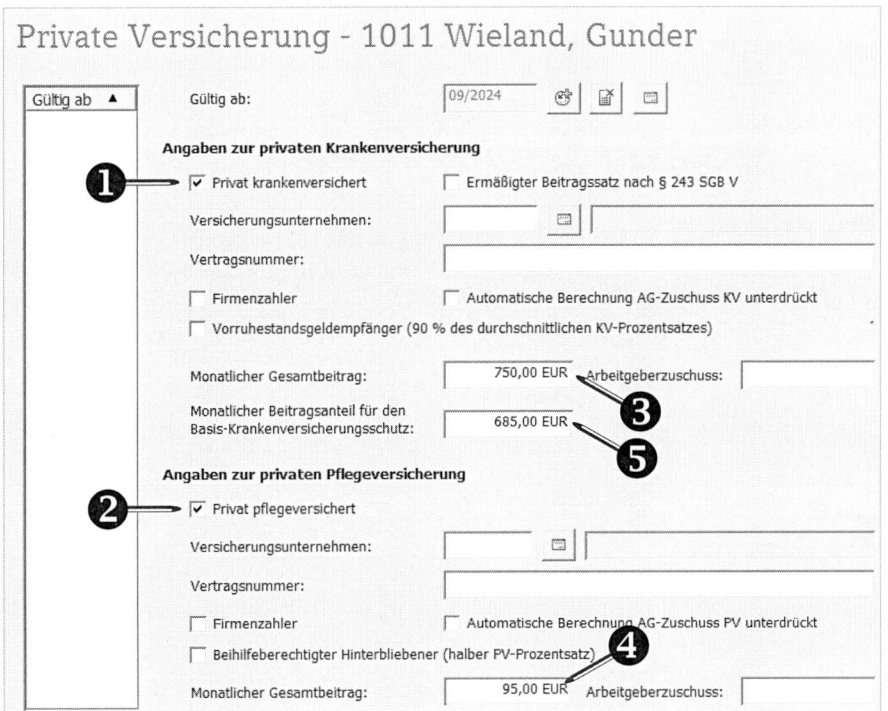

12.2 Erfassen eines Auszubildenden

Der Ablauf erfolgt wie bei anderen Arbeitnehmern. Es sind lediglich einige Besonderheiten in den Stammdaten zu berücksichtigen.

Sie befinden sich auf der Mitarbeiterebene (PN 1012) in der Schnellerfassung.

1. Erfassen Sie hier im Register Tätigkeit den **PGS 102** (Auszubildender ohne besondere Merkmale) und den **Arbeitnehmertyp** kaufm. Auszubildender (3).

2. Tragen Sie den **Beginn der Ausbildung** (beim aktuellen Arbeitgeber) und das **voraussichtliche Ende** ein.

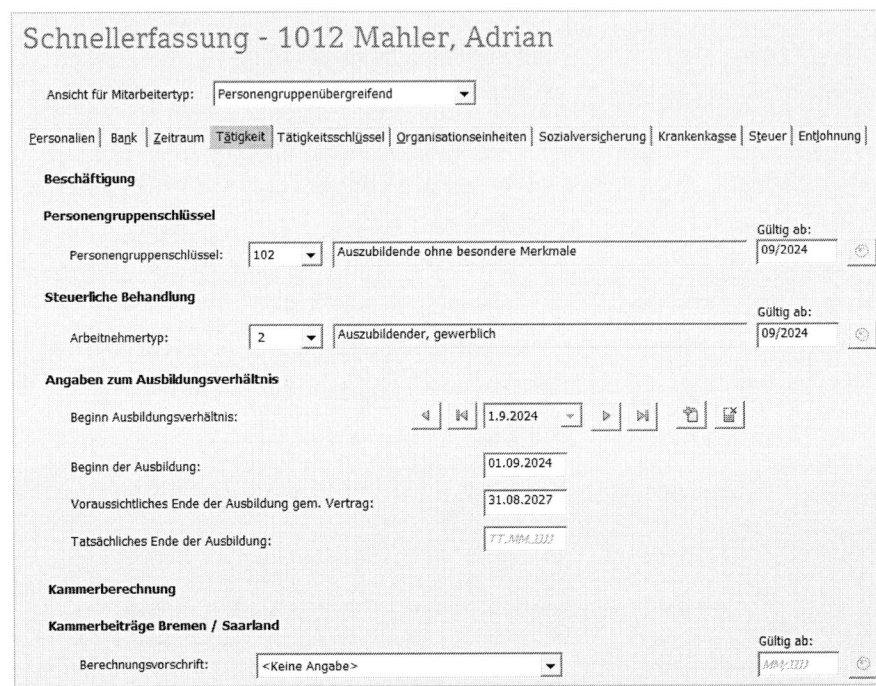

3. Im Register Entlohnung erfassen Sie die Ausbildungsvergütung 650,00 € mit der **LA 2011** gültig ab 09/2024.

4. Über Zeile neu ❶ können Sie bereits die Erhöhung ab 12/2024 hinterlegen.

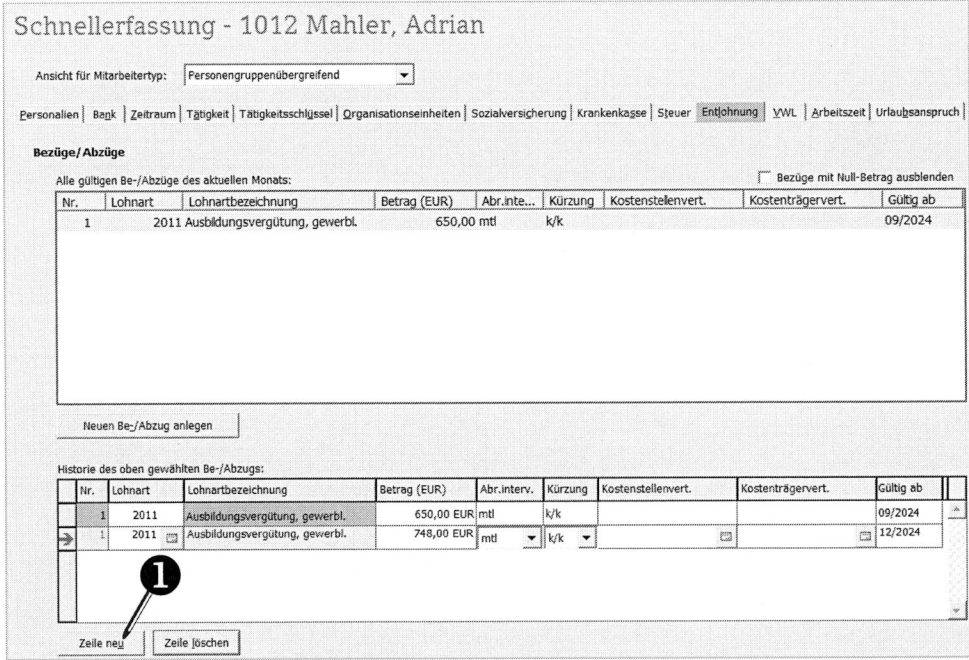

12.3 Lohnarten mit Folgelohnarten anlegen

So legen Sie die Lohnarten für die Werkswohnung an

Sie befinden sich auf der Mandantenebene.

1. Rufen Sie in der Übersicht: Mandantendaten → Anpassung Lohnarten → Lohnarten auf.

2. Wählen Sie in der Lohnartenliste eine ähnliche Lohnart (z. B. LA 2507 sonstiger Bezug).

3. Klicken Sie auf Lohnart kopieren ❶.
   Es öffnet sich ein Dialogfenster.

4. Legen Sie die LA 2508 Werkswohnung (Sachbezug) an ❷.

5. Bestätigen Sie mit OK.

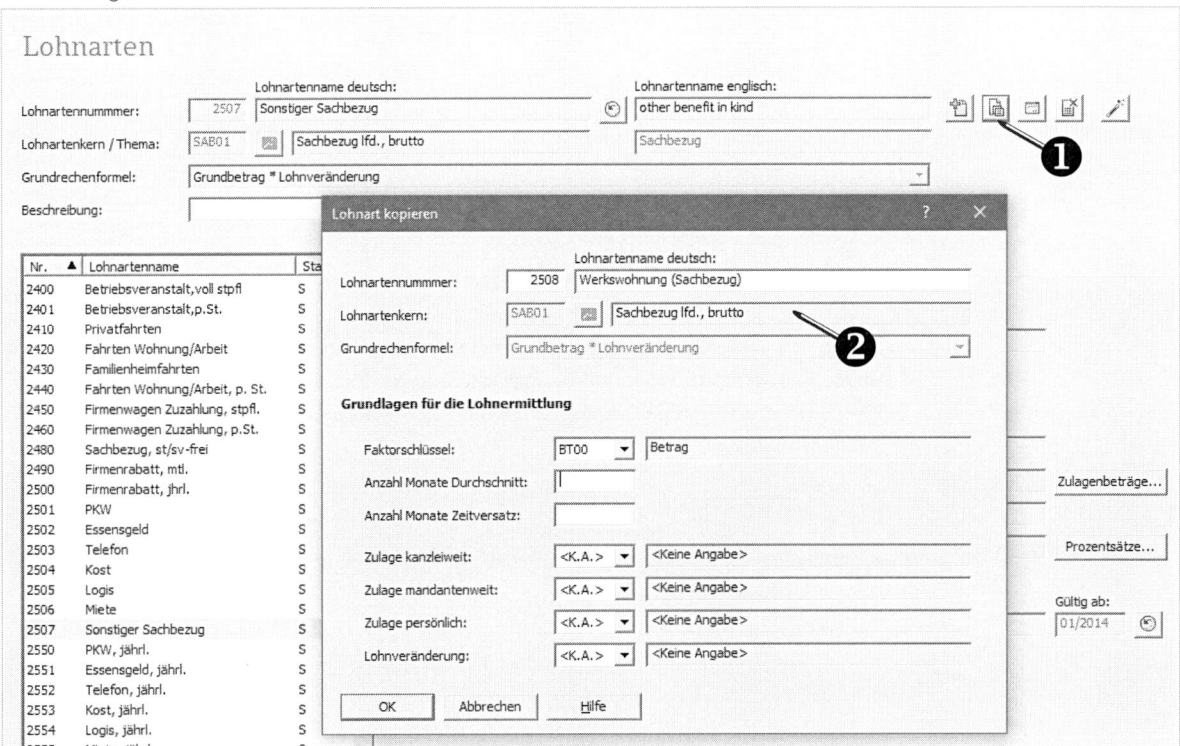

Nun müssen Sie noch den Nettoabzug für die Werkswohnung anlegen.

6. Wiederholen Sie die Schritte 2 bis 5 und legen Sie so die **Lohnart 9012 Werkswohnung (Nettoabzug)** an. Als Kopiervorlage können Sie die LA 9011 verwenden.

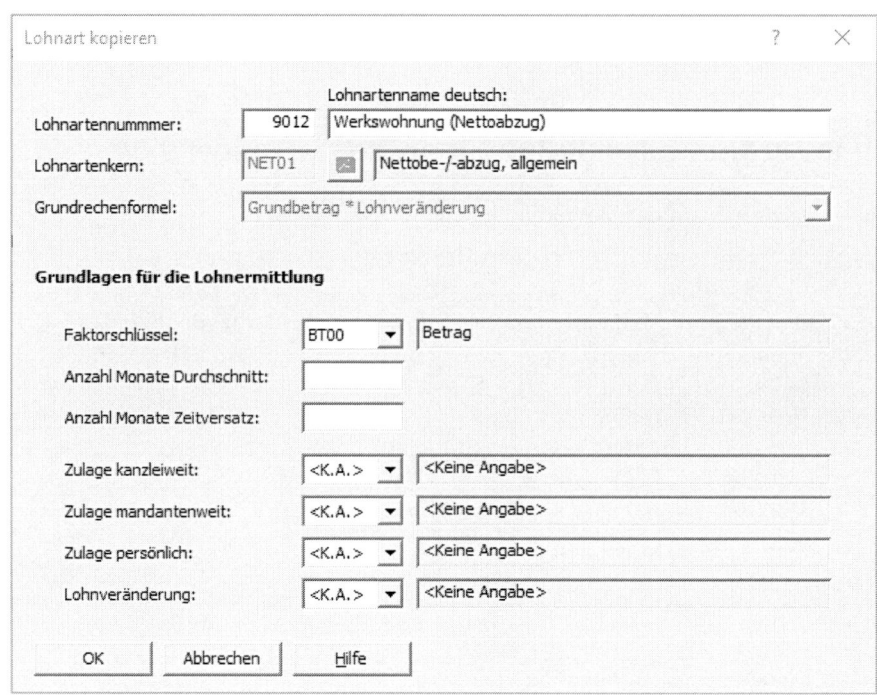

So verknüpfen Sie zwei Lohnarten

Damit bei der Abrechnung der Werkswohnung nur eine Lohnart erfasst werden muss, werden nun die beiden neu angelegten Lohnarten miteinander verknüpft. Die LA 9012 Werkswohnung (Nettoabzug) wird die Folgelohnart der LA 2508 Werkswohnung (Sachbezug).

Sie befinden sich noch in der Übersicht: Mandantendaten → Anpassung Lohnarten → Lohnarten.

1. Wählen Sie in der Lohnartenliste die neue LA 2508 Werkswohnung (Sachbezug) ❶ aus.

2. Wechseln Sie in das Register Folgelohnarten.

3. Hier wird die **Folgelohnart 9011** ❷ von der kopierten LA 2508 Sonstiger Sachbezug angezeigt.

4. Ändern Sie diese über die **Historie** ❸ ab in die neue LA 9012 Werkswohnung (Nettoabzug) ❹.

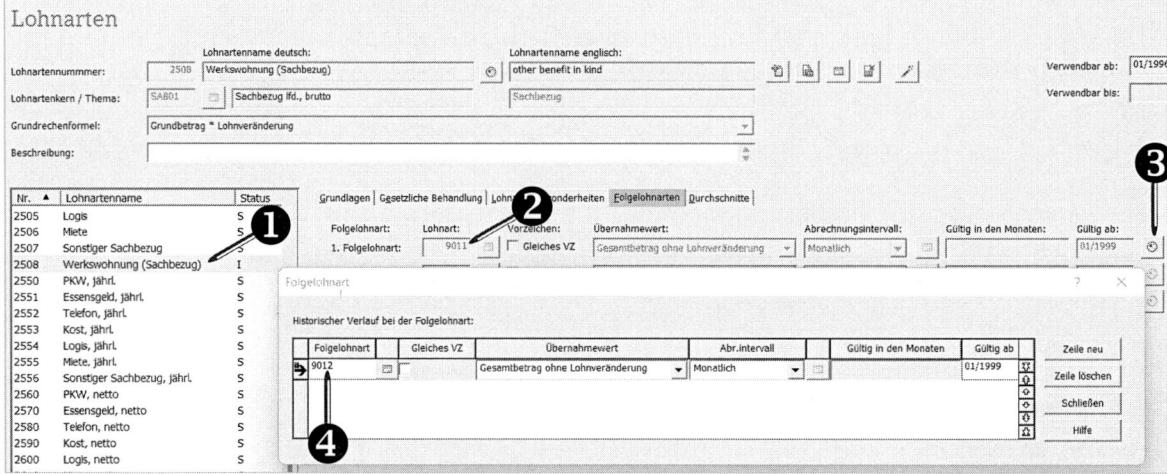

So kontieren Sie die Lohnarten

Die Kontierung erfolgt wie in Kapitel 8.1.
Verwenden Sie für die LA 2508 Werkswohnung (Sachbezug) das Fibu-Konto 4152
(SKR 03) und für die LA 9012 Werkswohnung (Nettoabzug) das Fibu-Konto 8610
(SKR 03). Das Häkchen **kostenrelevant** steuert, dass die Lohnart auch in die AG-
Kosten mit einfließt.

12.4 Erfassen der Werkswohnung

Sie befinden sich auf der Mitarbeiterebene (PN 1001).

1. Öffnen Sie in der Schnellerfassung die Registerkarte Entlohnung.

2. Klicken Sie auf Neuen Be-/Abzug anlegen.

3. Erfassen Sie in dieser Zeile (Nr. 3) die LA 2508 Werkswohnung (Sachbezug).

Nach dem Speichern stehen in der **Liste der gültigen Be-/Abzüge des aktuellen
Monats** nun 3 Zeilen.

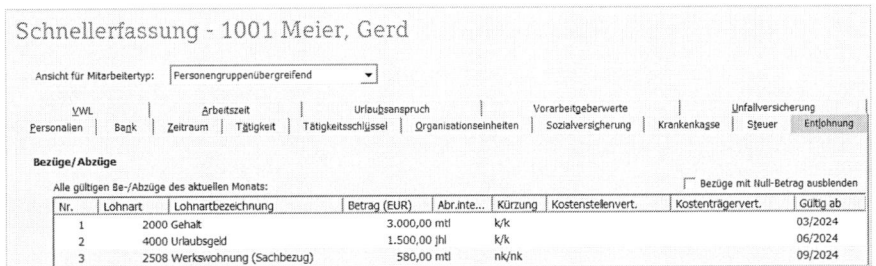

12.5 Fahrtkostenzuschuss ändern

Bei der Änderung der Adresse erhalten Sie von DATEV bereits einen Hinweis, dass
sich der Umzug auf den Fahrtkostenzuschuss auswirken könnte.

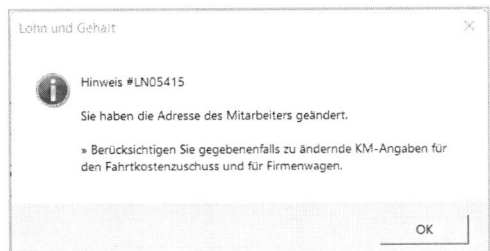

Sie befinden sich auf der Mitarbeiterebene (PN 1001).

1. Öffnen Sie in der Übersicht: Stammdaten → Besonderheiten → Fahrtkostenzuschuss.

2. Klicken Sie im Bereich Fahrtkostenzuschuss auf **Historie neu** und setzen Sie den
Fahrtkostenzuschuss auf 0,00 EUR **gültig ab** 09/2024 ein.

Hinweis: Löschen Sie nicht den alten Wert, da sonst eine Nachberechnung ab März
erfolgt. Die Angaben zur Pauschalversteuerung dürfen ebenfalls nicht gelöscht werden. Eine Änderung über die Historie ist dort nicht erforderlich, da der Zuschuss
0,00 EUR beträgt.

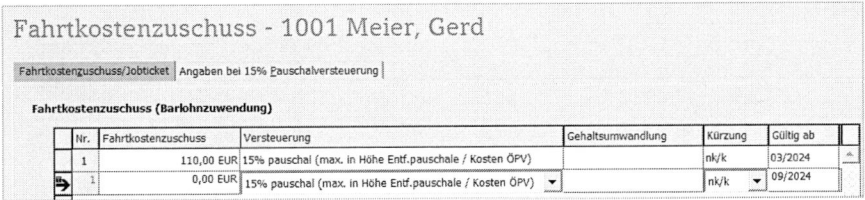

12.6 Jobticket ändern

Sie befinden sich auf der Mitarbeiterebene (PN 1005).

1. Öffnen Sie in der Übersicht: Stammdaten → Besonderheiten → Fahrtkosten-zuschuss.
2. Klicken Sie auf **Historie neu** und erfassen Sie den neuen Betrag des Jobtickets.

Hinweis: Löschen Sie nicht den alten Wert, da sonst eine Nachberechnung erfolgt.

Jobticket (Sachzuwendung)

	Nr.	Jobticket (Höhe des geldwerten Vorteils)	Versteuerung	Gehaltsumwandlung	Kürzung	Gültig ab
	1	37,50 EUR	Steuerfrei (Fahrten mit öffentl. Verkehrsmitteln)		nk/k	03/2024
⇨	1	48,50 EUR	Steuerfrei (Fahrten mit öffentl. Verkehrsmitteln)		nk/k	09/2024

12.7 Hinweistext erfassen

Sie befinden sich auf der Mitarbeiterebene (PN 1008).

1. Öffnen Sie in der Übersicht: Stammdaten → Auswertungsdaten → Gestaltung.
2. Erfassen Sie im Register: Brutto/Netto - Einmaliger Hinweistext ❶ in Zeile 1 den Text.

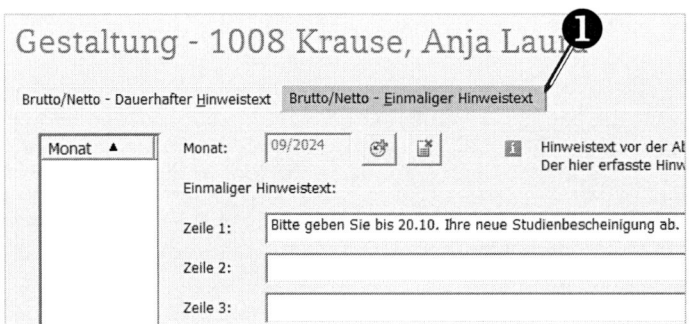

Gestaltung - 1008 Krause, Anja Lau... ❶

| Brutto/Netto - Dauerhafter Hinweistext | Brutto/Netto - Einmaliger Hinweistext |

| Monat ▲ | Monat: | 09/2024 | | | Hinweistext vor der Ab... Der hier erfasste Hinw... |

Einmaliger Hinweistext:

Zeile 1: Bitte geben Sie bis 20.10. Ihre neue Studienbescheinigung ab.

Zeile 2:

Zeile 3:

13

Lohn- und Gehaltsabrechnung (Oktober)

In diesem Kapitel werden Ihnen die Erfassung einer Pfändung, sowie das Abrechnen des Zuschusses zum Mutterschaftsgeld erläutert.

Inhalt

- Mutterschaftsgeld und Arbeitgeberzuschuss
- Angaben beim Austritt
- Abrechnung von Abfindungen
- Pfändung

Aufgaben

Übung Oktober

☞   Ausgangsdaten:
10 Franconia Textilia
GmbH

Mandanten- und
Personal-Stammdaten
finden Sie ab Seite 233

a) Erstellen Sie für alle Mitarbeiter die Entgeltabrechnung für den Monat Oktober unter Berücksichtigung der u. g. Stamm- und Bewegungsdaten.

Personal-Nr., Name:	1005 Sander, Greta
Urlaub:	Frau Sander befindet sich ab dem 13.10. in Mutterschutz. Sie nimmt bis zum Beginn der Mutterschutzfrist Urlaub.

Personal-Nr., Name:	1006 Novak, Lado
Austritt:	Herr Novak scheidet zum 31.10.2024 aus der GmbH aus.
Bezüge:	Der Resturlaub von 9 Tagen kann aus betrieblichen Gründen nicht genommen werden und wird daher mit 1.022,40 € abgegolten (= 9 Tage Resturlaub x 8 Std. x 14,20 € Stundenlohn; LA 4060).
	Zusätzlich wird eine Abfindung für den Verlust des Arbeitsplatzes in Höhe von 7.200,00 € gezahlt (LA 4310).
	Zwischen Herrn Novak und der Franconia Textilia GmbH wurde am 20.09.2024 ein Aufhebungsvertrag geschlossen, der persönlich zugestellt wurde.
	Wäre der Aufhebungsvertrag nicht zustande gekommen, hätte die Franconia Textilia GmbH die Kündigung am 30.09.2024 zum 31.12.2024 ausgesprochen. Die Kündigungsfrist hätte 4 Wochen zum Ende des Quartals betragen.

Personal-Nr., Name:	1008 Krause, Anja Laura
Studienbescheinigung:	Frau Krause gibt Ihnen ihre neue Studienbescheinigung ab. Diese ist bis 30.04.2025 gültig. Tragen Sie dies in den Stammdaten ein. Somit kann Frau Krause weiterhin als Werkstudent abgerechnet werden.

Personal-Nr., Name:	1011 Wieland, Gunder
Pfändung:	Die GmbH bekommt am 01.10.2024 ein Pfändungs- und Überweisungsbeschluss zugestellt. Der Gläubiger, das Versandhaus Wunderschön (PF 125025, 52062 Aachen), macht eine Forderung vom 13.02.2024 gegen Herrn Wieland mit folgenden Informationen geltend.
	Gewöhnliche Pfändung (1. Rang) in Höhe von 4.000,00 €. Herr Wieland ist gegenüber 2 Personen unterhaltspflichtig.
	Bankverbindung des Gläubigers:
	IBAN: DE54 3905 0000 0000 9876 54
	Kreditinstitut: Sparkasse Aachen
	Verwendungszweck: Pfändung G. Wieland.

b) Bei den Stundenlohnempfängern wird in allen Fällen unterstellt, dass sie exakt die Anzahl Stunden arbeiten, die ihrer Arbeitszeit entsprechen. Geben Sie die abzurechnenden Stunden mit Hilfe des Kalenders ein. Überstunden sind, sofern angefallen, separat angegeben.

c) Führen Sie den Monatsabschluss durch und wechseln Sie in den nächsten Monat.

13.1 Mutterschaftsgeld und Arbeitgeberzuschuss

Sie befinden sich auf der Mitarbeiterebene (PN 1005).

1. Wählen Sie in der Übersicht: Stammdaten → Besonderheiten → Mutterschutz.

2. Der voraussichtliche **Entbindungstermin** wurde bereits eingegeben und die **Mutterschutzfrist** in den Kalender übernommen.

3. Im Register Verdienstangaben ist automatisch die **LA 3300 Zuschuss zum Mutterschaftsgeld** hinterlegt.

4. DATEV berechnet den Arbeitgeberzuschuss automatisch aus dem Nettoverdienst der letzten 3 Monate vor Beginn der Mutterschutzfrist.

5. In Ausnahmefälle können hier abweichende Verdienstangaben hinterlegt werden. Nähere Informationen finden Sie im Dok. 9219361.

Mutterschutz

Mutterschutz Nummer:	⊮	◁	1 ▾	▷	▷⫶	🕙	📝	Übernahme Kalender		

Mutterschutz | **Verdienstangaben** | Beschäftigungsverbot | Elternzeit | Besonderheiten | Rückgemeldete Informationen

Angaben zum Mutterschaftsgeld/Verdienstangaben

Lohnart Zuschuss z. Mutterschaftsgeld: [3300] [▦] [Zuschuss zum Mutterschaftsgeld]

Verdienstangaben

☐ Abweichende Verdienstangaben für die Berechnung des Zuschusses zum Mutterschaftsgeld erfassen

  ☐ Manuelle Eingaben für EEL verwenden

  ☐ Zeiträume und Beträge für EEL festschreiben

  ☐ Automatische Berücksichtigung dauerhafter Entgeltänderungen gemäß § 21 Abs. 4 MuSchG unterdrücken

	Im Monat vor Beginn der Frist:	Zwei Monate vor Beginn der Frist:	Drei Monate vor Beginn der Frist:
Monat:			
Laufendes Brutto vereinbart:			
Laufendes Netto vereinbart:			
Laufendes SV-Brutto:			

Angaben zum Mutterschaftsgeld bei Nebenbeschäftigung

Nebenverdienst netto pro Tag: [ ]

Ende Nebenbeschäftigung (TT.MM.JJJJ): [ ]

13.2 Angaben beim Austritt

So erfassen Sie den Resturlaub

Sie befinden sich auf der Mitarbeiterebene (PN 1006).

1. Korrigieren Sie über die Schnellerfassung im Register Urlaubsanspruch den **Anspruch für das Kalenderjahr** ❶. Ein Anspruch soll nur für neun Monate (Februar bis Oktober) bestehen.

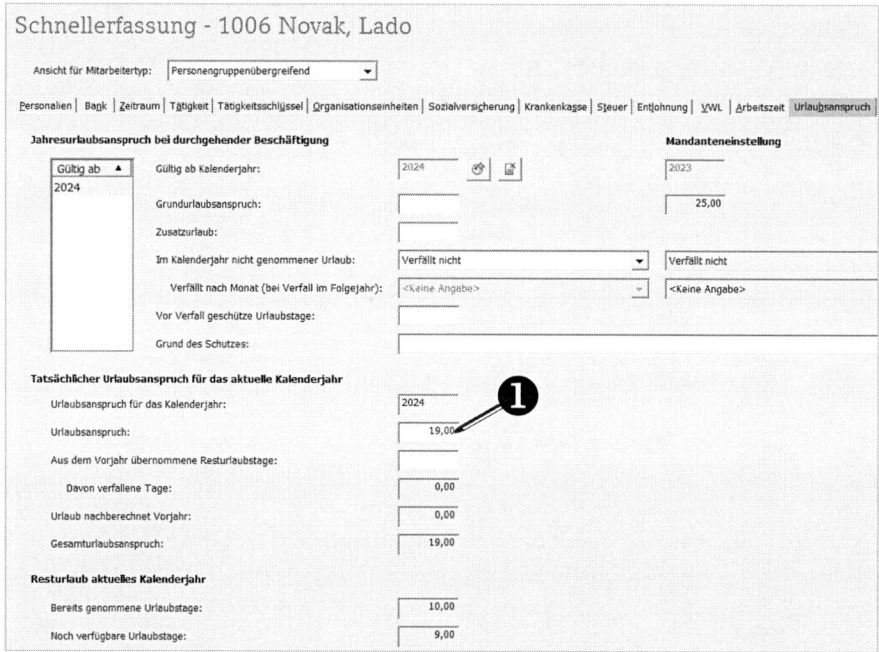

So erfassen Sie den Austritt und die Angaben zur Kündigung

1. Wählen Sie in der Übersicht Beschäftigung → Zeitraum und tragen Sie dort das **Austrittsdatum** ein.
   Herr Novak erhält eine **Arbeitsbescheinigung**.

2. Erfassen Sie die Angaben zur Kündigung in der Übersicht: Beschäftigung → Kündigung/Entlassung → Register Kündigung

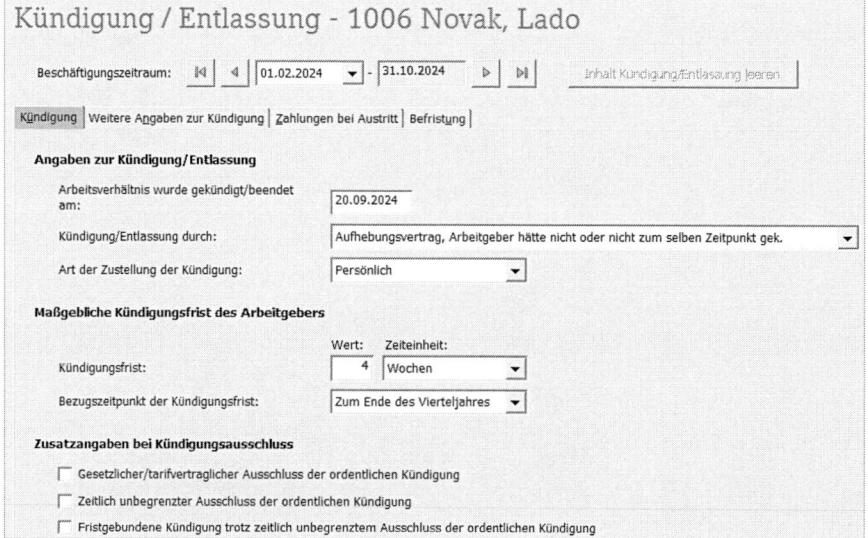

4. Im Register Weitere Angaben zur Kündigung geben Sie an, dass keine **Sozialauswahl** getroffen wurde und wann der AG gekündigt hätte.

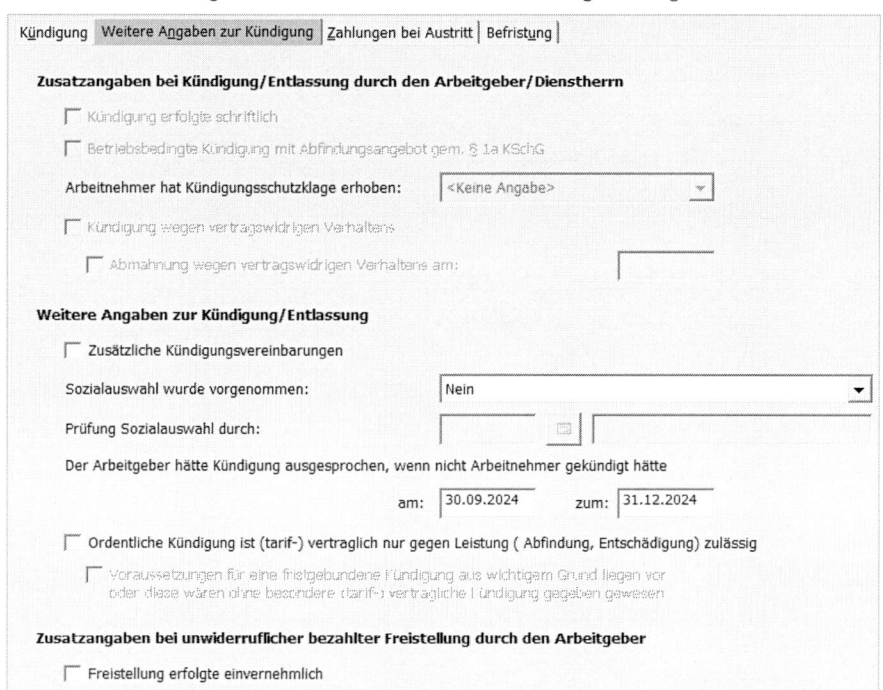

5. Die Angaben zur Abfindung und Urlaubsabgeltung tragen Sie im Register Zahlungen bei Austritt ein.
Diese Beträge werden für die **Arbeitsbescheinigung** benötigt und müssen für die Abrechnung nochmals über die Monatserfassung erfasst werden.

| Kündigung | Weitere Angaben zur Kündigung | Zahlungen bei Austritt | Befristung |

Leistungen bei Beendigung des Arbeitsverhältnisses

Zahlung bzw. Anspruch auf Leistungen bei Beendigung des Arbeitsverhältnisses:	Ja ▾

Leistungszahlung

Arbeitsentgelt über Arbeitsverhältnis hinaus gezahlt:	Nein ▾
Arbeitsentgelt wird weiter bezahlt bis:	

Urlaubsabgeltung

Urlaubsabgeltung bei Beendigung des Arbeitsverhältnisses:	Ja ▾
Wäre der Urlaub im Anschluss an das Arbeitsverhältnis genommen worden, hätte dieser gedauert bis:	14.11.2024
Nicht beanspruchte Urlaubstage (Zusatzangabe für EU-Arbeitsbescheinigung):	9
Höhe der Urlaubsabgeltung (Zusatzangabe für EU-Arbeitsbescheinigung):	1.022,40 EUR

Vorruhestandsleistungen

Vorruhestandsleistung oder vergleichbare Leistung bei Beendigung des Arbeitsverhältnisses:	Nein ▾
Beginn der Vorruhestandsleistung:	
Höhe der Vorruhestandsleistung (in v. H. d. Bruttoarbeitsentgelts):	%
Grund bei Ungewissheit:	<Keine Angabe> ▾

Abfindung

Zahlung einer Abfindung bei Beendigung des Arbeitsverhältnisses:	Ja ▾
Höhe der gezahlten Abfindung:	7.200,00 EUR

☐ Abfindung beträgt bis zu 0,5 Monatsgehälter für jedes Beschäftigungsjahr

☐ Zahlung der Abfindung wäre auch bei Kündigung durch Arbeitgeber erfolgt

Zusatzangabe zur Arbeitsbescheinigung nach § 312a SGB III (EU-Arbeitsbescheinigung)

Verzicht auf Ansprüche aus dem Arbeitsvertrag:	☐ Urlaubsabgeltung
	☐ Abfindung/Entlassungs
	☐ Arbeitsentgeltanspruc

13.3 Abrechnung von Abfindungen

So erfassen Sie Abfindung und Urlaubsabgeltung

Sie befinden sich auf der Mitarbeiterebene (PN 1006).

1. Öffnen Sie Bewegungsdaten → Monatserfassung → Register: Oktober.

2. Erfassen Sie die LA 4310 (Abfindung) mit 7.200,00 EUR und die LA 4060 (Urlaubsabgeltung) mit 950,40 EUR.

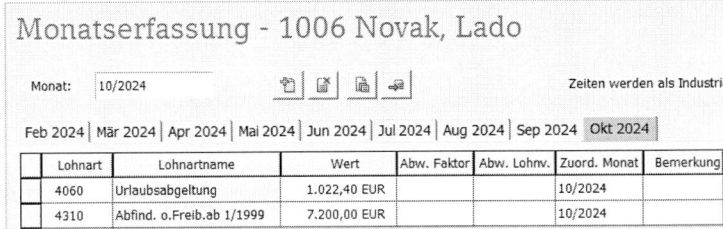

	Lohnart	Lohnartname	Wert	Abw. Faktor	Abw. Lohnv.	Zuord. Monat	Bemerkung
	4060	Urlaubsabgeltung	1.022,40 EUR			10/2024	
	4310	Abfind. o.Freib.ab 1/1999	7.200,00 EUR			10/2024	

So sehen Sie sich die Berechnung der Steuern und SV-Beiträge von Abfindung und Urlaubsabgeltung an

Die steuerliche und sv-rechtliche Behandlung von Einmalzahlungen wie Urlaubsabgeltung und Abfindung können Sie, sobald der Mitarbeiter abgerechnet ist, wie folgt nachvollziehen:

Sie befinden sich auf der Mitarbeiterebene (PN 1006) oder auf der Mandantenebene.

1. Gehen Sie über die Menüleiste Auswertungen → Berechnungsschemata.

2. Aktivieren Sie die Kästchen **Steuerliche Behandlung** und **sozialversichungs-rechltiche Behandlung**.

3. Klicken Sie auf Anzeigen.

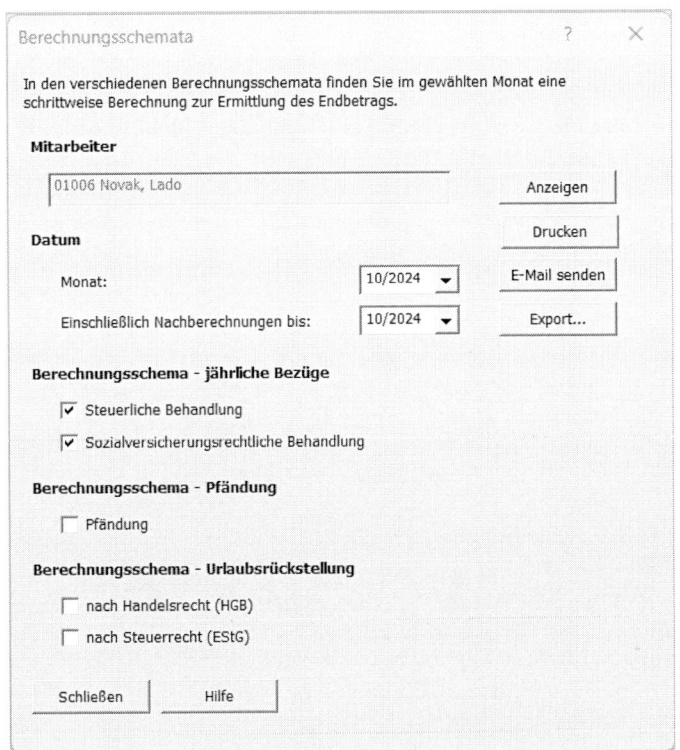

13.4 Pfändung

So erfassen Sie die Pfändung

Sie befinden sich auf der Mitarbeiterebene (PN 1011).

1. Wählen Sie in der Übersicht Stammdaten → Besonderheiten → Pfändung.

2. Klicken Sie zuerst auf das Symbol Neu ❶, um eine Pfändung anzulegen. Erfassen Sie dann die allgemeinen Daten der Pfändung.

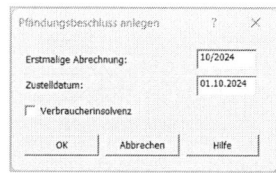

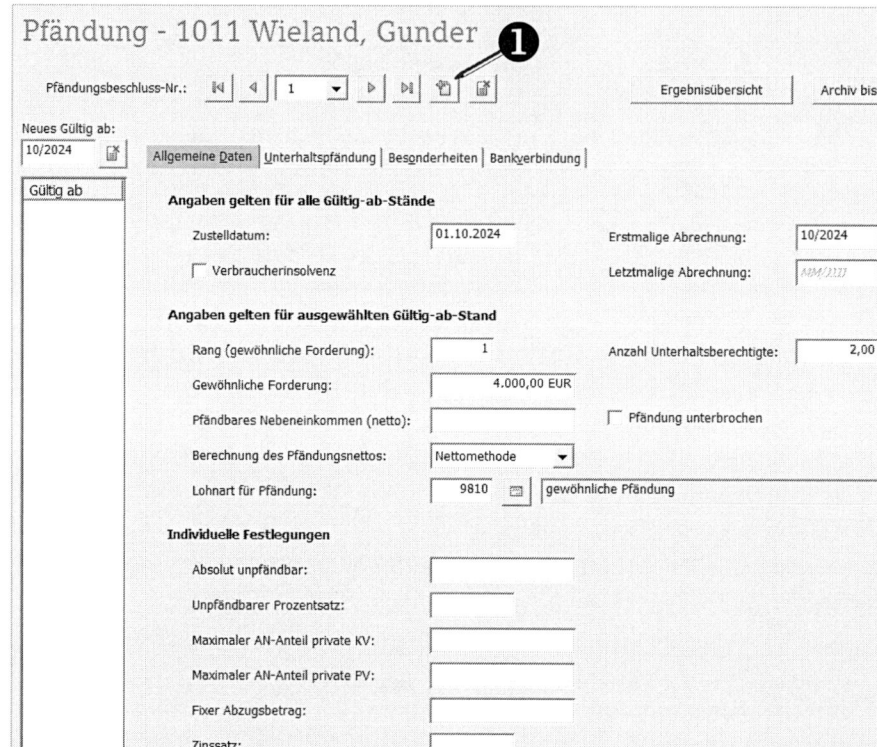

3. Wählen Sie die Registerkarte Bankverbindung und erfassen Sie die Daten zur Bankverbindung (**Adressart** = Postfachadresse).

Hinweis: Achten Sie bei der Abrechnung von Pfändungen darauf, dass die beim Mitarbeiter abgerechneten Lohnarten in Bezug auf Pfändbarkeit für Ihre Anforderungen richtig geschlüsselt sind. Die Lohnarten können auf der Mandantenebene über Übersicht Mandantendaten → Anpassung Lohnarten → Lohnarten im Register: Gesetzliche Behandlung, im Feld **Pfändung** überprüft bzw. verändert werden. Berücksichtigen Sie die Regelungen zur Pfändung.

So sehen Sie den Verlauf der Pfändung

1. Nachdem Sie die Lohnabrechnung durchgeführt haben, wählen Sie auf der Mitarbeiterebene (PN 1011) Auswertungen → Mitarbeiterauswertungen → Pfändungswerte.

2. Klicken Sie auf die Schaltfläche Anzeigen und sehen Sie sich die Auswertung an. Diesen Nachweis können Sie dem Mitarbeiter zur Lohnabrechnung beilegen.

Berater:	90000		11 Franconia Textilia GmbH						VKZ: R01	Datum:23.01.2024	
Mandant:	10010		Weberstraße 18							Seite:	1
Pers.-Nr.:	1011		90459 Nürnberg								

Pfändungswerte für Oktober 2024
Name, Vorname: Wieland, Gunder

Gewöhnliche Forderungen:											
Monat	Mo-NB	VKZ	unter- brochen	Unterh. berecht.	Rang gew.	Zins- satz	Gew. Ford.* gesamt	Gew. Ford. Tilgung	Gew. Ford.* Rest	Zins aus gew. Ford.	Zins aus rück. Unt.

Pfändungsbeschluß Nr.:	1 Gläubiger: Versandhaus Wunderschön, PF 125025, 52062 Aachen										
10/2024	R01		2,00	1	00,00		4.000,00	994,18	3.005,82		
Summen Pfändungsbeschluß Nr.:	1							994,18·			

Gesamtsummen:					4.000,00	994,18	3.005,82				

*Inklusive Zinsen auf die gewöhnliche Restforderung und die Restforderung aus rückständigem Unterhalt.

So sehen Sie, wie der Pfändungsbetrag ermittelt wird

1. Nachdem Sie die Lohnabrechnung durchgeführt haben, wählen Sie auf der Mitarbeiterebene (PN 1011) oder der Mandantenebene Auswertungen → Berechnungsschemata.

2. Wählen Sie evtl. den Mitarbeiter (PN 1011). Im Feld **Datum** wird Ihnen der aktuelle Abrechnungsmonat vorgeschlagen.

3. Aktivieren Sie **Pfändung** und klicken Sie auf Anzeigen.

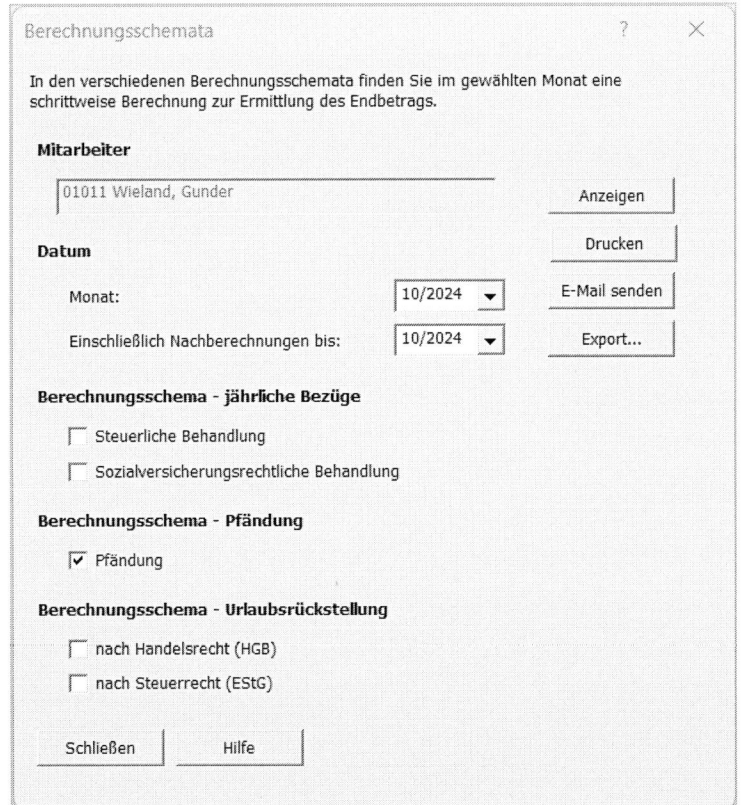

13.5 Mitarbeiter ausblenden

Da inzwischen 3 Mitarbeiter ausgeschieden sind, kann es hilfreich sein, wenn diese nicht mehr angezeigt werden. Das spart Zeit, wenn man auf der Mitarbeiterebene zwischen den einzelnen Personalnummern vorwärts- oder rückwärts blättert.

Voraussetzung: Sie befinden sich auf der Mandantenebene.

1. Öffnen Sie hierfür die Mitarbeiterübersicht.
2. Aktivieren Sie den **Filter** ❶. Es stehen dann nur die noch abzurechnenden Mitarbeiter zur Verfügung.

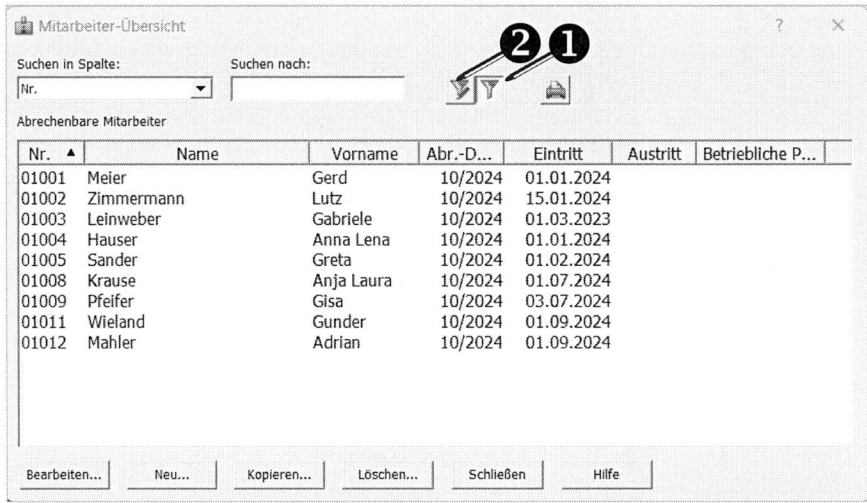

3. Durch erneutes Anklicken des Filtersymbols werden die ausgeblendeten Mitarbeiter wieder angezeigt.
4. Mit dem Symbol **Liste filtern** ❷ können Sie den vorhandenen Filter **Abrechenbare Mitarbeiter** bearbeiten oder eigene Filter erstellen.

14

Lohn- und Gehaltsabrechnung (November)

In diesem Kapitel erfahren Sie, wie Beiträge zur betrieblichen Altersvorsorge erfasst werden und Weihnachtsgeld abgerechnet wird.

Inhalt

- Weihnachtsgeld und Schnelländerung
- Betriebliche Altersvorsorge (bAV)

Aufgaben

Übung November

👉 Ausgangsdaten:
11 Franconia Textilia
GmbH

Mandanten- und
Personal-Stammdaten
finden Sie ab Seite 233

a) Erstellen Sie für alle Mitarbeiter die Entgeltabrechnung für den Monat November unter Berücksichtigung der u. g. Stamm- und Bewegungsdaten. Die freiwilligen Weihnachtsgelder werden mit der Novemberabrechnung gezahlt. Nutzen Sie für die Erfassung die Funktion Schnelländerung Mitarbeiterbezüge.

b) Alle betrieblichen Altersvorsorgeverträge wurden bei der Swiss Life AG abgeschlossen. Als Bankverbindung geben Sie die IBAN: DE14 1003 0500 0000 1111 11 ein. Als Vertragsnummer und Verwendungszweck nutzen Sie die Personalnummer.

Personal-Nr., Name:	1001 Meier, Gerd
Bezüge:	Weihnachtsgeld in Höhe von 1.500,00 € (LA 4401)
BAV:	Pensionsfonds seit 11/2018
	1.500,00 €/Jahr als Gehaltsverzicht (Umwandlung des Weihnachtsgeldes) mit AG-Pflichtzuschuss 15 % (von Hundert)

Personal-Nr., Name:	1002 Zimmermann, Lutz
Bezüge:	Weihnachtsgeld in Höhe von 1.500,00 € (LA 4401)
BAV:	Pensionsfonds seit 11/2024
	1.500,00 €/Jahr als Gehaltsverzicht (Umwandlung des Weihnachtsgeldes) mit AG-Pflichtzuschuss 15 % (auf Hundert)

Personal-Nr., Name:	1003 Leinweber, Gabriele
Bezüge:	Direktzusage seit 11/2024
BAV:	100,00 €/Monat zusätzlich vom AG (AG-Leistung)

Personal-Nr., Name:	1004 Hauser, Anna Lena
Bezüge:	Weihnachtsgeld in Höhe von 100,00 €
BAV:	Direktversicherung seit 11/2024
	240,00 €/Jahr zusätzlich vom AG (Förderung Geringverdiener möglich)

Personal-Nr., Name:	1005 Sander, Greta
Bezüge:	Weihnachtsgeld in Höhe von 400,00 € (LA 4401)
	Frau Sander befindet sich seit 13.10.2024 in Mutterschutz.

Personal-Nr., Name:	1008 Krause, Anja Laura
Bezüge:	Weihnachtsgeld in Höhe von 100,00 € (LA 4401)

Personal-Nr., Name:	1009 Pfeifer, Gisa
Bezüge:	Weihnachtsgeld in Höhe von 100,00 € (LA 4401)
BAV:	Pensionskasse seit 11/2024
	100,00 €/Jahr zusätzlich vom AG

Personal-Nr., Name:	1011 Wieland, Gunder
Bezüge:	Weihnachtsgeld in Höhe von 1.500,00 € (LA 4401)
BAV mit	Direktversicherung seit 11/2024
Mischfinanzierung:	1.000,00 €/Jahr als Gehaltsverzicht und
	300,00 €/Jahr zusätzlich vom AG

Personal-Nr., Name:	1012 Mahler, Adrian
Bezüge:	Weihnachtsgeld in Höhe von 100,00 € (LA 4401)

c) Bei den Stundenlohnempfängern wird in allen Fällen unterstellt, dass sie exakt die Anzahl Stunden arbeiten, die ihrer Arbeitszeit entsprechen. Geben Sie die abzurechnenden Stunden mit Hilfe des Kalenders ein. Überstunden sind, sofern angefallen, separat angegeben.

d) Führen Sie den Monatsabschluss durch und wechseln Sie in den nächsten Monat.

14.1 Weihnachtsgeld und Schnelländerung

Sie haben bereits mit dem Urlaubsgeld einen Sonstigen Bezug kennen gelernt. Das Weihnachtsgeld wird, wie das im Juni gezahlte Urlaubsgeld, steuerlich als Sonstiger Bezug bzw. sozialversicherungsrechtlich als Einmalzahlung behandelt. In dem Unternehmen Franconia Textilia GmbH wird das Weihnachtsgeld im November ausbezahlt.

So verwenden Sie die Schnelländerung Mitarbeiterbezüge

Für die PN 1001, 1002 und 1011 beträgt das Weihnachtsgeld einheitlich 1.500,00 €. Dies kann über die Schnelländerung Mitarbeiterbezüge für diese drei Arbeitnehmer erfasst werden.

Sie befinden sich auf Mandantenebene.

1. Öffnen Sie im Menü Erfassen → Schnelländerung Mitarbeiterbezüge...
   Es öffnet sich ein Assistent. Klicken Sie auf weiter.
2. Erfassen Sie die **Lohnart** Weihnachtsgeld (LA 4401).
3. Geben Sie das **Gültigkeitsdatum** (11/2024) ein.
4. Aktivieren Sie **Absolutwert** und tragen Sie den **Betrag** (1.500,00 €) ein.
5. Vergessen Sie nicht, das **Abrechnungsintervall** auf jährlich umzustellen.
6. Klicken Sie auf weiter.

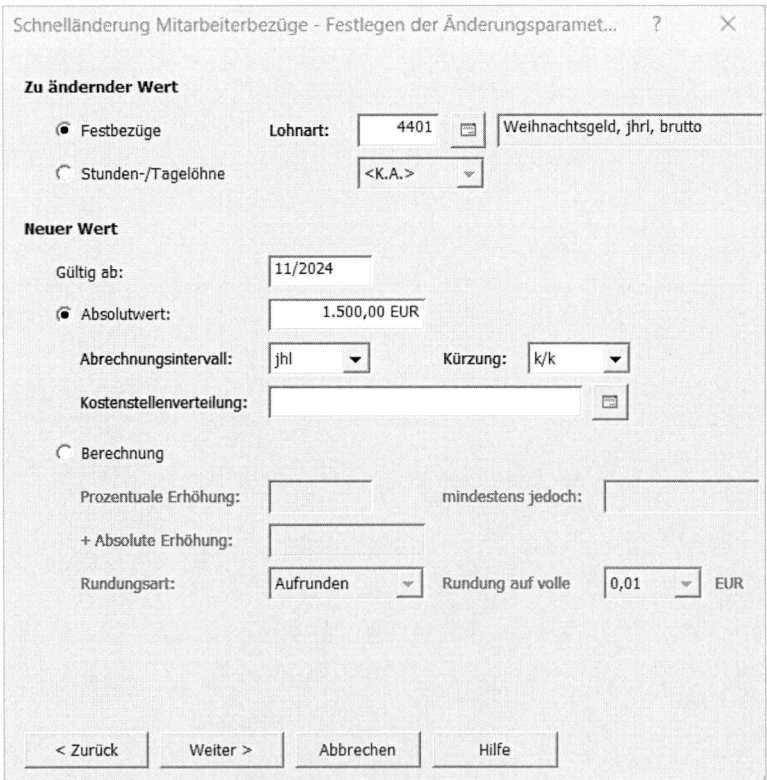

7. Aktivieren Sie **Einzelne Mitarbeiter** und wählen Sie die Mitarbeiter PN 1001, 1002, 1011 aus.
8. Klicken Sie auf weiter.
9. Sehen Sie sich das **Änderungsprotokoll** in der **Seitenansicht** an.
10. Klicken Sie auf Fertig stellen.

Das erfasste Weihnachtsgeld finden Sie nun in den Stammdaten → Entlohnung der jeweiligen Mitarbeiter.

Nutzen Sie die **Schnelländerung Mitarbeiterbezüge** auch für alle anderen Mitarbeiter, die den gleichen Betrag beim Weihnachtsgeld erhalten (PN 1004, 1008, 1009 und 1012).

PN 1005 erhält einen anderen Betrag. Sie kann zusammen mit obigen Mitarbeitern erfasst werden. Danach muss in den Stammdaten → Entlohnung der Wert des Weihnachtsgeldes geändert werden. Da sich Frau Sander im Mutterschutz befindet, darf dass Weihnachtsgeld hier nicht gekürzt werden. Stellen Sie die **Kürzung** auf **nk/nk**.

Einmalzahlungen können (wie eben geschehen) in den Stammdaten → Entlohnung hinterlegt werden. Damit werden sie automatisch auch im nächsten Jahr abgerechnet. Eine Erfassung in der Monatserfassung (Bewegungsdaten → Monatserfassung) ist auch möglich. Dann wird die Einmalzahlung nur im aktuellen Monat abgerechnet.

14.2 Betriebliche Altersvorsorge (bAV)

Die gesetzliche Grundlage bildet das Gesetz zur Verbesserung der betrieblichen Altersversorgung (BetrAVG).
Für die Neuanlage von betrieblichen Altersvorsorge-Verträgen für Arbeitnehmer steht Ihnen ein Assistent zur Verfügung, mit dem sie Verträge für Direktversicherungen, Pensionsfonds, Pensionskassen, Unterstützungskassen und Direktzusagen erfassen können.
Die Finanzierung der bAV ist dabei als reiner Arbeitgeberzuschuss, Gehaltsverzicht des Arbeitnehmers oder als Mischfinanzierung monatlich oder jährlich möglich.
Bezüglich der steuerlichen Behandlung besteht die Frage, ob es sich um eine Altzusage (abgeschlossen bis 31.12.2004) oder eine Neuzusage (abgeschlossen ab 01.01.2005) handelt.

Seit 01.01.2022 ist der Arbeitgeber verpflichtet, für neue und auch für bestehende rein arbeitnehmerfinanzierte Verträge für Direktversicherungen, Pensionsfonds und Pensionskassen einen Zuschuss zu zahlen, wenn er durch die Entgeltumwandlung SV-Beiträge spart (§ 1a Abs. 1a BetrAVG i.V.m. § 26a BetrAVG; Übergangsvorschrift zu § 1a Absatz 1a).

Es gibt also sehr viele verschiedene Konstellationsmöglichkeiten, die bei der Anlage eines bAV-Vertrages berücksichtigt werden müssen. Im Übungsfall sollen nur einige Varianten beispielhaft vorgestellt werden, um die Bedienung des Assistenten zu veranschaulichen.

Nach der Erfassung finden Sie die Verträge in der Übersicht Stammdaten → Betriebliche Altersvorsorge → Übersicht aller bAV-Verträge oder direkt in der jeweiligen Vertragsart z. B. Direktversicherung. Der Assistent dient nur der Neuanlage und nicht der nachträglichen Bearbeitung. Bei Falscheingaben könnten Sie diese in oben erwähnten Stammdaten korrigieren. Meist ist es jedoch einfacher, den Vertrag dort zu löschen und über den Assistenten neu anzulegen.

So legen Sie den AG-Pflichtzuschuss an

Wenn der Arbeitnehmer seine bAV nur durch Gehaltsverzicht finanziert und diese Entgeltumwandlung zu einer Einsparung des Arbeitgeberanteils der SV-Beiträge führt, ist der Arbeitgeber verpflichtet, einen AG-Zuschuss in Höhe der durch die Entgeltumwandlung eingesparten SV-Beiträge zu zahlen. Er kann den bAV-Vertrag aber auch pauschal mit 15% bezuschussen.

Der Zuschuss kann zusätzlich zur bisherigen Entgeltumwandlung erfolgen und **auf Hundert** berechnet werden (Exklusiv-Methode). Damit erhöht sich der Einzahlbetrag zur bAV.

Der Zuschuss kann auch den Entgeltumwandlungsbetrag mindern, indem er **in Hundert** berechnet wird (Inklusiv-Methode). Der Einzahlbetrag bleibt dann unverändert.

Sie befinden sich auf der Mandantenebene.

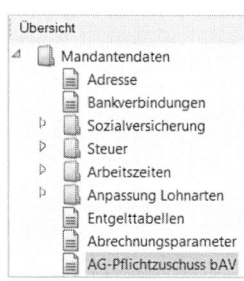

1. Öffnen Sie in der Übersicht Mandantendaten → AG-Pflichtzuschuss bAV

2. Geben Sie als Bezeichnung **15 % inklusive** ein.

3. Wählen Sie als Berechnungsart **von Hundert** aus.

4. Legen Sie einen weiteren Zuschuss **15 % exklusive** an, welcher **auf Hundert** berechnet wird.

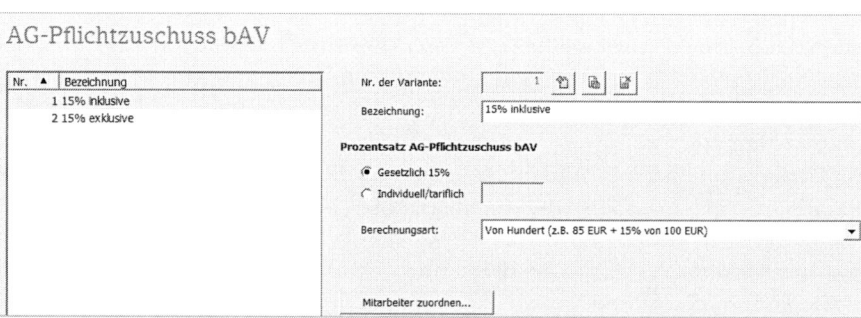

So legen Sie einen bereits bestehenden Pensionsfond mit jährlichem Gehaltsverzicht an

Für Herrn Meier wurde 2018 von seinem früheren Arbeitgeber ein Pensionsfond-Vertrag abgeschlossen, in dem 1.500,00 € als Gehaltsverzicht eingezahlt werden.

Sie befinden sich auf der Mitarbeiterebene (PN 1001).

1. Öffnen Sie in der Übersicht Stammdaten → Betriebliche Altersvorsorge und starten Sie den Assistent bAV-Neuanlage.

2. Geben Sie die Daten wie folgt ein, klicken Sie jeweils auf Weiter und bestätigen Sie die **Zusammenfassung** mit Fertigstellen.

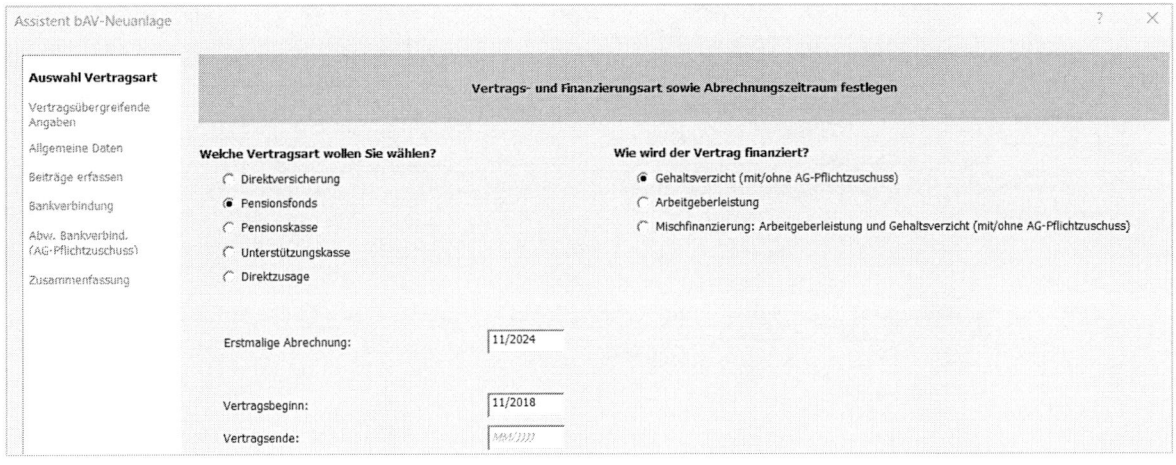

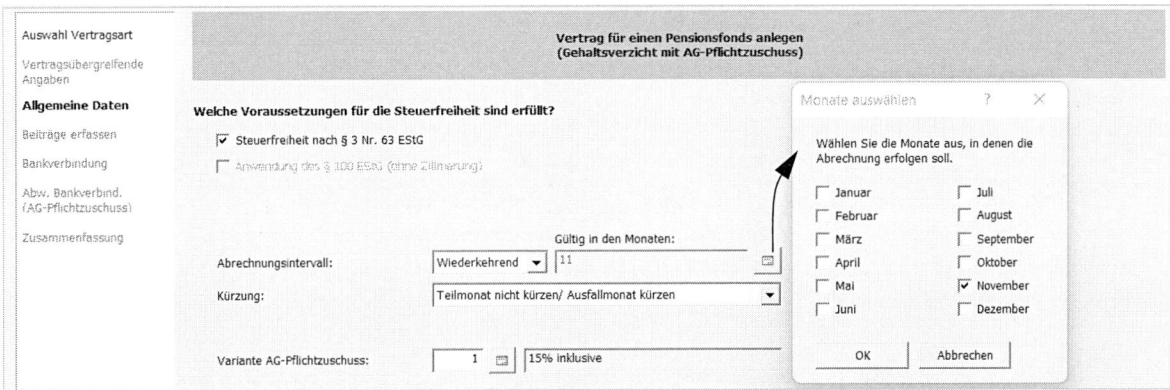

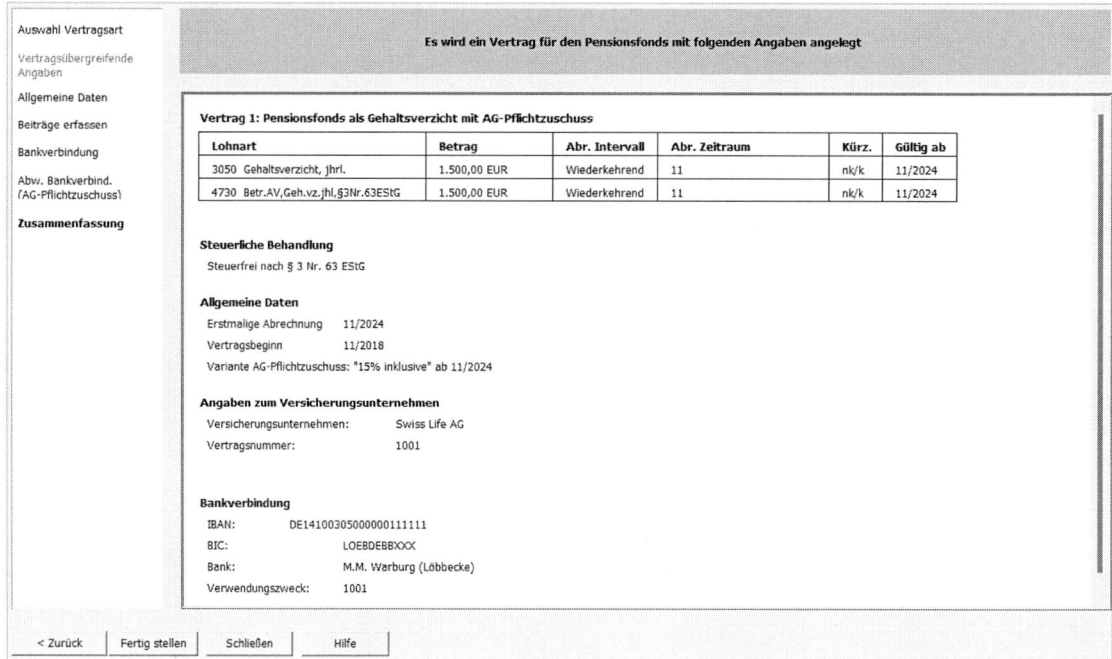

Nachdem Sie die Erfassung abgeschlossen haben, erhalten Sie folgenden Hinweis.

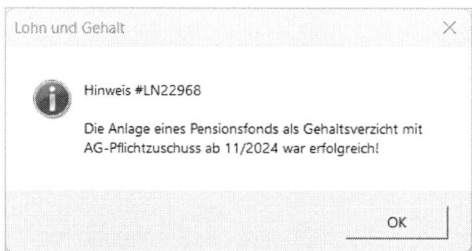

3. Erstellen Sie die Probeabrechnung. Der **AG-Pflichtzuschuss** wird mit **LA 5210** ausgewiesen. Der **Gehaltsverzicht** ergibt sich aus dem bAV-Betrag (1.500,00 €) abzgl. des AG-Zuschusses.

So legen Sie einen neu abgeschlossenen Pensionsfond mit jährlichem Gehaltsverzicht an

Wechseln Sie auf die Mitarbeiterebene (PN 1002).

1. Zuerst muss der neue Vertrag angelegt werden. Dies erfolgt analog zu PN 1001 und unterscheidet sich nur im Vertragsbeginn.

2. Geben Sie die Daten ein, klicken Sie jeweils auf Weiter.

3. Führen Sie die Neuanlage zu Ende und bestätigen sie die **Zusammenfassung**.

Vertrag 1: Pensionsfonds als Gehaltsverzicht mit AG-Pflichtzuschuss

Lohnart	Betrag	Abr. Intervall	Abr. Zeitraum	Kürz.	Gültig ab
3050 Gehaltsverzicht, jhrl.	1.500,00 EUR	Wiederkehrend	11	nk/k	11/2024
4730 Betr.AV,Geh.vz.jhl,§3Nr.63EStG	1.500,00 EUR	Wiederkehrend	11	nk/k	11/2024

Steuerliche Behandlung

Steuerfrei nach § 3 Nr. 63 EStG

Allgemeine Daten

Erstmalige Abrechnung   11/2024
Vertragsbeginn   11/2024
Variante AG-Pflichtzuschuss: "15% exklusive" ab 11/2024

Angaben zum Versicherungsunternehmen

Versicherungsunternehmen: Swiss Life AG
Vertragsnummer: 1002

Bankverbindung

IBAN: DE14100305000000111111
BIC: LOEBDEBBXXX
Bank: M.M. Warburg (Löbbecke)
Verwendungszweck: 1002

4. Erstellen Sie die Probeabrechnung und schauen Sie sich die Lohnarten für die bAV an.

So legen Sie eine neu abgeschlossene AG-finanzierte Direktzusage an

Sie befinden sich auf der Mitarbeiterebene (PN 1003).

1. Öffnen Sie in der Übersicht Stammdaten → Betriebliche Altersvorsorge und starten Sie den Assistent bAV-Neuanlage.

2. Geben Sie die Daten laut Aufgabenstellung ein, klicken Sie jeweils auf Weiter.

3. Eine Einzahlung in ein Versicherungsunternehmen ist bei einer Direktzusage nicht zwingend notwendig.

4. Überprüfen Sie vor dem Fertigstellen in der Zusammenfassung, ob Sie alles korrekt erfasst haben.

Vertrag 1: Direktzusage als Arbeitgeberleistung

Lohnart	Betrag	Abr. Intervall	Kürz.	Gültig ab
4760 Direktzusage/U-Kasse,AG-Ant.	100,00 EUR	Monatlich	nk/k	11/2024

Allgemeine Daten

Erstmalige Abrechnung   11/2024
Vertragsbeginn   11/2024

Angaben zum Versicherungsunternehmen

Versicherungsunternehmen: Swiss Life AG
Vertragsnummer: 1003

Bankverbindung

IBAN: DE14100305000000111111
BIC: LOEBDEBBXXX
Bank: M.M. Warburg (Löbbecke)
Verwendungszweck: 1003

So legen Sie eine neu abgeschlossene AG-finanzierte Direktversicherung mit Förderung an

Sie befinden sich auf der Mitarbeiterebene (PN 1004).

1. Öffnen Sie in der Übersicht Stammdaten → Betriebliche Altersvorsorg und starten Sie den Assistent bAV-Neuanlage.

2. Geben Sie die Daten laut Aufgabenstellung ein, klicken Sie jeweils auf Weiter.

3. Sofern der lfd. monatliche Arbeitslohn des Arbeitnehmers 2.575,00 € nicht übersteigt und der AG-Zuschuss mind. 240,00 € aber max. 960,00 € pro Jahr beträgt, ist eine staatliche Förderung des AG-Zuschusses möglich (§ 100 EStG). Diese Kriterien sind bei PN 1004 erfüllt. Weitere Informationen finden Sie u.a. im Dok.-Nr. 9235450

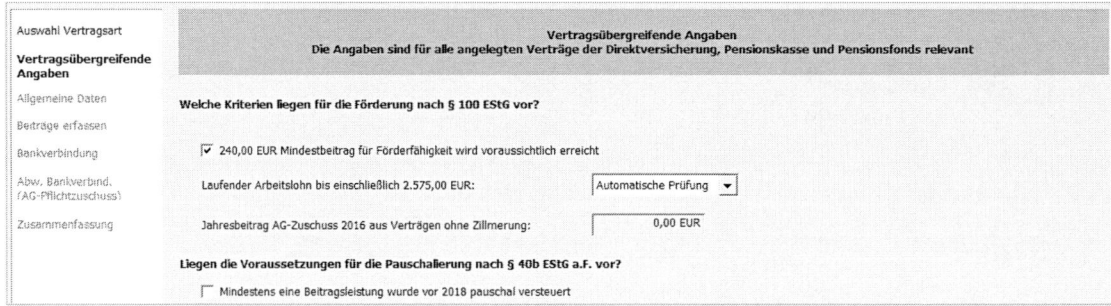

4. Aktivieren Sie die Kästchen für **Steuerfreiheit nach § 3 Nr. 63 EStG** und die **Anwendung des § 100 EStG (ohne Zillmerung)**[1].

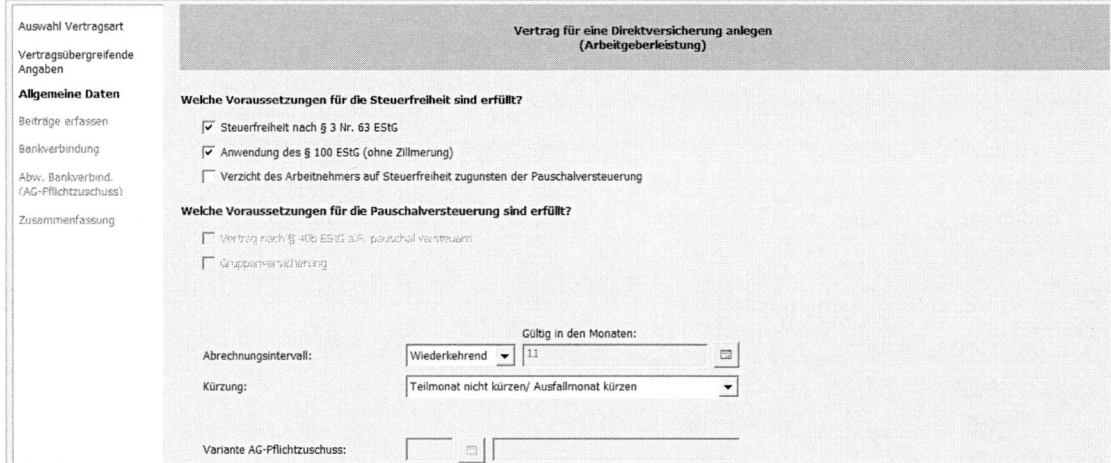

5. Überprüfen Sie die Zusammenfassung und klicken Sie anschließend auf Fertigstellen.

---

1   Ohne Zillmerung: Abschlusskosten des Vertrages werden gleichmäßig auf alle Beiträge verteilt und nicht den ersten Beiträgen angelastet.

Vertrag 1: Direktversicherung als Arbeitgeberleistung

Lohnart	Betrag	Abr. Intervall	Abr. Zeitraum	Kürz.	Gültig ab
4710 Betriebl.AV,AG,jhl,§3Nr.63EStG	240,00 EUR	Wiederkehrend	11	nk/k	11/2024

Steuerliche Behandlung

Steuerfrei nach § 3 Nr. 63 EStG

Steuerfrei nach § 100 EStG

Allgemeine Daten

Erstmalige Abrechnung   11/2024

Vertragsbeginn   11/2024

Angaben zum Versicherungsunternehmen

Versicherungsunternehmen: Swiss Life AG

Vertragsnummer: 1004

Bankverbindung

IBAN: DE14100305000000111111

BIC: LOEBDEBBXXX

Bank: M.M. Warburg (Löbbecke)

Verwendungszweck: 1004

Vertragsübergreifende Angaben

240 EUR werden erreicht

Automatische Prüfung

Keine Beitragsleistung wurde vor 2018 nach § 40b EStG pauschal versteuert

6. Führen Sie eine Probeabrechnung durch. Im Verarbeitungsprotokoll erhalten Sie den Hinweis, dass der bAV-Vertrag voll förderfähig ist.

Hauser, Anna Lena

Hinweis #LN14320   LABR

Der BAV-Vertrag mit dem Rang 1 wurde nach § 100 abgerechnet. Da in den vertragsübergreifenden Angaben weder im Feld 'Jahresbeitrag AG-Zuschuss 2016 aus Verträgen ohne Zillmerung' noch in 'Abweichender Jahresbeitrag AG-Zuschuss 2016' Werte enthalten sind, wurde der volle AG-Zuschuss für die Berechnung der Förderung herangezogen.

Der Förderbetrag des Arbeitgebers (30 % des AG-Zuschusses) wird mit der einzubehaltenden LSt im Rahmen der LSt-Voranmeldung verrechnet.

So legen Sie eine neu abgeschlossene AG-finanzierte Pensionskasse ohne Förderung an

Sie befinden sich auf der Mitarbeiterebene (PN 1009).

1. Öffnen Sie in der Übersicht Stammdaten → Betriebliche Altersvorsorge und starten Sie den Assistent bAV-Neuanlage.

2. Geben Sie die Daten analog zur AG-finanzierten Direktversicherung ein. Dieser Vertrag ist nicht förderfähig. Frau Pfeifer überschreitet zwar nicht die Verdienstgrenze von 2.575,00 €/Monat aber der Mindestbeitrag von 240,00 €/Jahr wird nicht erreicht.

3. Überprüfen Sie die Zusammenfassung.

Vertrag 1: Pensionskasse als Arbeitgeberleistung					
Lohnart	Betrag	Abr. Intervall	Abr. Zeitraum	Kürz.	Gültig ab
4710 Betriebl.AV,AG,jhl,§3Nr.63EStG	100,00 EUR	Wiederkehrend	11	nk/k	11/2024

Steuerliche Behandlung

Steuerfrei nach § 3 Nr. 63 EStG

Allgemeine Daten

Erstmalige Abrechnung   11/2024

Vertragsbeginn   11/2024

Angaben zum Versicherungsunternehmen

Versicherungsunternehmen: Swiss Life AG

Vertragsnummer: 1009

Bankverbindung

IBAN: DE14100305000000111111

BIC: LOEBDEBBXXX

Bank: M.M. Warburg (Löbbecke)

Verwendungszweck: 1009

Vertragsübergreifende Angaben

240 EUR werden nicht erreicht

Automatische Prüfung

Keine Beitragsleistung wurde vor 2018 nach § 40b EStG pauschal versteuert

So legen Sie eine Direktversicherung mit Mischfinanzierung an

Sie befinden sich auf der Mitarbeiterebene (PN 1011).

1. Öffnen Sie in der Übersicht Stammdaten → Betriebliche Altersvorsorge und starten Sie den Assistent bAV-Neuanlage.

2. Aktivieren Sie die Vertragsart **Direktversicherung** und die Finanzierung **Mischfinanzierung**. Geben Sie die **erstmalige Abrechnung** und den **Vertragsbeginn** (11/2024) ein und klicken Sie auf Weiter.

3. Die Voraussetzungen für die Steuerfreiheit sind erfüllt. Es wird **jährlich** im November bezahlt.
   Ein **AG-Pflichtzuschuss** ist nicht zu erfassen, da eine freiwillige AG-Leistung vorhanden ist.

4. Erfassen Sie den **Gehaltsverzicht** des AN und die **Arbeitgeberleistung**.

Auswahl Vertragsart	Beträge für eine Direktversicherung erfassen (Mischfinanzierung: Gehaltsverzicht mit AG-Pflichtzuschuss und Arbeitgeberleistung)					
Vertragsübergreifende Angaben						
Allgemeine Daten		Gehaltsverzicht			Arbeitgeberleistung	
Beiträge erfassen						
Bankverbindung		Betrag:	Prozentsatz:	Höchstbeitrag (nur f.d. Beitr. in %):	Betrag:	Prozentsatz:	Höchstbeitrag (nur f.d. Beitr. in %):
Abw. Bankverbind. (AG-Pflichtzuschuss)	Steuerfreier Betrag:	1.000,00 EUR			300,00 EUR		
Zusammenfassung	Zusätzlich steuer- und sv-pflichtig:						

5. Überprüfen Sie die Zusammenfassung.

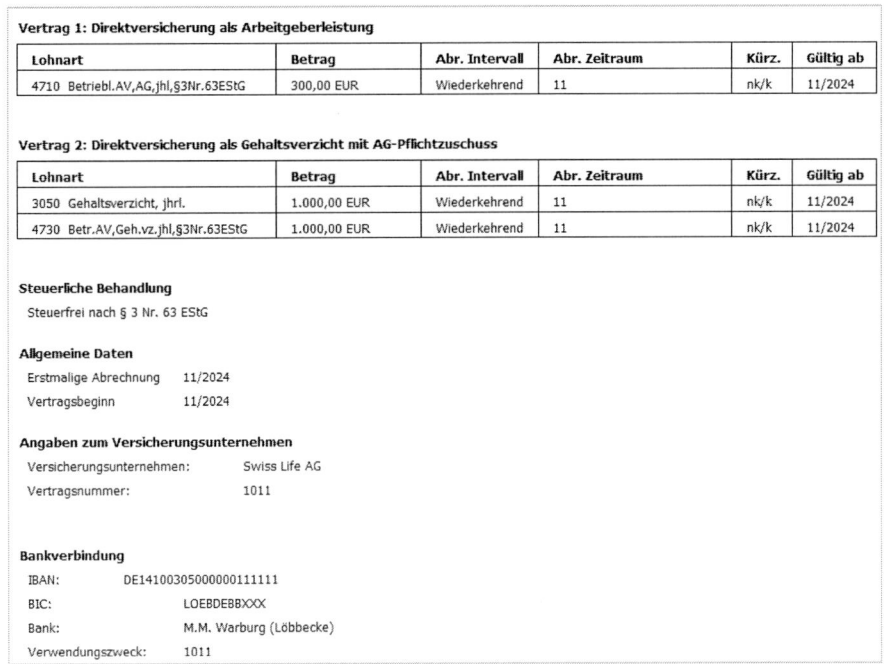

Vertrag 1: Direktversicherung als Arbeitgeberleistung

Lohnart	Betrag	Abr. Intervall	Abr. Zeitraum	Kürz.	Gültig ab
4710 Betriebl.AV,AG,jhl,§3Nr.63EStG	300,00 EUR	Wiederkehrend	11	nk/k	11/2024

Vertrag 2: Direktversicherung als Gehaltsverzicht mit AG-Pflichtzuschuss

Lohnart	Betrag	Abr. Intervall	Abr. Zeitraum	Kürz.	Gültig ab
3050 Gehaltsverzicht, jhrl.	1.000,00 EUR	Wiederkehrend	11	nk/k	11/2024
4730 Betr.AV,Geh.vz,jhl,§3Nr.63EStG	1.000,00 EUR	Wiederkehrend	11	nk/k	11/2024

Steuerliche Behandlung
Steuerfrei nach § 3 Nr. 63 EStG

Allgemeine Daten
Erstmalige Abrechnung   11/2024
Vertragsbeginn   11/2024

Angaben zum Versicherungsunternehmen
Versicherungsunternehmen: Swiss Life AG
Vertragsnummer: 1011

Bankverbindung
IBAN: DE14100305000000111111
BIC: LOEBDEBBXXX
Bank: M.M. Warburg (Löbbecke)
Verwendungszweck: 1011

6. Nach dem **Fertigstellen** erhalten Sie einen Hinweis. Im Fall einer Mischfinanzierung legt DATEV zwei bAV-Verträge an - einen für den Gehaltsverzicht und einen für den AG-Zuschuss. Ein AG-Pflichtzuschuss ist nicht mehr notwendig.

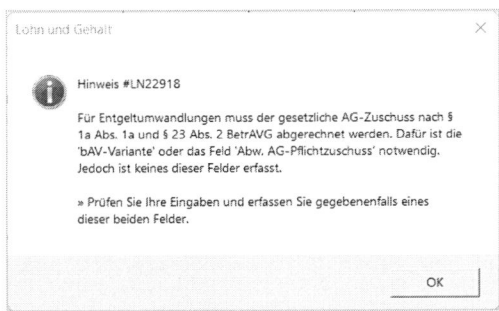

7. Überprüfen Sie in der Übersicht Stammdaten → Betriebliche Altersvorsorge → Direktversicherung die zwei Verträge, indem Sie mit den grünen Pfeilsymbolen blättern.

8. Sie können auch in der Übersicht Stammdaten → Betriebliche Altersvorsorge → Übersicht aller bAV-Verträge eine Liste bereits angelegter Verträge aufrufen und von dort die Bearbeitung starten.

So kontrollieren Sie den AG-Förderbetrag

Voraussetzung: Sie haben alle Arbeitnehmer abgerechnet und den Monatsabschluss durchgeführt.

1. Rufen Sie in den Mandatenauswertungen das **DÜ-Protokoll LSt.-Anm.** auf.

2. Die Anzahl der förderfähigen Arbeitnehmer und die Verrechnung des Förderbetrages mit der abzuführenden Lohnsteuer sehen Sie in den Kennziffern KZ 90 und KZ 45.

3. Überprüfen Sie Ihre LSt-Anmeldung und vergleichen Sie mit den Lösungen.

15

Lohn- und Gehaltsabrechnung (Dezember)

In diesem Kapitel werden die Jahresabschlussarbeiten erläutert.

Inhalt

- Neuberechung der Mutterschutzfrist
- Einmaliger Hinweistext
- Lohnsteuer-Jahresausgleich durch den Arbeitgeber
- Jahresabschlussarbeiten
- Auswertungen ausgeben

Aufgaben

Übung Dezember

☞ Ausgangsdaten:
12 Franconia Textilia
GmbH

Mandanten- und
Personal-Stammdaten
finden Sie ab Seite 233

a) Erstellen Sie für alle Mitarbeiter die Entgeltabrechnung für den Monat Dezember unter Berücksichtigung der u. g. Informationen.

b) Wünschen Sie allen Mitarbeitern auf dem Dezember-Lohnzettel "Schöne Weihnachten und einen guten Rutsch!"

c) Alle Lohnempfänger erhalten pro Urlaubsstunde Urlaubsgeld in Höhe von 50% des Stundenlohns.

Personal-Nr., Name:	1001 Meier, Gerd
Urlaub:	04. – 31.12.

Personal-Nr., Name:	1002 Zimmermann, Lutz
Urlaub:	11. – 31.12.

Personal-Nr., Name:	1003 Leinweber, Gabriele
Urlaub:	02. – 13.12. und 27.12. – 31.12.

Personal-Nr., Name:	1004 Hauser, Anna Lena
Urlaub:	19. – 31.12.

Personal-Nr., Name:	1005 Sander, Greta
Mutterschutz:	Frau Sander befindet sich seit dem 13.10.2024 in Mutterschutz. Bescheinigung über den tatsächlichen Geburtstermin am 01.12.2024 liegt vor.
Hinweis:	Wünschen Sie Frau Sander im Dezember „Alles Gute zur Geburt Ihres Kindes."

Personal-Nr., Name:	1008 Krause, Anja Laura
Urlaub:	11. – 31.12.

Personal-Nr., Name:	1009 Pfeifer, Gisa
Urlaub:	01. – 13.12.

Personal-Nr., Name:	1011 Wieland, Gunder
Urlaub:	16. – 31.12.

Personalnummer:	1012 Mahler, Adrian
Urlaub:	02. – 06.12. und 27. – 31.12.

d) Bei den Stundenlohnempfängern wird in allen Fällen unterstellt, dass sie exakt die Anzahl Stunden arbeiten, die ihrer Arbeitszeit entsprechen. Geben Sie die abzurechnenden Stunden mit Hilfe des Kalenders ein. Überstunden sind, sofern angefallen, separat angegeben.

e) Führen Sie einen Lohnsteuerjahresausgleich (Erstattung) durch.

f) Führen Sie den Monatsabschluss durch und wechseln Sie in den nächsten Monat.

15.1 Einmaliger Hinweistext

Sie befinden sich auf der Mandantenebene.

1. Öffnen Sie in der Übersicht Mandantendaten → Auswertungsdaten → Gestaltung.

2. Im Register Brutto/Netto - Einmaliger Hinweistext geben Sie den **Monat** ein, in dem der Text auf dem Lohnzettel stehen soll.

3. Ihnen stehen **3 Zeilen** zur Verfügung, um einen Text einzugeben.

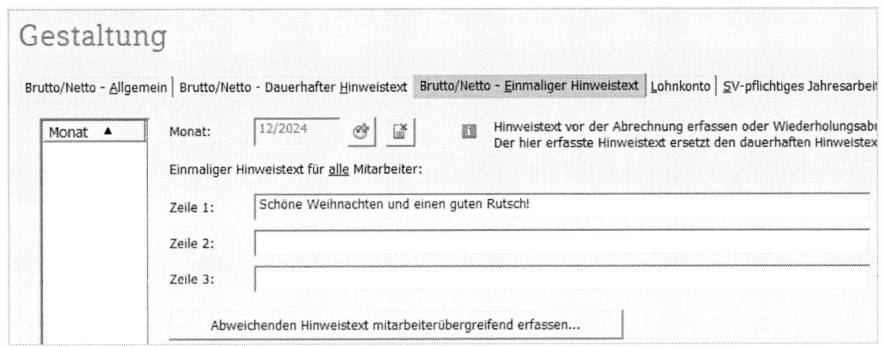

Sie befinden sich auf der Mitarbeiterebene (PN 1005).

1. Öffnen Sie in der Übersicht Stammdaten → Auswertungsdaten → Gestaltung das Register Brutto/Netto - Einmaliger Hinweistext.
   Der Hinweistext aus der Mandantenebene wird Ihnen hier nicht angezeigt.

2. Geben Sie analog zur Mandantenebene den Text für Frau Sander ein.

15.2 Neuberechung der Mutterschutzfrist

Sie befinden sich auf der Mitarbeiterebene (PN 1005).

1. Wählen Sie in der Übersicht Stammdaten → Besonderheiten → Mutterschutz.

2. Geben Sie hier den **tatsächlichen Geburtstermin** (01.12.2024) ein.

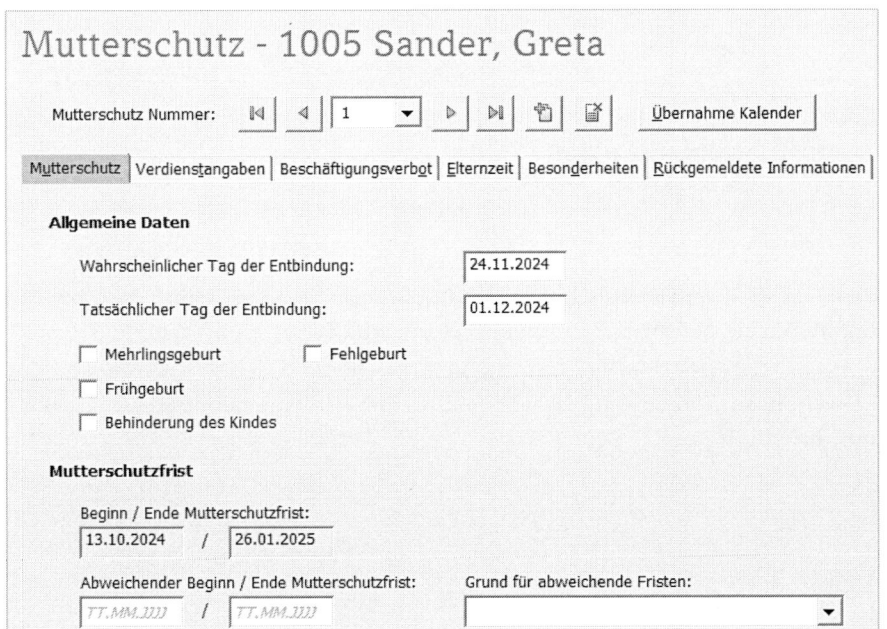

3. Klicken Sie auf Übernahme Kalender.

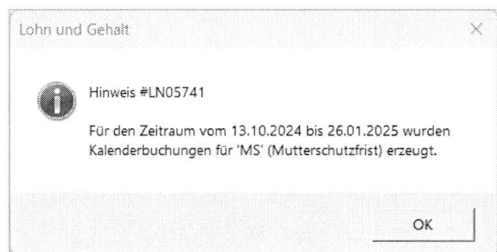

15.3 Lohnsteuer-Jahresausgleich durch den Arbeitgeber

Sie befinden sich auf der Mandantenebene.

1. Wählen Sie in der Übersicht Mandantendaten → Steuer → Berechnung.

2. Markieren Sie in der Gruppe LSt-/KiSt-Jahresausgleich im Dezember das Optionsfeld **Lohnsteuer-Jahresausgleich (nur Erstattung)** ❶.
Das Programm führt damit automatisch einen Lohnsteuer-Jahresausgleich durch, wenn sich für den jeweiligen Mitarbeiter eine Lohnsteuer-Erstattung ergibt.

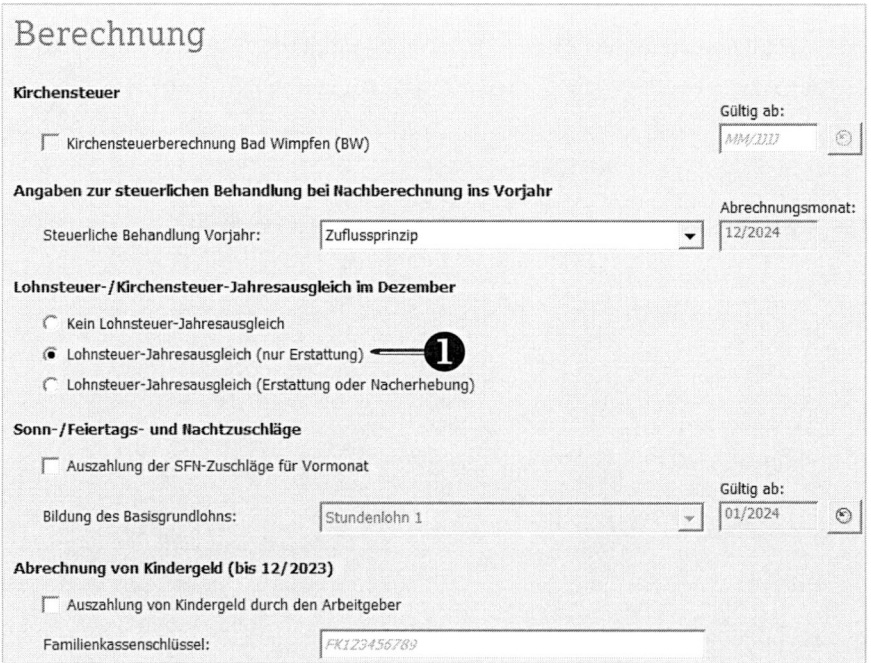

Damit ein Lohnsteuerjahresausgleich durchgeführt werden kann, müssen bestimmte Voraussetzungen erfüllt sein (siehe § 42b EStG).

Im Übungsfall erfüllt nur PN 1001 die Voraussetzungen. Sie erkennen dies in den **Hinweisen zur Abrechnung** ❶ auf dem **Brutto-Netto-Formular** und im **Verarbeitungsprotokoll**.

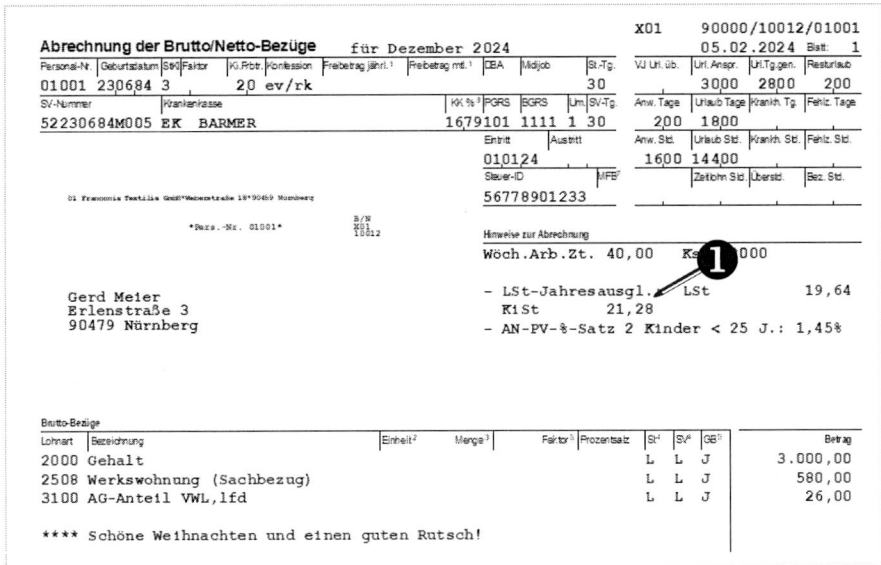

Die Ausschlussgründe laut § 42b EStG für die anderen Mitarbeiter erkennt DATEV automatisch. Diese werden je Personalnummer im **Verarbeitungsprotokoll** ausgewiesen.

15.4 Jahresabschlussarbeiten

Mit dem Monatsabschluss Dezember werden automatisch die Auswertungen zum Jahreswechsel erzeugt und stehen zum Versand bereit.

Folgende Daten sind zu versenden

◼ **Lohnsteuerbescheinigung (Finanzamt)**

Diese muss elektronisch bis **Ende Februar (28. bzw. 29.02.) des Folgejahres** an das Finanzamt übermittelt werden. Damit ist der Lohnsteuerabzug abgeschlossen und Änderungen sind nicht mehr möglich.

Die Lohnsteuerbescheinigung finden Sie in den Mitarbeiterauswertungen (Übersicht: Auswertungen → Mitarbeiterauswertungen).

◼ **Lohnnachweis (Berufsgenossenschaft)**

Im Übungsfall wird die UV-Jahresmeldung zur elektronischen Weitergabe nicht erzeugt, da hierfür die UV-Stammdaten bei der Berufsgenossenschaft abgerufen werden müssen und dies ist zu Übungszwecken nicht möglich.

Der digitale Lohnnachweis ist bis **16.02. des Folgejahres** zu übermitteln.

Die Daten für den Lohnnachweis finden Sie in den Mandantenauswertungen (Übersicht: Auswertungen → Mandantenauswertungen → Aufst. BG-Lohnnachweis).

Da für den BG-Lohnnachweis die rückgemeldeten UV-Stammdaten notwendig sind, wird im Übungsfall die Aufst. BG-Lohnnachweis nicht erzeugt. Eine Kontrolle ist nur mit den Einzelaufstellung Unfallvers. (monatlich) für jeden Monat möglich.

■ **SV-Jahresmeldung (Krankenkassen)**

Die Jahresentgeltmeldung für die Krankenkassen übermittelt das beitragspflichtige Arbeitsentgelt. Sie muss bis **15.02. des Folgejahres** übertragen werden, wird aber erst mit der ersten Lohn-/Gehaltsabrechnung des Folgejahres erzeugt.

Da im Übungsfall das Jahr 2024 abgerechnet wird, kann die SV-Jahresmeldung nicht erstellt werden. Sie können sich aber die Daten in der Auswertung **SV-pfl. Jahresarbeitsentg.** ansehen (Übersicht: Auswertungen → Mandantenauswertungen → SV-pfl. Jahresarbeitsentg).

Folgende Daten sind zu überprüfen

■ **Lohnkonto**

Die Lohnkonten finden Sie in den Mitarbeiterauswertungen (Übersicht: Auswertungen → Mitarbeiterauswertungen).

Lohnkonten sind bis zum **Ablauf des 6. Kalenderjahres**, das auf die zuletzt eingetragene Lohnzahlung folgt, aufzubewahren.

■ **Umlagepflicht U1**

Zur Kontrolle, ob das Unternehmen auch im Folgejahr U1-pflichtig ist, steht Ihnen die Prüfhilfe U1 zur Verfügung.

1. Öffnen Sie im Menü Auswertungen → Prüfhilfe Umlage 1 und lassen Sie sich die Auswertung für 2024 anzeigen. Ab Seite 2 sehen Sie die Berechnungen pro Monat.

```
Berater:  90000        13 Franconia Textilia GmbH      VKZ: 000    Datum:31.01.2024
Mandant: 10012         Weberstraße 18                               Seite:          1
                       90459 Nürnberg

Prüfhilfe - Umlage 1 für 2024


Berechnung des U1-Vollzeitäquivalent(VZÄ) - Übersicht der gezählten Arbeitnehmer

   Monat       Gesamt      Summe      Mitgezählt     Zu        Nicht        U1-
                           U1-VZÄ                    prüfen    mitgezählt   pflichtig

   01/2024        3        1,25           2          0         1            JA

   02/2024        6        3,75           5          0         1            JA

   03/2024        6        3,75           5          0         1            JA

   04/2024        6        3,75           5          0         1            JA

   05/2024        6        3,75           5          0         1            JA

   06/2024        7        4,75           6          0         1            JA

   07/2024        8        5,25           7          0         1            JA

   08/2024        9        5,50           8          0         1            JA

   09/2024       10        5,50           8          0         2            JA

   10/2024       10        5,50           8          0         2            JA

   11/2024        9        4,50           7          0         2            JA

   12/2024        9        4,50           7          0         2            JA

                                                       Anzahl U1-pflichtiger
                                                       Monate                 12

Prüfergebnis: In 12 von 12 abgerechneten Monaten liegt U1-Pflicht vor.

              --> Es besteht U1-Pflicht.
```

▧ **Resturlaub**

Mit dem Monatswechsel Dezember, werden die Resturlaubstage in das Folgejahr übertragen, sofern der Urlaub nicht verfallen soll. Im Verarbeitungsprotokoll werden Sie darauf hingewiesen.

Hinweis #LN05320
Für das Jahr 2025 wurden die Urlaubswerte bereitgestellt. Sie können die Werte bei Bedarf ändern.
» Beachten Sie, dass die geänderten Werte bei einer Rücksetzung des Monatsabschlusses Dezember wieder verloren gehen.

Die Urlaubsansprüche können Sie auf der Mitarbeiterebene überprüfen (z. B. PN 1001).

1. Öffnen Sie in der Übersicht Schnellerfassung → Register Urlaubsanspruch.

2. Sie sehen die aus dem Vorjahr übernommenen Resturlaubstage ❶, den Urlaubsanspruch ❷ für das aktuelle Jahr und der sich daraus ergebende Gesamturlaubsanspruch ❸.

3. Laut Mandanteneinstellung ❹ sind die Urlaubstage aus dem Vorjahr nicht verfallen. Dies könnte mitarbeiterspezifisch noch geändert werden ❺.

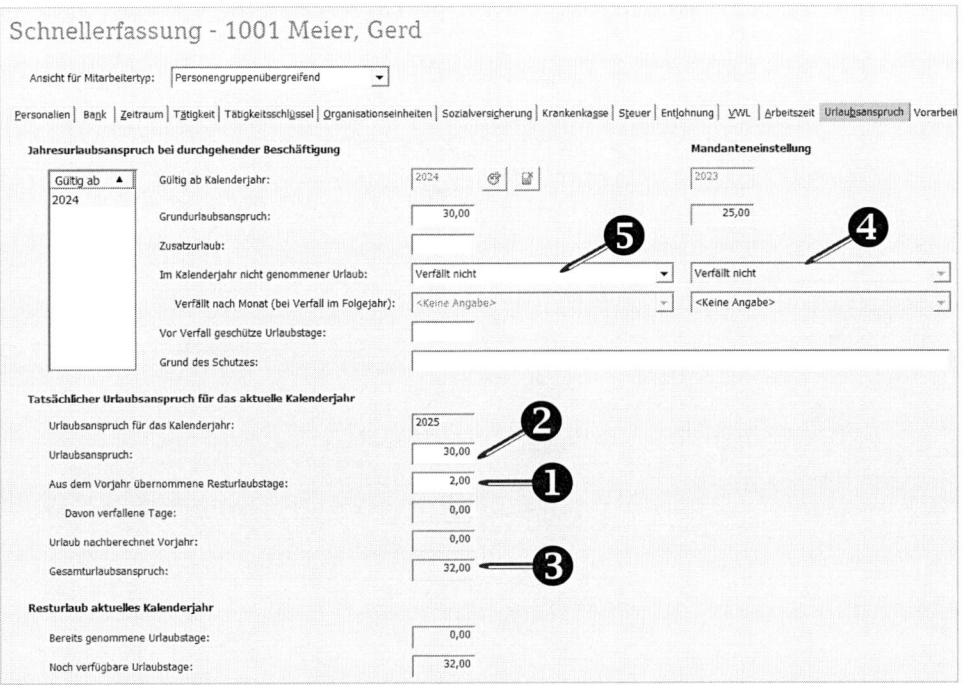

15.5 Auswertungen ausgeben

Alle in einem Monat oder einem Jahr angefallenen Auswertungen können Sie drucken oder z. B. als pdf-Datei exportieren oder per Mail versenden.

Sie befinden sich auf Mandantenebene.

1. Klicken Sie auf das Symbol Auswertungen ausgeben ❶.

2. Im Dialogfenster Auswertungen ausgeben wählen Sie den Zeitraum **Ab Monat, Bis Monat**, aus dem Sie Auswertungen auswählen möchten.

3. Anschließend wählen Sie sich aus den **möglichen Auswertungen** ❷ die Gewünschten aus und übernehmen Sie mit der Schaltfläche Auswählen ❸ oder per Doppelklick.

4. Über die Schalfläche Seitenansicht ❹, können Sie sich die Formulare nochmals ansehen.

5. Nun geben Sie das **Ausgabeziel** ❺ an.

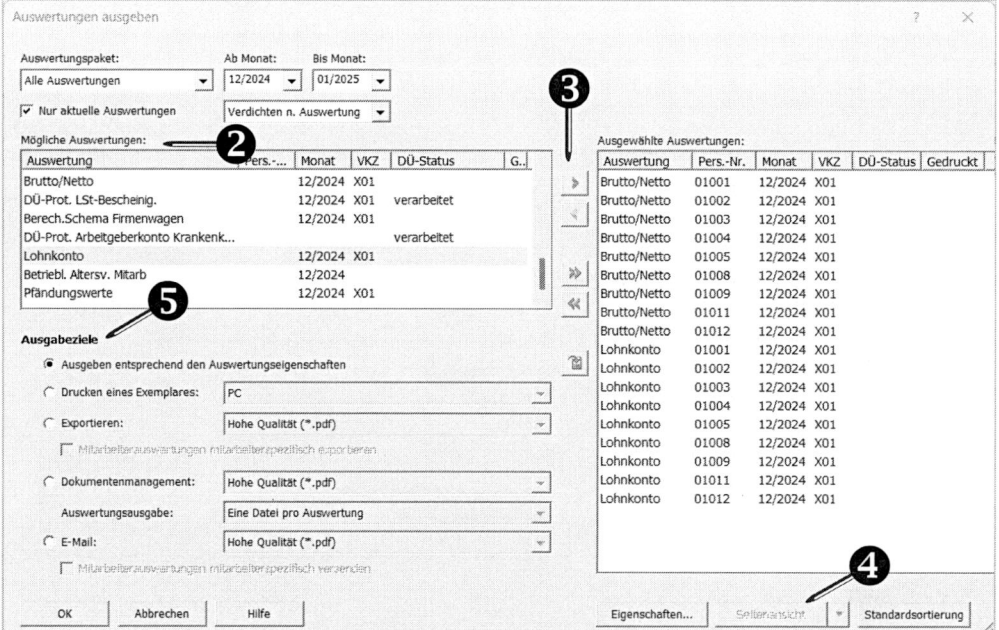

Auf diesem Weg stehen Ihnen schnell alle Auswertungen zur Verfügung und Sie müssen diese nicht einzeln aus den Mitarbeiter- und Mandantenauswertungen aufrufen.

Personalkalender

Der Personalkalender stellt die Kalenderbuchungen für das ganze Jahr und die entsprechenden Statistiken dar.

Den Personalkalender können Sie auf der Mandantenebene aufrufen.

1. Öffnen Sie im Menü Auswertungen → Personalkalender.

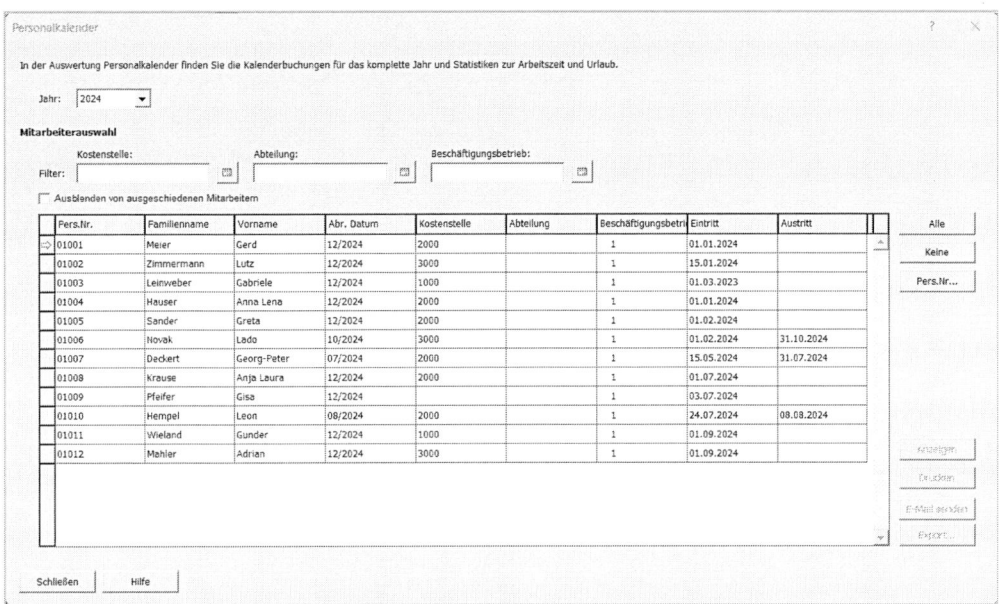

1. Filtern Sie ggf. die Mitarbeiterauswahl.

2. Entscheiden Sie über die Schaltfläche Alle bzw. Pers.Nr... welche Mitarbeiter in der Auswertung angezeigt werden sollen.

3. Betätigen Sie die Schaltfläche für die gewünschte Art der Ausgabe (Drucken, Anzeigen oder Export).

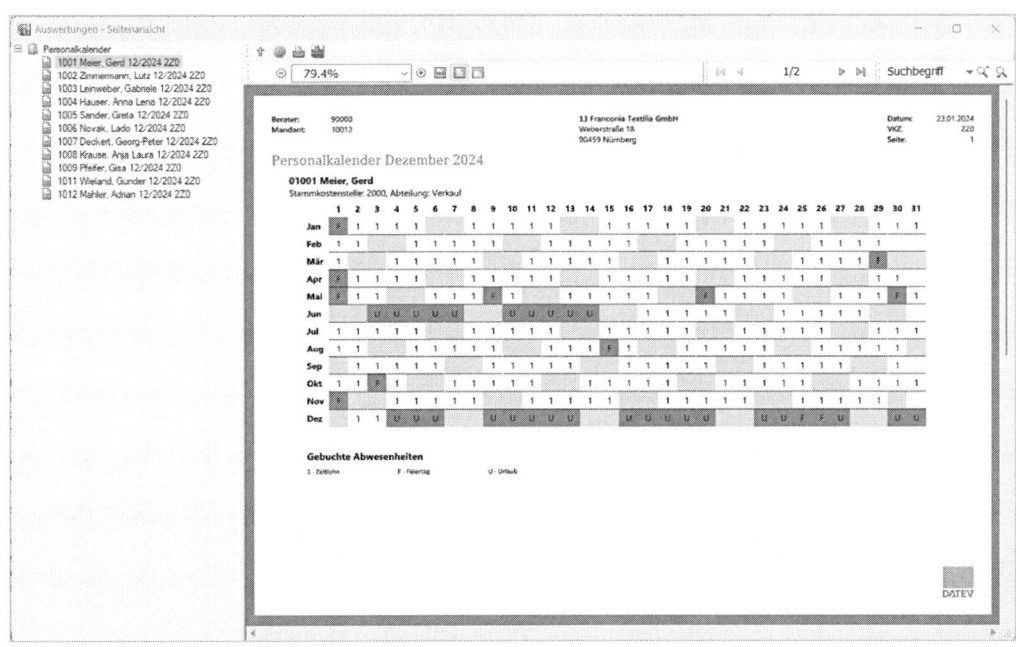

Die Daten für jeden einzelnen Mitarbeiter werden auf jeweils zwei Seiten abgebildet. Auf der ersten Seite werden die Kalenderbuchungen dargestellt.

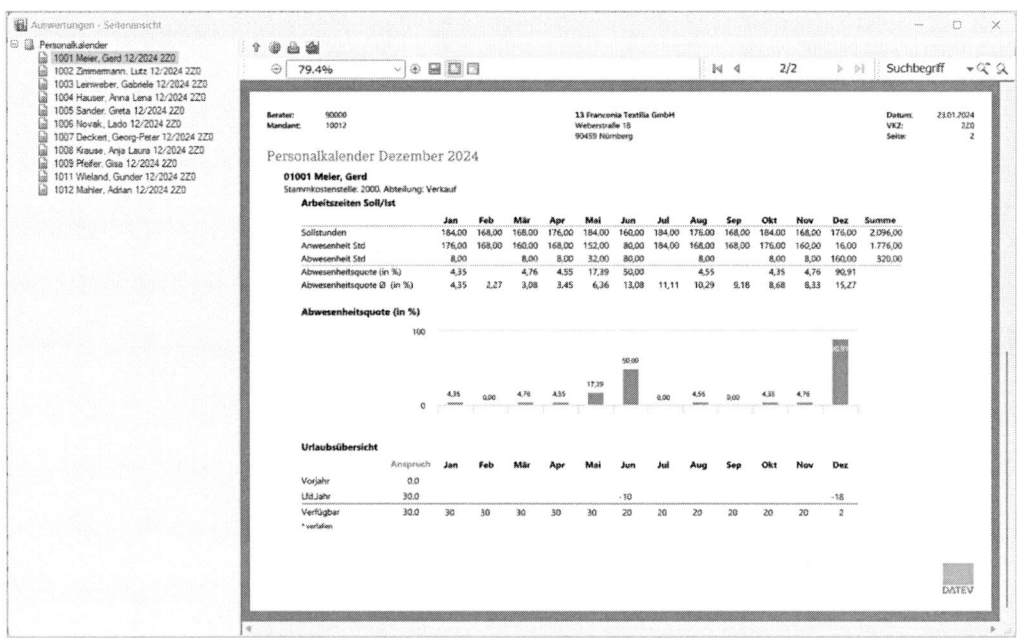

Auf der zweiten Seite finden Sie die Statistiken.

16

Übungsklausuren

Im folgenden Abschnitt finden Sie drei Übungsklausuren. Damit erhalten Sie zusätzliches Übungsmaterial, können Ihren Wissensstand prüfen und bekommen ein Gefühl für den zeitlichen Prüfungsumfang.

Inhalt

- Übungsklausur „Steuerberatung"
- Übungsklausur „Küchenstudio"
- Übungsklausur „Software-Entwicklung"

Hinweise

Die Übungsklausuren sind für eine Bearbeitungszeit von 180 Minuten ausgelegt.

◆ **Keine** Datenübermittlung. Stellen Sie bitte sicher, dass die Daten der Musterunternehmen weder direkt, noch über das Rechenzentrum der Datev eG an die Institutionen (Krankenkassen, Finanzämter; Berufsgenossenschaften etc.) übermittelt werden. Eine simulierte Übermittlung erfolgt, wenn Sie das Programm im Schulungsmodus nutzen.

◆ Es sind die vom Programm vorgegebenen Standardlohnarten, zu verwenden. Sollten für gewisse Vorgänge keine Lohnarten vom Programm vorgegeben sein, müssen Sie neue Lohnarten anlegen

Zur Lösung der Aufgabe sind folgende Hilfsmittel zugelassen:

◆ Einkommensteuergesetz
◆ Einkommensteuer-Durchführungsverordnung
◆ Einkommensteuerrichtlinien
◆ Lohnsteuer-Durchführungsverordnung
◆ Lohnsteuerrichtlinien
◆ Bedienerhandbuch
◆ Geräuscharmer Taschenrechner
◆ Unterrichtsmaterial und eigene Aufzeichnungen

Die Gesetze können als Einzelgesetze oder Gesetzessammlung mitgebracht werden. Weitere Hilfsmittel sind nicht zugelassen.

Die Lösungsvorschläge finden Sie im Online-Zusatzmaterial.

1. Übungsklausur

Das Unternehmen hat sich am 01. April 2024 neu gegründet.

Erstellen Sie für April 2024 die Gehaltsabrechnung.

Kalender April

KW	Montag	Dienstag	Mittwoch	Donners-tag	Freitag	Samstag	Sonntag
14	1 Oster-montag	2	3	4	5	6	7
15	8	9	10	11	12	13	14
16	15	16	17	18	19	20	21
17	22	23	24	25	26	27	28
18	29	30					

Aufgaben

a) Richten Sie ein neues Unternehmen mit den nachstehend aufgeführten Stammdaten ein.

b) Legen Sie die Mitarbeiter an. Für die entsprechenden Angaben sollen die notwendigen Nachweise (z. B. ELStAM, SV-Ausweis, Arbeitsverträge) vorliegen.

c) Erstellen Sie die Lohnabrechnung für April unter Berücksichtigung nachfolgender Abrechnungsdaten und führen Sie anschließend den Monatswechsel durch.

d) Als Lösungen sind folgende Auswertungen zu erstellen:
   - ◆ Lohnsteueranmeldung
   - ◆ Beitragsnachweis für alle Krankenkassen (lfd. Monat)
   - ◆ monatliche Aufstellung für Unfallversicherung
   - ◆ Lohnabrechnung aller Arbeitnehmer
   - ◆ DÜ-Protokoll Entgeltersatzleistung

Abrechnungsdaten April

Jeder Mitarbeiter erhält pro Anwesenheitstag eine vom Arbeitgeber bezahlte **Essenmarke** im **Wert von 7,00 €**. Die Essenmarken können in der Kantine eines benachbarten Unternehmes eingelöst werden.

Eyck Dymont (PN 10)

◆ Urlaub vom 29. - 30.04.

Renate Edelmann (PN 11)

◆ Tankgutschein in Höhe von 50,00 €/Monat

Axel Haubenmüller (PN 12)

◆ reicht eine Arbeitsunfähigkeitsbescheinigung vom 11. - 16.04. ein

Astrid Olsen (PN 13)

◆ Jobticket für 51,50 € zusätzlich zum Monatsverdienst

Firmenstammdaten		Mandant: 21000

Allgemeine Unternehmensdaten

Mandanten-/ Unternehmens-Nr.	21000	
Berater-Nr.	90000	
Firma	"eigener Name" Steuerberatung	freier Beruf
Adresse	Schwalbenweg 1 63500 Seligenstadt (Hessen)	= gekürzte Absenderadresse
Unternehmenszweck	Steuerberatung	
Kommunikation	Tel.: +49 6182-12345 Mail: info@stb.de	
Bank	IBAN: DE13 5065 2124 0001 0154 78 Sparkasse Langen-Seligenstadt	
Finanzamt	2644 - Offenbach am Main II Steuer-Nr. 44 875 30077	
Kontenrahmen	SKR03	

Lohnspezifische Stammdaten

Ansprechpartner Mandant/ Ansprechpartner Lohn	„eigener Name" Telefon und E-Mail wie Kommunikationsdaten	

Bank - Zahlungsweise

Scheck	Lohn/Gehalt/Abschlag	
Barzahlung / Einzug	VWL Individuelle Zahlungen Sonstige Zahlungen	
Erstattung im AAG	Überweisung durch Krankenkasse auf obige Bankverbindung	

Sozialversicherung

Betriebsnummer	49270551	
Schätzungen	nein	
Umlagepflicht	U1 und U2	da weniger als 31 Arbeitnehmer
Insolvenzgeldumlage	berechnen	

Krankenkassen

AOK Hessen	Krankenkassen-Nr.: 45118687 Beitragskontonummer: 49270551 U1: Regelsatz (U1_1)	
Knappschaft Hauptverwaltung	Krankenkassen-Nr.: 98000006 Beitragskontonummer: 49270551 U1: Regelsatz (U1_1)	
DAK	Krankenkassen-Nr.: 48698890 Beitragskontonummer: 49270551 U1: Regelsatz (U1_1)	

Unfallversicherung		
Berufsgenossenschaft	VBG	
Unternehmensnummer	5869 2143 5744 001	PIN: 86147
Gefahrtarifstelle	0103	
Stundenermittlung	Anwesenheitsstunden	
Stammdatenabruf	Nein	
Teilnahme Stammdaten-dienst	Nein	
Steuer		
Bundesland	Hessen	
Teilnahme an Datenüber-mittlung	Elektronische Lohnsteuerkarte Lohnsteuerbescheinigung (LStB) LSt-Anmeldung	
LSt-Anmeldezeitraum	monatlich	
Pauschalsteuer	Nachweisverfahren (Konfession beachten) Abwälzung für Essengeldzuschüsse	
Arbeitszeitangaben		
betriebsübliche Arbeitszeit	38 Std. /Woche (Mo. - Do. je 8 Std. und Fr. 6 Std.)	
Urlaub	25 Arbeitstage für 5 Arbeitstage/ Woche, anteilig, wenn weniger als 5 Arbeitstage/ Woche Der Urlaubsanspruch verfällt nicht.	
Feiertage	Fronleichnam	
AU-Bescheinigung	Attest ab 1. Krankheitstag	
Auswertungsdaten		
Gestaltung	Urlaubsstatistik Stunden-/Tagesstatistik Anwesenheitsstunden Gesamtkosten Anzahl Kinder ausgeben	

Personalstammblatt		Personalnummer: 10
Erfassungsdaten		
Nr.	10	
Name	Eyck Dumont	
Eintritt	01.04.2024	
Mitarbeitertyp	Personengruppenübergreifend	
Versicherungsnummer	11 100991 D 031	
Identifikationsnummer	89001234568	
Kennzeichen AG	Hauptarbeitgeber	
Personalien		
Adresse	Neckarstraße 1 68259 Mannheim	
Familienstand	verheiratet	
Staatsangehörigkeit	belgisch	
Tätigkeitsmerkmale		
Tätigkeit	Steuerfachangestellter	
Ausbildung	mittlere Reife mit Berufsausbildung	
Vertragsform	unbefristet in Vollzeit	
Sozialversicherung/Krankenkasse		
Elterneigenschaft	nachgewiesen	Elise (geb.: 05.08.2018)
Krankenkasse	DAK-Gesundheit	
Steuerabzugsmerkmale		
Steuerklasse	4	(ohne Faktor)
Kinderfreibetrag	1,0	
Konfession	ev/rk	
Freibeträge	6.000 €/Jahr 500 €/Monat	ab 01/2024
Entlohnung		
Gehalt	3.500,00 €	
Arbeitszeit/Urlaub		
Arbeitszeit	betriebsüblich	
Urlaubsanspruch	betriebsüblich	

Personalstammblatt	Personalnummer: 11

Erfassungsdaten

Nr.	11	
Name	Renate Edelmann	
Eintritt	01.04.2024	
Mitarbeitertyp	Personengruppenübergreifend	
Versicherungsnummer	52 100972 H 511	
Identifikationsnummer	45567891202	
Kennzeichen AG	Hauptarbeitgeber	

Personalien

Adresse	Mainweg 1 63329 Egelsbach	
Familienstand	verheiratet	
Staatsangehörigkeit	deutsch	

Tätigkeitsmerkmale

Tätigkeit	Steuerberaterin	
Ausbildung	Abitur Diplom	
Vertragsform	unbefristet in Vollzeit	

Sozialversicherung/Krankenkasse

Krankenkasse	private KV-/PV-Versicherung KV-Beitrag: 710,00 € KV-Basisbeitrag: 682,00 € PV-Beitrag: 86,00 € DAK-Gesundheit für RV-, AV-Beitrag	Selbstzahler

Steuerabzugsmerkmale

Steuerklasse	3	
Kinderfreibetrag	2,0	
Konfession	ev/--	

Entlohnung

Gehalt	5.550,00 €	

Arbeitszeit/Urlaub

Arbeitszeit	40 Stunden/Woche (Mo. - Fr. je 8 Std.)	
Urlaubsanspruch	30 Arbeitstage	

Personalstammblatt	Personalnummer: 12

Erfassungsdaten

Nr.	12	
Name	Axel Haubenmüller	
Eintritt	01.04.2024	
Mitarbeitertyp	Personengruppenübergreifend	
Versicherungsnummer	52 170805 H 004	
Identifikationsnummer	67789012347	
Kennzeichen AG	Hauptarbeitgeber	

Personalien

Adresse	Am Rodauufer 1 63110 Rodgau	
Familienstand	ledig	
Staatsangehörigkeit	deutsch	

Tätigkeitsmerkmale

Ausbildungsbeginn	01.04.2024	
voraussichtl. Ende	31.08.2026	
Tätigkeit	Ausbildung zum Steuerfachangestellten	
Ausbildung	Abitur ohne Berufsausbildung	
Vertragsform	befristet in Vollzeit	

Sozialversicherung/Krankenkasse

Elterneigenschaft	nicht nachgewiesen	
Krankenkasse	AOK Hessen	

Steuerabzugsmerkmale

Steuerklasse	1	
Kinderfreibetrag	0,0	
Konfession	keine	

Entlohnung

Ausbildungsvergütung	1. Lehrjahr: 750,00 € 2. Lehrjahr: 810,00 € 3. Lehrjahr: 900,00 €	ab 09/2023 ab 09/2024 ab 09/2025

Arbeitszeit/Urlaub

Arbeitszeit	betriebsüblich	
Urlaubsanspruch	betriebsüblich	

Hinweise

Der vorherige Ausbildungsbetrieb ist wegen Insolvenz zum 31.03.2024 geschlossen worden.

Erfassungsdaten		
Nr.	13	
Name	Astrid Olsen	
Eintritt	01.04.2024	
Mitarbeitertyp	geringfügig entlohnt Beschäftigte	
Versicherungsnummer	16 120472 K 506	
Identifikationsnummer	58624760391	
Personalien		
Adresse	Paulstraße 1 63150 Heusenstamm	
Familienstand	verheiratet	
Staatsangehörigkeit	norwegisch	
Tätigkeitsmerkmale		
Tätigkeit	Bürohilfskraft	
Ausbildung	mittlere Reife ohne Berufsausbildung	
Vertragsform	unbefristet in Teilzeit	
Sozialversicherung/Krankenkasse		
Elterneigenschaft	nicht nachgewiesen	
Krankenkasse	familienversichert bei AOK Hessen	
Steuerabzugsmerkmale		
Steuerklasse	--	
Kinderfreibetrag	--	
Konfession	keine	
Entlohnung		
Stundenlohn	12,71 €	
Arbeitszeit/Urlaub		
Arbeitszeit	8 Stunden/Woche (Di. und Do. je 4 Std.)	
Urlaubsanspruch	betriebsüblich (anteilig)	

2. Übungsklausur

Das Küchenstudio wurde zum 01. Februar 2024 neu gegründet.

Erstellen Sie für Februar die Gehaltsabrechnung.

Kalender Februar

KW	Montag	Dienstag	Mittwoch	Donners-tag	Freitag	Samstag	Sonntag
5			1	2	3	4	
6	5	6	7	8	9	10	11
7	12	13	14	15	16	17	18
8	19	20	21	22	23	24	25
9	26	27	28	29			

Aufgaben

a) Richten Sie ein neues Unternehmen mit den nachstehend aufgeführten Stammdaten ein.

b) Legen Sie die Mitarbeiter an. Für die entsprechenden Angaben sollen die notwendigen Nachweise (z. B. ELStAM, SV-Ausweis, Arbeitsverträge) vorliegen.

c) Erstellen Sie die Lohnabrechnung für Februar unter Berücksichtigung nachfolgender Abrechnungsdaten und führen Sie anschließend den Monatswechsel durch.

d) Als Lösungen sind folgende Auswertungen zu erstellen:

◆ Lohnsteueranmeldung
◆ Beitragsnachweis für alle Krankenkassen (lfd. Monat)
◆ SV-Nachweise (DEÜV)
◆ Einzelaufstellung Unfallversicherung (monatl.)
◆ Protokoll Entgeltersatzleistung für Manfred Roller
◆ Lohnabrechnung aller Arbeitnehmer
◆ Lohnjournal

Abrechnungsdaten Februar

Hinweis: Mögliche Pauschalversteuerungen werden vorgenommen.

Philippe Durand (PN 100)

◆ bekommt einen Firmenwagen F-KS 555 mit Privatnutzung
◆ Entfernung Wohnung <-> erste Tätigkeitsstätte = 22 km
◆ lfd. Zuzahlung von 75,00 €/Monat, die im Rahmen der Lohnabrechnung verrechnet (abgezogen) wird
◆ eine mögliche Pauschalversteuerung übernimmt der Arbeitgeber

Rainer Tauber (PN 101)

◆ erhält für Februar 987,00 € Umsatzprovision

Lars Hansen (PN 102)

◆ ist arbeitsunfähig vom 12. - 16.02.
◆ hat am 26. und 28.02. je 2 Überstunden geleistet und erhält Grundvergütung + 25 % Zuschlag

Martina Schneider (PN 103)

◆ war am 14. - 15.02. zu einer Fortbildung in Nürnberg und erhält für diese Tage den maximal steuerfrei erlaubten Verpflegungszuschuss und die steuerfrei mögliche Übernachtungspauschale

Manfred Roller (PN 104)

◆ erhält 50,00 € Fahrtkostenzuschuss zusätzlich zur Entlohnung für die Fahrt mit dem eigenen Pkw (die einfache Entfernung beträgt 30 km)
◆ hat in Kalenderwoche 07 10 Std./Tag gearbeitet und erhält Überstundengrundvergütung zzgl. 25 % Zuschlag

Firmenstammdaten		Mandant: 22000

Allgemeine Unternehmensdaten

Mandanten-/ Unternehmens-Nr.	22000	
Berater-Nr.	90000	
Firma	Küchen "eigener Name" GmbH	
Adresse	Hauptstraße 2 63110 Rodgau (Hessen)	
Unternehmenszweck	Küchenstudio	
Kommunikation	Tel.: +49 6106-12345 Mail: info@kuechenstudio.de	
Bank	IBAN: DE79 5056 1315 0000 0505 55	
Finanzamt	2644 - Offenbach am Main II Steuer-Nr. 044 875 30077	
Kontenrahmen	SKR03	

Lohnspezifische Stammdaten

Ansprechpartner Mandant/ Ansprechpartner Lohn	„eigener Name" Mail: lohn@kuechenstudio.de	

Bank - Zahlungsweise

Scheck	Lohn/Gehalt/Abschlag	
Barzahlung / Einzug	VWL Individuelle Zahlungen Sonstige Zahlungen (Institutionen)	
Erstattung im AAG	Überweisung durch Krankenkasse auf obige Bank	

Sozialversicherung

Betriebsnummer	22222220	
Schätzungen	nein	
Umlagepflicht	U1 und U2	da weniger als 31 Arbeitnehmer
Insolvenzgeldumlage	berechnen	

Krankenkassen

AOK Hessen	Krankenkassen-Nr.: 45118687 Beitragskontonummer: 22222220 U1: Regelsatz (U1_1)	
Knappschaft Hauptverwaltung	Krankenkassen-Nr.: 98000006 Beitragskontonummer: 22222220 U1: Regelsatz (U1_1)	
DAK	Krankenkassen-Nr.: 48698890 Beitragskontonummer: 22222220 U1: Regelsatz (U1_1)	

Unfallversicherung		
Berufsgenossenschaft	VBG	
Unternehmensnummer	6485 9248 6120 001	PIN: 24865
Gefahrtarifstelle	0067	
Stundenermittlung	Anwesenheitsstunden	
Stammdatenabruf	Nein	
Teilnahme Stammdaten-dienst	Nein	
Steuer		
Bundesland	Hessen	
Teilnahme an Datenüber-mittlung	Elektronische Lohnsteuerkarte Lohnsteuerbescheinigung (LStB) LSt-Anmeldung	
LSt-Anmeldezeitraum	monatlich	
Pauschalsteuer	Nachweisverfahren (Konfession beachten) Pauschalsteuern übernimmt der Arbeitgeber	
Arbeitszeitangaben		
betriebsübliche Arbeitszeit	40 Std. /Woche (Mo. - Fr. je 8 Std.)	
Urlaub	30 Arbeitstage für 5 Arbeitstage/ Woche, anteilig, wenn weniger als 5 Arbeitstage/ Woche Urlaub verfällt nicht.	
Feiertage	Fronleichnam	
AU-Bescheinigung	Attest ab 1. Krankheitstag	
Auswertungsdaten		
Gestaltung	Urlaubsstatistik Stunden-/Tagesstatistik Anwesenheitsstunden Gesamtkosten Anzahl Kinder ausgeben	
Firmenwagen		
Kennzeichen	F-KS 555	
Bruttolistenpreis	48.199,00 €	
Fahrzeug	Peugeot 508 (Dieselmotor)	

Personalstammblatt		Personalnummer: 100

Erfassungsdaten		
Nr.	100	
Name	Philippe Durand	
Eintritt	01.02.2024	
Mitarbeitertyp	Personengruppenübergreifend	
Versicherungsnummer	--	
Identifikationsnummer	56678901232	
Geburtsdatum	24.05.1986 in Lyon	
Kennzeichen AG	Hauptarbeitgeber	
Personalien		
Adresse	Sandstraße 2 63165 Mühlheim	
Familienstand	verheiratet	
Staatsangehörigkeit	französisch	
Tätigkeitsmerkmale		
Tätigkeit	Geschäftsführer (alleiniger Gesellschafter mit 100 % der Anteile)	
Ausbildung	mittlere Reife mit Berufs- und Meisterabschluss	
Vertragsform	unbefristet in Vollzeit	
Sozialversicherung/Krankenkasse		
Elterneigenschaft	nachgewiesen	Fleur (geb.: 15.01.2015) Claude (geb.: 18.08.2018) Noel (geb.: 24.12.2021) Valérie (geb.: 23.04.2023)
Krankenkasse	privat versichert	
Unfallversicherung	keine freiwillige Mitgliedschaft in gesetzl. UV	
Steuerabzugsmerkmale		
Steuerklasse	3	
Kinderfreibetrag	4,0	
Konfession	rk/rk	
Entlohnung		
Geschäftsführergehalt	7.500,00 €	
Arbeitszeit/Urlaub		
Arbeitszeit	betriebsüblich	
Urlaubsanspruch	betriebsüblich	

Personalstammblatt	Personalnummer: 101

Erfassungsdaten

Nr.	101	
Name	Rainer Tauber	
Eintritt	01.02.2024	
Mitarbeitertyp	Personengruppenübergreifend	
Versicherungsnummer	38 100173 T 009	
Identifikationsnummer	65778901233	
Kennzeichen AG	Hauptarbeitgeber	

Personalien

Adresse	Steinweg 2 63303 Dreieich	
Familienstand	ledig	
Staatsangehörigkeit	deutsch	

Tätigkeitsmerkmale

Tätigkeit	Verkäufer	
Ausbildung	mittlere Reife mit Berufsausbildung	
Vertragsform	unbefristet in Vollzeit	

Sozialversicherung/Krankenkasse

Elterneigenschaft	nicht nachgewiesen	
Krankenkasse	DAK-Gesundheit	

Steuerabzugsmerkmale

Steuerklasse	1	
Kinderfreibetrag	--	
Konfession	--	

Entlohnung

Fix-Gehalt	2.100,00 €	
Umsatzprovision	monatlich variabel	

Arbeitszeit/Urlaub

Arbeitszeit	betriebsüblich	
Urlaubsanspruch	betriebsüblich	

Vorarbeitgeberwerte 01.01. - 31.01.

Brutto	2.100,00 €	
Lohnsteuer	126,50 €	
Solidaritätszuschlag	0,00 €	

Erfassungsdaten

Nr.	102	
Name	Lars Hansen	
Eintritt	01.02.2024	
Mitarbeitertyp	Personengruppenübergreifend	
Versicherungsnummer	24 160786 H 012	
Identifikationsnummer	90112345677	
Kennzeichen AG	Hauptarbeitgeber	

Personalien

Adresse	Holzweg 2 63500 Seligenstadt	
Familienstand	verheiratet	
Staatsangehörigkeit	deutsch	

Tätigkeitsmerkmale

Tätigkeit	Montierer	
Ausbildung	Hauptschule mit Berufsausbildung	
Vertragsform	unbefristet in Vollzeit	

Sozialversicherung/Krankenkasse

Elterneigenschaft	nachgewiesen	Nils (geb.: 08.08.2008) Bente (geb.: 12.12.2012)
Krankenkasse	AOK Hessen	

Steuerabzugsmerkmale

Steuerklasse	4	
Kinderfreibetrag	2,0	
Konfession	ev/ev	

Entlohnung

Stundenlohn	13,80 €	

Arbeitszeit/Urlaub

Arbeitszeit	betriebsüblich	
Urlaubsanspruch	betriebsüblich	

Vorarbeitgeberwerte 01.01. - 31.01.

Brutto	1.725,00 €	
Lohnsteuer	73,00 €	
Solidaritätszuschlag	0,00 €	
Kirchensteuer	0,00 €	

Personalstammblatt		Personalnummer: 103

Erfassungsdaten

Nr.	103	
Name	Martina Schneider	
Eintritt	01.02.2024	zuvor arbeitssuchend
Mitarbeitertyp	Personengruppenübergreifend	
Versicherungsnummer	21 090882 S 503	
Identifikationsnummer	78990123456	
Kennzeichen AG	Hauptarbeitgeber	

Personalien

Adresse	Ziegelweg 2 63165 Mühlheim	
Familienstand	ledig	
Staatsangehörigkeit	deutsch	

Tätigkeitsmerkmale

Tätigkeit	Buchhaltungsfachkraft	
Ausbildung	mittlere Reife mit Berufsausbildung	
Vertragsform	unbefristet in Teilzeit	

Sozialversicherung/Krankenkasse

Elterneigenschaft	nachgewiesen	Mia (geb.: 07.07.2007)
Krankenkasse	DAK-Gesundheit	

Steuerabzugsmerkmale

Steuerklasse	2	
Kinderfreibetrag	0,5	
Konfession	--	

Entlohnung

Gehalt	1.820,00 €	
VWL	AG-Zuschuss: 26,00 €/Monat VWL-Sparbetrag: 40,00 €/Monat Anlageinstitut: LBS Vertrags-Nr.: 112233 IBAN: DE73 6705 0505 0000 1111 11	

Arbeitszeit/Urlaub

Arbeitszeit	20 Std./Woche (Mo. - Fr. je 4 Std.)	
Urlaubsanspruch	betriebsüblich	

Personalstammblatt		Personalnummer: 104

Erfassungsdaten		
Nr.	104	
Name	Manfred Roller	
Eintritt	12.02.2024	
Mitarbeitertyp	Personengruppenübergreifend	
Versicherungsnummer	61 180170 R 006	
Identifikationsnummer	78890123450	
Kennzeichen AG	Hauptarbeitgeber	
Personalien		
Adresse	Wasserweg 2 63303 Dreieich	
Familienstand	verheiratet	
Staatsangehörigkeit	deutsch	
Tätigkeitsmerkmale		
befristet bis	16.02.2024	
Tätigkeit	Montiererhelfer	
Ausbildung	mittlere Reife mit Berufsabschluss	
Vertragsform	befristet in Vollzeit	
Sozialversicherung/Krankenkasse		
Elterneigenschaft	nicht nachgewiesen	
Krankenkasse	freiwillig versichert bei der AOK Hessen	
Steuerabzugsmerkmale		
Steuerklasse	5	
Kinderfreibetrag	--	
Konfession	rk/rk	
Entlohnung		
Stundenlohn	13,25 €	
Arbeitszeit/Urlaub		
Arbeitszeit	betriebsüblich	
Hinweise		

Manfred Roller wird befristet als Krankheitsvertretung für Lars Hansen eingestellt.
Er ist sonst Hausmann.

3. Übungsklausur

Das Unternehmen wurde am 01. Dezember 2023 gegründet. Zum 01.01.2024 will das Unternehmen die Lohnabrechnung selbst übernehmen, möchte aber den Dezember 2023 noch nacherfassen.
Erstellen Sie für Dezember 2023 die Gehaltsabrechnung.

Kalender Dezember (Vorjahr)

KW	Montag	Dienstag	Mittwoch	Donners-tag	Freitag	Samstag	Sonntag
48					1	2	3
49	4	5	6	7	8	9	10
50	11	12	13	14	15	16	17
51	18	19	20	21	22	23	24 Heilig-abend
52	25 1.Weih-nachtstag	26 2. Weih-nachtstag	27	28	29	30	31 Silvester

Aufgaben

a) Richten Sie ein neues Unternehmen mit den nachstehend aufgeführten Stammdaten ein.

b) Legen Sie die Mitarbeiter an. Für die entsprechenden Angaben sollen die notwendigen Nachweise (z. B. ELStAM, SV-Ausweis, Arbeitsverträge) vorliegen.

c) Erstellen Sie die Lohnabrechnung für Dezember unter Berücksichtigung nachfolgender Abrechnungsdaten und führen Sie anschließend den Monatswechsel durch.

d) Als Lösungen sind folgende Auswertungen zu erstellen:

 ◆ Lohnsteueranmeldung
 ◆ Beitragsnachweis für alle Krankenkassen (lfd. Monat)
 ◆ Lohnabrechnung aller Arbeitnehmer
 ◆ Berechnungsschema Firmenwagen
 ◆ Lohnjournal
 ◆ Einzelaufstellung Unfallversicherung (monatl.)
 ◆ LSt-Bescheinigung aller Mitarbeiter

Abrechnungsdaten Dezember

Franz Geier (PN 1001)

◆ erhält 83,46 € Reisekosten ausgezahlt für Fahrten mit dem eigenen Pkw (Reisekostenabrechnung liegt vor)

◆ erhielt am 06.12.2023 einen Vorschuss von 100 € in bar, der mit der Dezemberabrechnung verrechnet wird

Markus Ruben (PN 1002)

◆ hat einen Pfändungsbeschluss vom 01.12.2023 über 1.000,00 € mit folgenden Informationen:
  - 1. Rang
  - 2 unterhaltsberechtigte Personen
  - Empfänger: Autohaus Paul
    IBAN: DE 30 7007 0024 0011 1111 00

Vincent Smeets (PN 1003)

◆ erhält für den Monat Dezember einen Tankgutschein über 35,00 €

◆ hat eine Nettolohnabtretung an das Autohaus Schmidt von monatlich 100,00 €
  - Autohaus Schmidt
    IBAN: DE78 6705 0505 0000 0111 11

Silke Markwitz (PN 1004)

◆ bekommt einen Firmenwagen (N-T 333) mit privater Nutzung
  - Kaufpreis: 54.650,00 € zzgl. 19 % Ust
  - Erstzulassung am 01.12.2023, Nutzungsdauer: 48 Monate
  - einfache Entfernung beträgt 18 km
  - eine mögliche Pauschalversteuerung übernimmt der Arbeitgeber

Maria Bergmann (PN 1005)

◆ erhält für den Monat Dezember einen Tankgutschein über 40,00 €

Firmenstammdaten		Mandant: 23000

Allgemeine Unternehmensdaten

Mandanten-/ Unternehmens-Nr.	23000	
Berater-Nr.	90000	
Firma	Bits & Bytes "eigener Name" AG	
Adresse	Industriestraße 3 90441 Nürnberg (Bayern)	
Unternehmenszweck	Software-Entwicklung	
Kommunikation	Tel.: +49 911 12345 Mail: info@bits-bytes.de	
Bank	IBAN: DE13 7607 0012 0017 5596 00	
Finanzamt	9238 - Nürnberg Nord Steuer-Nr. 238/888/88888	
Kontenrahmen	SKR03	

Lohnspezifische Stammdaten

Ansprechpartner Mandant	„eigener Name" Mail: info@bits-bytes.de	
Ansprechpartner Lohn	„eigener Name" Mail: lohn@bits-bytes.de	

Bank - Zahlungsweise

Scheck	Lohn/Gehalt/Abschlag	
Barzahlung / Einzug	VWL Sonstige Zahlungen (Institutionen)	
SEPA-Überweisung	Individuelle Zahlungen	
Erstattung im AAG	Überweisung durch Krankenkasse auf obige Bank	

Sozialversicherung

Betriebsnummer	99716149	
Schätzungen	nein	
Umlagepflicht	U1 und U2	da weniger als 31 Arbeitnehmer
Insolvenzgeldumlage	berechnen	

Krankenkassen

AOK Bayern	Krankenkassen-Nr.: 87880235 Beitragskontonummer: 99716149 U1: Regelsatz (U1_1)	
Knappschaft Hauptverwaltung	Krankenkassen-Nr.: 98000006 Beitragskontonummer: 99716149 U1: Regelsatz (U1_1)	
BARMER	Krankenkassen-Nr.: 42938966 Beitragskontonummer: 99716149 U1: Regelsatz (U1_1)	

Unfallversicherung		
Berufsgenossenschaft	VBG	
Unternehmensnummer	2658 4761 5385 001	PIN: 65243
Gefahrtarifstelle	0075	
Stundenermittlung	Anwesenheitsstunden	
Stammdatenabruf	Nein	
Teilnahme Stammdaten-dienst	Nein	
Steuer		
Bundesland	Bayern	
Teilnahme an Datenüber-mittlung	Elektronische Lohnsteuerkarte Lohnsteuerbescheinigung (LStB) LSt-Anmeldung	
LSt-Anmeldezeitraum	monatlich	
Pauschalsteuer	Vereinfachungsverfahren (Konfession nicht beachten) Pauschalsteuern übernimmt der Arbeitgeber	
Arbeitszeitangaben		
betriebsübliche Arbeitszeit	40 Std. /Woche (Mo. - Fr. je 8 Std.)	
Urlaub	30 Arbeitstage für 5 Arbeitstage/ Woche, anteilig, wenn weniger als 5 Arbeitstage/ Woche Urlaub verfällt nicht.	
Feiertage	Heilige Drei Könige Fronleichnam Mariä Himmelfahrt Allerheiligen	
AU-Bescheinigung	Attest ab 3. Krankheitstag	
Auswertungsdaten		
Gestaltung	Urlaubsstatistik Stunden-/Tagesstatistik Anwesenheitsstunden Gesamtkosten Anzahl Kinder ausgeben	

Personalstammblatt	Personalnummer: 1001

Erfassungsdaten		
Nr.	1001	
Name	Franz Geier	
Eintritt	01.12.2023	
Mitarbeitertyp	Personengruppenübergreifend	
Versicherungsnummer	23 031155 G 004	
Identifikationsnummer	78990123456	
Kennzeichen AG	Hauptarbeitgeber	
Personalien		
Adresse	Goethestraße 3 90762 Fürth	
Familienstand	verwitwet	
Staatsangehörigkeit	deutsch	
Tätigkeitsmerkmale		
Tätigkeit	Haustechniker	
Ausbildung	Hauptschule mit Berufsausbildung	
Vertragsform	unbefristet in Teilzeit	
Sozialversicherung/Krankenkasse		
Elterneigenschaft	nicht nachgewiesen	
Krankenkasse	AOK Bayern	
Steuerabzugsmerkmale		
Steuerklasse	3	
Kinderfreibetrag	--	
Konfession	rk/--	
Entlohnung		
Stundenlohn	13,10 €	
Arbeitszeit/Urlaub		
Arbeitszeit	25 Std./Woche (Mo. - Fr. je 5 Std.)	
Urlaubsanspruch	betriebsüblich	
Hinweise		

Franz Geier war in den Vormonaten nicht berufstätig, da er Altersvollrentner ist.
Seine Ehefrau verstarb im Vorjahr.

Personalstammblatt		Personalnummer: 1002
Erfassungsdaten		
Nr.	1002	
Name	Markus Ruben	
Eintritt	01.12.2023	
Mitarbeitertyp	Personengruppenübergreifend	
Versicherungsnummer	56 030777 R 499	
Identifikationsnummer	89001234568	
Kennzeichen AG	Hauptarbeitgeber	
Personalien		
Adresse	Heinestraße 3 90459 Nürnberg	
Familienstand	verheiratet	
Staatsangehörigkeit	deutsch	
Tätigkeitsmerkmale		
Tätigkeit	Diplom-Informatiker (Hochschule)	
Ausbildung	Abitur Diplom	
Vertragsform	unbefristet in Vollzeit	
Sozialversicherung/Krankenkasse		
Elterneigenschaft	nachgewiesen	Max (geb.: 07.07.2007)
Krankenkasse	BARMER	
Steuerabzugsmerkmale		
Steuerklasse	4	
Kinderfreibetrag	1,0	
Konfession	--	
Entlohnung		
Gehalt	4.200,00 €	
Arbeitszeit/Urlaub		
Arbeitszeit	betriebsüblich	
Urlaubsanspruch	betriebsüblich	

Personalstammblatt	Personalnummer: 1003

Erfassungsdaten

Nr.	1003	
Name	Vincent Smeets	
Eintritt	01.12.2023	
Mitarbeitertyp	Werkstudent	
Versicherungsnummer	61 190206 S 026	
Identifikationsnummer	56678901232	
Kennzeichen AG	Hauptarbeitgeber	

Personalien

Adresse	Herderstraße 3 90478 Nürnberg	
Familienstand	ledig	
Staatsangehörigkeit	niederländisch	

Tätigkeitsmerkmale

Tätigkeit	Verkäufer	
Ausbildung	Abitur ohne Berufsabschluss	
Vertragsform	unbefristet in Teilzeit	

Sozialversicherung/Krankenkasse

Elterneigenschaft	nicht nachgewiesen	
Krankenkasse	AOK Bayern	

Steuerabzugsmerkmale

Steuerklasse	1	
Kinderfreibetrag	--	
Konfession	--	

Entlohnung

Gehalt	850,00 €	

Arbeitszeit/Urlaub

Arbeitszeit	16 Std./Woche (Mo. - Do. je 4 Std.)	
Urlaubsanspruch	betriebsüblich	

Hinweise

Die Immatrikulationsbescheinigung an der Universität Nürnberg ist bis zum 30.04.2024 gültig.
Vincent Smeets ist bisher keiner weiteren Erwerbstätigkeit nachgegangen.

Personalstammblatt		Personalnummer: 1004

Erfassungsdaten		
Nr.	1004	
Name	Silke Markwitz	
Eintritt	01.12.2023	
Mitarbeitertyp	Personengruppenübergreifend	
Versicherungsnummer	64 241177 B 506	
Identifikationsnummer	45567890120	
Kennzeichen AG	Hauptarbeitgeber	
Personalien		
Adresse	Schillerstraße 3 90409 Nürnberg	
Familienstand	verheiratet	
Staatsangehörigkeit	deutsch	
Tätigkeitsmerkmale		
Tätigkeit	Vorstandsmitglied der AG	
Ausbildung	Abitur Diplom	
Vertragsform	unbefristet in Vollzeit	
Sozialversicherung/Krankenkasse		
Elterneigenschaft	nachgewiesen	
Krankenkasse	privat versichert	Selbstzahler
Vertragsform	keine freiwillige Mitgliedschaft in gesetzl. UV	
Steuerabzugsmerkmale		
Steuerklasse	4	
Kinderfreibetrag	3,0	
Konfession	rk/ev	
Freibeträge	12.000 €/Jahr 1.000 €/Monat	ab 01/2023
Entlohnung		
Gehalt	5.500,00 €	
Arbeitszeit/Urlaub		
Arbeitszeit	betriebsüblich	
Urlaubsanspruch	betriebsüblich	
Hinweise		
Silke Markwitz hält 90 % der ausgegebenen (nicht handelbaren) Aktienanteile. Der Rest verteilt sich zu je 2,5 % auf den Ehemann und die 3 Kinder.		

Personalstammblatt		Personalnummer: 1005

Erfassungsdaten		
Nr.	1005	
Name	Maria Bergmann	
Eintritt	13.12.2023	
Mitarbeitertyp	geringfügig entlohnt Beschäftigte	
Versicherungsnummer	23 020782 B 529	
Identifikationsnummer	95162847319	
Personalien		
Adresse	Fontaneallee 3 90409 Nürnberg	
Familienstand	verheiratet	
Staatsangehörigkeit	österreichisch	
Tätigkeitsmerkmale		
Tätigkeit	Raumpflegerin	
Ausbildung	Hauptschule ohne Berufsabschluss	
Vertragsform	unbefristet in Teilzeit	
Sozialversicherung/Krankenkasse		
Elterneigenschaft	nicht nachgewiesen	
Krankenkasse	privat versichert	
Steuerabzugsmerkmale		
Steuerklasse	--	
Kinderfreibetrag	--	
Konfession	rk	
Entlohnung		
Stundenlohn	13,05 €	
Arbeitszeit/Urlaub		
Arbeitszeit	6 Std./Woche (Mo. - Do. je 1 Std., Fr. 2 Std.)	
Urlaubsanspruch	betriebsüblich	
Hinweise		
Maria Bergmann ist Hausfrau und geht sonst keiner weiteren Beschäftigung nach. Sie hat sich von der Rentenversicherungspflicht befreien lassen. Der Antrag liegt vor.		

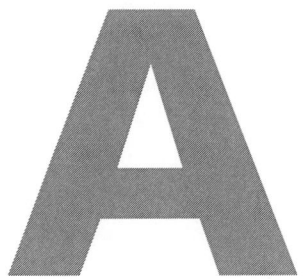

Anhang

Inhalt

- Mandanten- und Personalstammdaten

Mandanten- und Personal-Stammdaten

Firmendaten		Mandant: 10000

Allgemeine Unternehmensdaten

Mandanten-/ Unternehmens-Nr.	10000	
Berater-Nr.	90000	
Firma	Franconia Textilia GmbH	
Adresse	Weberstraße 18 90459 Nürnberg	
Unternehmenszweck	Textilgroßhandel WKZ = 46.41.0 Großhandel mit Textilien	
Kommunikation	Tel: +49 911 888888 Mail: info@franconia-textilia.de Internet: www. franconia-textilia.de	
Bank	IBAN: DE13 7607 0012 0500 1540 00	Deutsche Bank
Finanzamt	9238 - Nürnberg Nord Steuer-Nr.: 238 888 88888	
Kontenrahmen	SKR 03	

Lohnspezifische Stammdaten

Ansprechpartner Firma Ansprechpartner Lohn	Gabriele Leinweber "eigener Name"	Kommunikation jeweils wie oben angegeben

Bank - Zahlungsweise

SEPA Überweisung	Lohn/Gehalt/Abschlag VWL Individuelle Zahlungen	
Barzahlung/Einzug	Sonstige Zahlungen (Institutionen)	
Erstattung AAG	Überweisung durch Krankenkasse auf obige Bank	

Sozialversicherung

Betriebsnummer	88888888	
Schätzung	nein	
Umlagepflicht	U1 und U2	da weniger als 31 Arbeitnehmer
Insolvenzgeldumlage	berechnen	
LFZ Kind krank	ausgeschlossen laut Betriebsvereinbarung	

Krankenkassen

AOK Bayern - Die Gesundheitskasse	Krankenkasse Nr.: 87880235 Beitragskontonummer: 88888888 U1: Regelsatz (U1_1)	
BARMER	Krankenkasse Nr.: 42938966 Beitragskontonummer: 88888888 U1: Regelsatz (U1_1)	
Knappschaft	Krankenkasse Nr.: 98000006 Beitragskontonummer: 88888888 U1: Regelsatz (U1_1)	Hinweis: KK empfängt Beiträge ausschließlich für geringfügig Beschäftigte

Unfallversicherung		
Berufsgenossenschaft	BGHW (Betriebsnummer: 32064004)	
Unternehmensnummer	4234 1234 1234 001	PIN: 25841
Gefahrtarifstelle	02	
Stundenermittlung	Stunden gemäß abgerechneter Lohnarten	
Teilnahme Stammdatendienst	nein	
Stammdatenabruf	nein	
Steuer		
Bundesland	Bayern	
Teilnahme an Datenübermittlung	Elektron. Lohnsteuerkarte Lohnsteuerbescheinigung (LStB) LSt-Anmeldung	
LSt-Anmeldezeitraum	monatlich	
SFN-Zuschläge	Bildung des Basislohns: Stundenlohn 1	
Pauschalsteuer	Vereinfachungsverfahren (Konfession nicht beachten)	
Arbeitszeit		
Betriebsüblich	40 Std./Woche (Mo. - Fr. je 8 Std.)	
Urlaub	25 Arbeitstage für 5 Arbeitstage/Woche, (anteilig, wenn weniger als 5 Arbeitstage/Woche) Urlaub verfällt nicht	
Feiertage	Heilige Drei Könige Fronleichnam Mariä Himmelfahrt Allerheiligen	
AU-Bescheinigung	ab 3. Tag	
Abrechnungsparameter (Teilmonatsberechnung)		
Ausfall von Tagen	Betrag * zu bezahlende Arbeitstage / monatl. Arb-Tage	
Ausfall von Stunden	Betrag - (Betrag / (wöchentl. AZ * 13/3) * Fehlstunden)	
Auswertungsdaten		
Gestaltung	Urlaubsstatistik Stunden-/Tagesstatistik Anwesenheitsstunden Gesamtkosten Anzahl Kinder ausgeben Durchschnitt 1 Stammkostenstelle Wöchentliche Arbeitszeit	Leere Werte sollen unterdrückt werden.
Organisationseinheiten		
Kostenstellen	1000 Einkauf 2000 Verkauf 3000 Lager	
Firmenwagen	Kennzeichen: N-MM 555 Bruttolistenpreis: 64.379,68 € Fahrzeughersteller: Audi Fahrzeugmodell: A6 Fahrzeugbeschreibung: Pkw Nutzungsende: 12/2027	ab 01/2024

Personalstammblatt		Personalnummer: 1001
Erfassungsdaten		
Nr.	1001	
Name	Gerd Meier	
Eintritt	01.01.2024	
Mitarbeitertyp	Personengruppenübergreifend	
Versicherungsnummer	52 230684 M 005	
Identifikationsnummer	56778901233	
Kennzeichen AG	Hauptarbeitgeber	
Personalien		
Adresse	Lindenallee 3 60557 Frankfurt	
Familienstand	verheiratet	
Staatsangehörigkeit	deutsch	
Bankverbindung		
IBAN	DE40 5007 0010 0970 6060 00	Deutsche Bank
Tätigkeitsmerkmale		
Tätigkeit	Verkäufer für Textilien und Bekleidung	
Ausbildung	Mittlere Reife mit Berufsausbildung	
Vertragsform	unbefristet in Vollzeit	
Kostenstelle		
2000	Verkauf	
Sozialversicherung/Krankenkasse		
Elterneigenschaft	nachgewiesen	Ella (14.02.2014) Ben (16.10.2017)
Krankenkasse	BARMER	
Steuerabzugsmerkmale		
Steuerklasse	3	
Kinderfreibetrag	2,0	
Konfession	ev/rk	
Entlohnung		
Gehalt	2.800,00 €	
Urlaubsgeld (im Juni)	1.225,00 €	
VWL	VWL-Sparbetrag: 40,00 €/Monat AG-Zuschuss: 26,00 €/Monat Anlageinstitut: LBS Bausparkasse Vertrags-Nr.: 33333 IBAN: DE51 5001 0111 0000 0333 33 Vertragsende: 12/2030 Kürzung: nk/k	
Arbeitszeit/Urlaub		
Arbeitszeit	betriebsüblich	
Urlaubsanspruch	30 Tage/Jahr	
Unfallversicherung		
Stundenermittl. für Mitarbeiter	Anwesenheitsstunden	gilt für Gehaltsempfänger

Personalstammblatt		Personalnummer: 1002
Erfassungsdaten		
Nr.	1002	
Name	Lutz Zimmermann	
Eintritt	15.01.2024	zuvor arbeitsuchend
Mitarbeitertyp	Personengruppenübergreifend	
Versicherungsnummer	54 310378 Z 002	
Identifikationsnummer	67889012342	
Kennzeichen AG	Hauptarbeitgeber	
Personalien		
Adresse	Rosengasse 3 90403 Nürnberg	
Familienstand	ledig	
Staatsangehörigkeit	deutsch	
Bankverbindung		
IBAN	DE40 7001 0080 0000 3434 34	Postbank
Tätigkeitsmerkmale		
Tätigkeit	Lagerarbeiter	
Ausbildung	Hauptschule ohne Berufsausbildung	
Vertragsform	unbefristet in Vollzeit	
Kostenstelle		
3000	Lager	
Sozialversicherung/Krankenkasse		
Elterneigenschaft	nicht nachgewiesen	
Krankenkasse	AOK Bayern	
Steuerabzugsmerkmale		
Steuerklasse	1	
Kinderfreibetrag	0,0	
Konfession	keine	
Entlohnung		
Stundenlohn	13,10 €	
Arbeitszeit/Urlaub		
Arbeitszeit	betriebsüblich	
Urlaubsanspruch	betriebsüblich	

Personalstammblatt		Personalnummer: 1003
Erfassungsdaten		
Nr.	1003	
Name	Gabriele Leinweber	geb. Leinweber
Eintritt	01.03.2023	
Mitarbeitertyp	Personengruppenübergreifend	
Versicherungsnummer	---	
Identifikationsnummer	78990123456	
Geburtsdatum	26.01.1977	
Kennzeichen AG	Hauptarbeitgeber	
Personalien		
Adresse	Irisweg 3 90427 Nürnberg	
Familienstand	ledig	
Staatsangehörigkeit	deutsch	
Bankverbindung		
IBAN	DE83 7012 0700 0000 0888 88	Oberbank München
Tätigkeitsmerkmale		
Tätigkeit	Geschäftsführerin	alleinige Gesellschafterin
Ausbildung	Abitur Hochschulstudium mit Diplom	
Vertragsform	unbefristet in Vollzeit	
Kostenstelle		
1000	Einkauf	
Sozialversicherung/Krankenkasse		
Elterneigenschaft	nicht nachgewiesen	
Krankenkasse	privat versichert (Selbstzahler)	
Steuerabzugsmerkmale		
Steuerklasse	1	
Kinderfreibetrag	0,0	
Konfession	rk	
Freibeträge	2.400 €/Jahr 200 €/Monat	ab 01/2024
Entlohnung		
Geschäftsführergehalt	5.100,00 €	
Arbeitszeit/Urlaub		
Arbeitszeit	betriebsüblich	
Urlaubsanspruch	30 Tage/Jahr	
Unfallversicherung		
Unfallversicherung	deaktivieren	

Personalstammblatt		Personalnummer: 1004
Erfassungsdaten		
Nr.	1004	
Name	Anna Lena Hauser	
Eintritt	01.01.2024	
Mitarbeitertyp	geringfügig entlohnt Beschäftigte	
Versicherungsnummer	58 040290 H 523	
Identifikationsnummer	58296347127	
Kennzeichen AG	---	
Personalien		
Adresse	Veilchenstraße 3 90487 Nürnberg	
Familienstand	verheiratet	
Staatsangehörigkeit	dänisch (Dänemark)	
Bankverbindung		
IBAN	DE06 7609 0500 9430 1670 00	SpardaBank Nürnberg
Tätigkeitsmerkmale		
Tätigkeit	Raumpflegerin	
Ausbildung	Volksschule mit Berufsausbildung	
Vertragsform	unbefristet in Teilzeit	
Kostenstelle		
2000	Verkauf	
Sozialversicherung/Krankenkasse		
Elterneigenschaft	nachgewiesen	
Krankenkasse	familienversichert bei der BARMER	
Steuerabzugsmerkmale		
Steuerklasse	---	
Kinderfreibetrag	---	
Konfession	rk	
Entlohnung		
Stundenlohn	12,50 €	
Arbeitszeit/Urlaub		
Arbeitszeit	8 Stunden (Mo/Mi/Fr je 2 Std., Di/Do je 1 Std.)	
Urlaubsanspruch	betriebsüblich	

Personalstammblatt		Personalnummer: 1005
Erfassungsdaten		
Nr.	1005	
Name	Greta Sander	geb. Haage
Eintritt	01.02.2024	zuvor Hausfrau
Mitarbeitertyp	Personengruppenübergreifend	
Versicherungsnummer	52 111288 H 514	
Identifikationsnummer	33012456875	
Kennzeichen AG	Hauptarbeitgeber	
Personalien		
Adresse	Ulmenweg 3 91154 Roth	
Familienstand	verheiratet	
Staatsangehörigkeit	deutsch	
Bankverbindung		
IBAN	DE33 7416 4149 0000 0034 56	VR Bank
Tätigkeitsmerkmale		
Tätigkeit	Buchhalterin	
Ausbildung	mittlere Reife mit Berufsausbildung	
Vertragsform	unbefristet in Teilzeit	
Kostenstelle		
2000	Verkauf	
Sozialversicherung/Krankenkasse		
Elterneigenschaft	nachgewiesen	Luka (geb.: 18.06.2015)
Krankenkasse	BARMER	
Steuerabzugsmerkmale		
Steuerklasse	5	
Kinderfreibetrag	---	
Konfession	rk/rk	
Entlohnung		
Gehalt	1.500,00 €	Midijob
Arbeitszeit/Urlaub		
Arbeitszeit	20 Stunden (Mo - Fr je 4 Std.)	
Urlaubsanspruch	betriebsüblich	
Unfallversicherung		
Stundenermittl. für Mitarbeiter	Anwesenheitsstunden	gilt für Gehaltsempfänger

Personalstammblatt		Personalnummer: 1006
Erfassungsdaten		
Nr.	1006	
Name	Lado Novak	
Eintritt	01.02.2024	
Mitarbeitertyp	Personengruppenübergreifend	
Versicherungsnummer	58 170480 N 448	
Identifikationsnummer	90112345677	
Kennzeichen AG	Hauptarbeitgeber	
Personalien		
Adresse	Kastanienweg 3 90461 Nürnberg	
Familienstand	verheiratet	
Staatsangehörigkeit	kroatisch	
Bankverbindung		
IBAN	DE19 7007 0024 0098 7766 00	Deutsche Bank
Tätigkeitsmerkmale		
Tätigkeit	Lagerfacharbeiter	
Ausbildung	mittlere Reife mit Berufsausbildung	
Vertragsform	unbefristet in Vollzeit	
Kostenstelle		
3000	Lager	
Sozialversicherung/Krankenkasse		
Elterneigenschaft	nachgewiesen	Ivo (geb.: 13.04.2013)
Krankenkasse	AOK Bayern	
Steuerabzugsmerkmale		
Steuerklasse	4	
Kinderfreibetrag	1,0	
Konfession	ev/ev	
Entlohnung		
Stundenlohn	14,20 €	
Arbeitszeit/Urlaub		
Arbeitszeit	betriebsüblich	
Urlaubsanspruch	betriebsüblich	
Vorarbeitgeberwerte von 01.01. - 31.01. (30 Tage)		
Brutto	2.428,80 €	
Lohnsteuer	216,75 €	
Kirchensteuer	9,70 €	

Personalstammblatt		Personalnummer: 1007
Erfassungsdaten		
Nr.	1007	
Name	Georg-Peter Deckert	
Eintritt	15.05.2024	hatte bis 30.04.2024 einen Vorarbeitgeber
Mitarbeitertyp	Personengruppenübergreifend	
Versicherungsnummer	52 240595 D 002	
Identifikationsnummer	45567890120	
Kennzeichen AG	Hauptarbeitgeber	
Personalien		
Adresse	Fliederweg 3 90461 Nürnberg	
Familienstand	verheiratet	
Staatsangehörigkeit	deutsch	
Bankverbindung		
IBAN	DE41 7001 0080 0000 3652 41	Postbank Ndl Deutsche Bank
Tätigkeitsmerkmale		
Tätigkeit	Verkäufer für Textilien und Bekleidung	.
Ausbildung	Abitur mit Berufsausbildung	
Vertragsform	unbefristet in Vollzeit	
Kostenstelle		
2000	Verkauf	
Sozialversicherung/Krankenkasse		
Elterneigenschaft	nachgewiesen	Tim (geb.: 20.01.2020) Emma (geb.: 23.02.2023)
Krankenkasse	freiwillig gesetzlich bei der BARMER	Firmenzahler
Steuerabzugsmerkmale		
Steuerklasse	3	
Kinderfreibetrag	2,0	
Konfession	rk/--	
Entlohnung		
Fix-Gehalt	5.200,00 €	neue Lohnart
Umsatzprovision	monatlich variabel	
Arbeitszeit/Urlaub		
Arbeitszeit	betriebsüblich	
Urlaubsanspruch	30 Tage/Jahr	
Unfallversicherung		
Stundenermittl. für Mitarbeiter	Anwesenheitsstunden	gilt für Gehaltsempfänger

Personalstammblatt		Personalnummer: 1008
Erfassungsdaten		
Nr.	1008	
Name	Anja Laura Krause	geb. Czaleski
Eintritt	01.07.2024	
Mitarbeitertyp	Werkstudent	
Versicherungsnummer	12 261102 C 516	
Identifikationsnummer	20013456978	
Kennzeichen AG	Hauptarbeitgeber	
Personalien		
Adresse	Kiefernweg 3 90461 Nürnberg	
Familienstand	verheiratet	
Staatsangehörigkeit	polnisch	
Bankverbindung		
IBAN	DE26 5021 0900 0000 1236 54	CEP Germany Branch
Tätigkeitsmerkmale		
Tätigkeit	Verkäuferin	
Ausbildung	Abitur ohne Berufsausbildung	
Vertragsform	unbefristet in Teilzeit	
Kostenstelle		
2000	Verkauf	
Sozialversicherung/Krankenkasse		
Elterneigenschaft	nicht nachgewiesen	
Krankenkasse	AOK Bayern	
Steuerabzugsmerkmale		
Steuerklasse	5	
Kinderfreibetrag	---	
Konfession	rk/rk	
Entlohnung		
Aushilfslohn, Std.	12,80 €	Midijob
Arbeitszeit/Urlaub		
Arbeitszeit	14 Stunden (Mo./Mi. je 5 Std., Fr. 4 Std.)	
Urlaubsanspruch	betriebsüblich	
Hinweise		
Studienbescheinigung	gültig bis 30.09.2024	

Personalstammblatt		Personalnummer: 1009
Erfassungsdaten		
Nr.	1009	
Name	Gisa Pfeifer	geb. Mahler
Eintritt	03.07.2024	
Mitarbeitertyp	geringfügig entlohnt Beschäftigte	
Versicherungsnummer	52 101085 M 500	
Identifikationsnummer	35768924132	
Kennzeichen AG	---	
Personalien		
Adresse	Lärcheneck 3 92152 Ansbach	
Familienstand	verheiratet	
Staatsangehörigkeit	deutsch	
Bankverbindung		
IBAN	DE40 7601 0085 0000 5263 41	Postbank Ndl Deutsche Bank
Tätigkeitsmerkmale		
Tätigkeit	Buchhalterin	
Ausbildung	Mittlere Reife mit Berufsausbildung	
Vertragsform	unbefristet in Teilzeit	
Kostenstelle		
1000	Einkauf	
Sozialversicherung/Krankenkasse		
Elterneigenschaft	nicht nachgewiesen	
Krankenkasse	freiwillig versichert bei BARMER	
Steuerabzugsmerkmale		
Steuerklasse	---	
Kinderfreibetrag	---	
Konfession	keine	
Entlohnung		
Aushilfslohn, Betr.	500,00 €	
Arbeitszeit/Urlaub		
Arbeitszeit	7 Stunden (Di. 4 Std., Do. 3 Std.)	
Urlaubsanspruch	betriebsüblich	
Unfallversicherung		
Stundenermittl. für Mitarbeiter	Anwesenheitsstunden	gilt für Gehaltsempfänger

Personalstammblatt		Personalnummer: 1010
Erfassungsdaten		
Nr.	1010	
Name	Leon Hempel	Geschlecht: divers
Eintritt	24.07.2024	
Mitarbeitertyp	Personengruppenübergreifend	
Versicherungsnummer	52 081105 H 008	
Identifikationsnummer	---	
Kennzeichen AG	---	
Personalien		
Adresse	Rosenstraße 3 91552 Ansbach	
Familienstand	ledig	
Staatsangehörigkeit	deutsch	
Bankverbindung		
IBAN	DE68 7601 0085 0000 9876 54	Postbank Ndl Deutsche Bank
Tätigkeitsmerkmale		
Tätigkeit	Verkäufer (nur für die Messe)	
Ausbildung	Abitur ohne Berufsausbildung	
Vertragsform	befristet in Vollzeit	
Kostenstelle		
2000	Verkauf	
Sozialversicherung/Krankenkasse		
Elterneigenschaft	nicht nachgewiesen	
Krankenkasse	BARMER	
Steuerabzugsmerkmale		
Steuerklasse	---	
Kinderfreibetrag	---	
Konfession	keine	
Entlohnung		
Stundenlohn	12,55 €	
Arbeitszeit/Urlaub		
Arbeitszeit	tatsächlich geleistete Arbeitsstunden	
Urlaubsanspruch	keiner	
Hinweise		
bis 08.08.2024 befristete Tätigkeit zwischen Abitur und Studium		

Personalstammblatt		Personalnummer: 1011
Erfassungsdaten		
Nr.	1011	
Name	Gunder Wieland	
Eintritt	01.09.2024	
Mitarbeitertyp	Personengruppenübergreifend	
Versicherungsnummer	50 150286 W 499	
Identifikationsnummer	78890123450	
Kennzeichen AG	Hauptarbeitgeber	
Personalien		
Adresse	Tulpenstraße 3 90439 Nürnberg	
Familienstand	geschieden	
Staatsangehörigkeit	deutsch	
Bankverbindung		
IBAN	DE68 1003 0500 0000 0567 89	M.M. Warburg (Löbbecke)
Tätigkeitsmerkmale		
Tätigkeit	Controller	
Ausbildung	Abitur Hochschulabschluss (Diplom-Kaufmann)	
Vertragsform	unbefristet in Vollzeit	
Kostenstelle		
1000	Einkauf	
Sozialversicherung/Krankenkasse		
Elterneigenschaft	nachgewiesen	Lara (geb.: 22.02.2012) Karl (geb.: 28.03.2016)
Krankenkasse	private KV-/PV-Versicherung KV-Beitrag: 750,00 € KV-Basisbeitrag: 685,00 € PV-Beitrag: 95,00 €	Selbstzahler
	BARMER für RV-, AV-Beitrag, Umlagen	
Steuerabzugsmerkmale		
Steuerklasse	2	
Kinderfreibetrag	2,0	
Konfession	rk	
Freibeträge	6.000 €/Jahr 1.500 €/Monat	ab 09/2024
Entlohnung		
Gehalt	6.200,00 €	

Arbeitszeit/Urlaub		
Arbeitszeit	40 Stunden (Mo. - Do. je 9 Std., Fr. 4 Std.)	
Urlaubsanspruch	30 Tage/Jahr	
Vorarbeitgeberwerte von 01.01. - 31.08. (240 Tage)		
Brutto	48.000,00 €	
Lohnsteuer	5.586,64 €	
Kirchensteuer	190,08 €	
Unfallversicherung		
Stundenermittl. für Mitarbeiter	Anwesenheitsstunden	gilt für Gehaltsempfänger
Hinweise		
SV-Brutto Vorjahr: 72.000,00 € (nicht erfassen)		

Personalstammblatt		Personalnummer: 1012
Erfassungsdaten		
Nr.	1012	
Name	Adrian Mahler	
Eintritt	01.09.2024	
Mitarbeitertyp	Personengruppenübergreifend	
Versicherungsnummer	21 240208 M 039	
Identifikationsnummer	67789012347	
Kennzeichen AG	Hauptarbeitgeber	
Personalien		
Adresse	Narzissenweg 3 / 90488 Nürnberg	
Familienstand	ledig	
Staatsangehörigkeit	österreichisch	
Bankverbindung		
IBAN	DE15 7601 0085 0000 0098 78	Postbank Nürnberg
Tätigkeitsmerkmale		
Tätigkeit	Lagerist	
Ausbildung	mittlere Reife, ohne Berufsausbildung	
Vertragsform	befristet in Vollzeit	
Ausbildungsbeginn	01.09.2024	
voraussichtl. Ende	31.08.2027	
Kostenstelle		
3000	Lager	
Sozialversicherung/Krankenkasse		
Elterneigenschaft	nicht nachgewiesen	
Krankenkasse	AOK Bayern	
Steuerabzugsmerkmale		
Steuerklasse	1	
Kinderfreibetrag	0,0	
Konfession	ev	
Entlohnung		
Ausbildungsverg., gewerbl.	650,00 €	ab 09/2024
Ausbildungsverg., gewerbl.	748,00 €	ab 12/2024
Arbeitszeit/Urlaub		
Arbeitszeit	betriebsüblich	
Urlaubsanspruch	betriebsüblich	
Unfallversicherung		
Stundenermittl. für Mitarbeiter	Anwesenheitsstunden	gilt für Gehaltsempfänger
Hinweise		
Adrian Mahler hat am 01.09.2024 seine Ausbildung begonnen.		

Sachwortverzeichnis

Xpert Business

Titel	Preis*	ISBN/Bestellnr.
Finanzbuchführung 1	24,95 €	978-3-86718-500-4
Finanzbuchführung 1 - Übungen und Musterklausuren	27,95 €	978-3-86718-550-9
Finanzbuchführung 2	24,95 €	978-3-86718-501-1
Finanzbuchführung 2 - Übungen und Musterklausuren	27,95 €	978-3-86718-551-6
Finanzbuchführung mit Lexware	25,95 €	978-3-86718-502-8
Finanzbuchführung mit DATEV	25,95 €	978-3-86718-592-9
DATEV für Mittelstand	25,95 €	978-3-86718-599-8
Intensivkurs Finanzbuchführung - Betriebliche Übungsfallstudie	19,95 €	978-3-86718-594-3
Up-To-Date 2024 - Finanzbuchführung	12,95 €	978-3-86718-033-7
Einnahmen-Überschussrechnung	24,95 €	978-3-86718-598-1
Intensivkurs Lohn und Gehalt - Betriebliche Übungsfallstudie	19,95 €	978-3-86718-597-4
Lohn und Gehalt 1	25,95 €	978-3-86718-503-5
Lohn und Gehalt 1 - Übungen und Musterklausuren	27,95 €	978-3-86718-553-0
Lohn und Gehalt 2	25,95 €	978-3-86718-504-2
Lohn und Gehalt 2 - Übungen und Musterklausuren	27,95 €	978-3-86718-554-7
Lohn und Gehalt mit Lexware	25,95 €	978-3-86718-505-9
Lohn und Gehalt mit DATEV	25,95 €	978-3-86718-595-0
Up-To-Date 2024 - Lohn und Gehalt	12,95 €	978-3-86718-034-4
Personalwirtschaft	25,95 €	978-3-86718-512-7
Personalwirtschaft - Übungen und Musterklausuren	25,95 €	978-3-86718-562-2
Kosten- und Leistungsrechnung	25,95 €	978-3-86718-511-0
Kosten- und Leistungsrechnung - Übungen und Musterklausuren	19,95 €	978-3-86718-561-5
Controlling	27,95 €	978-3-86718-508-0
Controlling - Übungen und Musterklausuren	25,95 €	978-3-86718-558-5
Bilanzierung	27,95 €	978-3-86718-507-3
Bilanzierung - Übungen und Musterklausuren	25,95 €	978-3-86718-557-8
Betriebliche Steuerpraxis	29,95 €	978-3-86718-515-8
Finanzwirtschaft	25,95 €	978-3-86718-510-3
Finanzwirtschaft - Übungen und Musterklausuren	25,95 €	978-3-86718-560-8

Xpert Business
WirtschaftsWissen

Titel	Preis*	ISBN/Bestellnr.
Systeme und Funktionen der Wirtschaft	17,95 €	978-3-86718-600-1
Wirtschafts- und Vertragsrecht	17,95 €	978-3-86718-601-8
Unternehmensorganisation und -führung	17,95 €	978-3-86718-602-5
Produktion, Materialwirtschaft und Qualitätsmanagement	17,95 €	978-3-86718-603-2
Finanzen und Steuern	17,95 €	978-3-86718-604-9
Marketing und Vertrieb	17,95 €	978-3-86718-605-6
Personal- und Arbeitsrecht	17,95 €	978-3-86718-606-3
Rechnungswesen und Kostenrechnung	17,95 €	978-3-86718-607-0
Betriebswirtschaft kompakt	29,95 €	978-3-86718-613-1
WirtschaftsWissen plus	29,95 €	978-3-86718-614-8

* Preise inkl. MWSt., Änderungen vorbehalten. Aktuelle Preise finden Sie auf https://edumedia.de/shop

Xpert personal business skills

Titel	Preis*	ISBN/Bestellnr.
Wirksam vortragen - Rhetorik 1	17,95 €	978-3-86718-080-1
Erfolgreich verhandeln - Rhetorik 2	17,95 €	978-3-86718-081-8
Zeit optimal nutzen - Zeitmanagment	17,95 €	978-3-86718-082-5
Erfolgreich verkaufen - Verkaufstraining	17,95 €	978-3-86718-083-2
Projekte realisieren - Projektmanagement	17,95 €	978-3-86718-084-9
Konflikte lösen - Konfliktmanagement	17,95 €	978-3-86718-085-6
Erfolgreich moderien - Moderationstraining	17,95 €	978-3-86718-086-3
Probleme lösen und Ideen entwickeln	17,95 €	978-3-86718-087-0
Kompetent entscheiden und verantwortungsbewusst handeln	17,95 €	978-3-86718-088-7
Teams erfolgreich entwickeln und leiten	17,95 €	978-3-86718-089-4
Präsentationen gekonnt durchführen	17,95 €	978-3-86718-091-7

Xpert culture communication skills

Titel	Preis*	ISBN/Bestellnr.
Interkulturelle Kompetenz	19,95 €	978-3-86718-200-3
Cross-cultural competence (englischsprachige Ausgabe)	19,95 €	978-3-86718-201-0
Interkulturelle Kompetenz in Gesundheit und Pflege	11,95 €	978-3-86718-203-4
Interkulturelle Kompetenz in der Verwaltung	16,95 €	978-3-86718-204-1
Leben und Arbeiten in Deutschland	11,95 €	978-3-86718-202-7

Büroorganisation

Titel	Preis*	ISBN/Bestellnr.
Büroorganisation, Chefassistenz und Arbeitsoptimierung	31,95 €	978-3-86718-404-5
LOTUS NOTES- und IT-Anwendungen	11,95 €	978-3-86718-401-4

* Preise inkl. MWSt., Änderungen vorbehalten. Aktuelle Preise finden Sie auf https://edumedia.de/shop

Wissenstrainer
Interaktive Lernsoftware

Programmversion		Preis ab**	ISBN/Bestellnr.
Wissenstrainer Xpert Business Finanzbuchführung 1	560 Wissenskontrollfragen	24,95 €	978-3-86718-970-5
Wissenstrainer Xpert Business Finanzbuchführung 2	558 Wissenskontrollfragen	24,95 €	978-3-86718-971-2

**** Edu-Versionen (für berechtigte Kunden wie Schüler, Studenten, Lehrkräfte, Kursteilnehmer, Bildungseinrichtungen)**

Buchungstrainer
Interaktive Lernsoftware

Programmversion		Preis ab*	ISBN/Bestellnr.
Buchungstrainer Xpert Business Finanzbuchführung 1	mit 250 Belegen	24,95 €	978-3-86718-930-9
	mit 500 Belegen	39,95 €	
	mit 750 Belegen (Bundle)	49,95 €	
Buchungstrainer Xpert Business Finanzbuchführung 2	mit 250 Belegen	24,95 €	978-3-86718-931-6
	mit 500 Belegen	39,95 €	
	mit 750 Belegen (Bundle)	49,95 €	

EduMedia Script Service

Titel	Preis*	ISBN/Bestellnr.
Buchführung Nachschlagewerk	19,90 €	978-386718-152-5
Buchführung - Aufgaben Version für Dozierende	22,40 €	978-386718-154-9
Buchführung - Aufgaben Version für Teilnehmende	16,60 €	978-386718-155-6
Einstieg in Finanzbuchhaltung mit DATEV Nachschlagewerk	13,40 €	978-386718-153-2
Einstieg in Finanzbuchhaltung mit DATEV - Fallstudien Version für Dozierende	17,90 €	978-386718-150-1
Einstieg in Finanzbuchhaltung mit DATEV - Fallstudien Version für Teilnehmende	16,40 €	978-386718-151-8
Einstieg in Lohn und Gehalt mit DATEV Nachschlagewerk	13,40 €	978-386718-158-7
Einstieg in Lohn und Gehalt mit DATEV - Fallstudien Version für Dozierende	18,40 €	978-386718-156-3
Einstieg in Lohn und Gehalt mit DATEV - Fallstudien Version für Teilnehmende	16,40 €	978-386718-157-0

* Preise inkl. MWSt., Änderungen vorbehalten. Aktuelle Preise finden Sie auf https://edumedia.de/shop